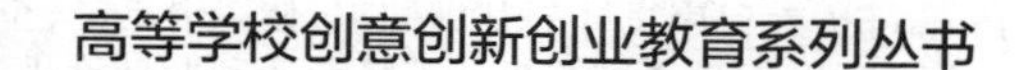
高等学校创意创新创业教育系列丛书

王学颖　司雨昌　王　萍　编著

Python学习——从入门到实践（第2版）

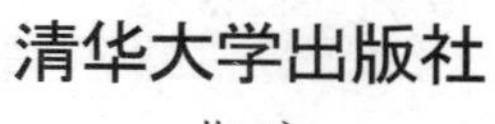
清华大学出版社

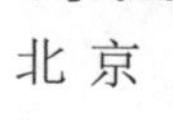
北京

内 容 简 介

本书介绍了Python程序设计的基础知识，涵盖全国计算机等级考试二级Python语言程序设计考试大纲的全部内容。全书共10章，具体包括Python语言概述、Python基础语法、Python控制语句、Python异常情况及处理、Python数据结构、Python函数和模块、Python文件处理、Python类和对象以及高级编程等内容，并设计了相关知识点的配套实验，用于学生实践训练。

本书是作者多年教学经验的凝练和总结，面向计算机程序设计的初学者，由浅入深、循序渐进地介绍Python语言程序设计的基础知识，使读者系统、全面地掌握编程相关理论和应用。

本书可以作为高等院校计算机专业和非计算机专业的程序设计课程教材，也可以作为全国计算机等级考试的参考教材，还可以作为广大程序设计爱好者、开发者的自学参考书。

图书在版编目(CIP)数据

Python学习从入门到实践/王学颖，司雨昌，王萍编著.—2版.—北京：清华大学出版社，2021.9
(2025.1重印)
(高等学校创意创新创业教育系列丛书)
ISBN 978-7-302-58771-2

Ⅰ.①P… Ⅱ.①王… ②司… ③王… Ⅲ.①软件工具－程序设计－高等学校－教材 Ⅳ.①TP311.561

中国版本图书馆CIP数据核字(2021)第143959号

责任编辑：谢 琛
封面设计：常雪影
责任校对：焦丽丽
责任印制：沈 露

出版发行：清华大学出版社
网　　址：https://www.tup.com.cn，https://www.wqxuetang.com
地　　址：北京清华大学学研大厦A座　　**邮　　编**：100084
社 总 机：010-83470000　　**邮　　购**：010-62786544
投稿与读者服务：010-62776969，c-service@tup.tsinghua.edu.cn
质量反馈：010-62772015，zhiliang@tup.tsinghua.edu.cn
课件下载：https://www.tup.com.cn，010-83470236
印 装 者：三河市龙大印装有限公司
经　　销：全国新华书店
开　　本：210mm×235mm　　**印　　张**：23　　**字　　数**：462千字
版　　次：2017年12月第1版　　2021年9月第2版　　**印　　次**：2025年1月第5次印刷
定　　价：69.00元

产品编号：089443-01

前言

随着大数据、人工智能等信息技术的飞速发展,Python 语言受到了产业界、教育界和学术界的广泛关注。在近几年的 TIOBE 编程语言排行榜中,Python 长时间稳居前三名,仅次于老牌程序设计语言 C 与 Java,并且在 2010 年、2018 年和 2020 年获得 TIOBE 年度编程语言,成为用户数量增长速度最快的计算机程序设计语言。

2017 年,我们预见到了 Python 语言的发展趋势,也意识到 Python 是一门非常适合大学生学习的程序设计语言。在清华大学出版社的支持下,本书的第 1 版顺利出版。第 1 版教材凝结了作者多年的教学经验,同时也蕴涵着理想主义色彩的教育探索意味。我们希望编写一本适合各个专业的、编程零基础学生的程序设计教材,以通俗易懂的语言、简洁清晰的逻辑、由浅入深的设计,引领大学生走进 Python 程序设计的世界,开启自己的编程之旅。几年来,第 1 版教材受到了全国很多大学生、高校教师以及其他 Python 学习者的欢迎,多所高校将其作为计算机程序设计的公共课或专业课教材,并且荣获首届辽宁省优秀教材奖,我们在深感欣慰的同时也感受到了沉甸甸的责任。

2018 年,Python 被列入了全国计算机等级考试(NCRE)二级的考试科目,极大地推动了 Python 语言在全国高校程序设计教学中的普及,大量高校开始开设 Python 语言程序设计课程。同时,Python 语言的版本也多次迭代。可以说,Python 教学的外部环境发生了巨大变化。为了适应这种变化,也为了总结几年来 Python 教学的一线经验,我们决定对原教材进行修订。本修订版的目标读者仍定位为程序设计语言的初学者,修改原教材中的部分错误,依据全国计算机等级考试二级 Python 语言程序设计考试大纲(2018 年版)的要求,增加了原教材中没有的部分知识点,精简了原教材中一些不重要的内容,删除了一些二级大纲中未要求的内容。同时,修订版中也增加了一些与基础知识相关但有一定难度的内容(标星号 * 的章节),供学有余力、想进一步深入学习 Python 的读者选学,教师可以在教学中自由选择是否讲授这部分内容。

相较于第 1 版,第 2 版在章节编排上做了较大改动,全书修订后共包含 10 章,将原书第 9 章“Python 异常情况及处理”提前到第 4 章,使全书在整体知识脉络上更为清晰,逻辑顺序更为合理,利于读者的学习。删除了第 1 版的第 5 章“字符串和正则表达式”中正则表达式部分的全部内容,将字符串部分移到新的第 5 章“Python 数据结构”,并对内容做了适当增减。在内容上,对重要章节中的实例、知识描述等都做了较大改动,新增了 5.7 节

“Python 特殊的数据结构”，介绍了迭代器、生成器、可变对象、不可变对象等重要概念。6.7 节增加了两部分内容：“词云模块 wordcloud”和“可执行程序生成模块 pyinstaller”，满足计算机等级考试二级大纲中的要求，也扩展了学生掌握的第三方模块。7.1 节增加了“文件的编码”部分，有助于学生理解、使用各种不同编码的文件。

针对读者反馈的实验内容不足问题，本次修订新增了配套实验作为教材第 10 章内容，用于学生实践训练，每一节对应前 9 章的理论学习内容，供读者实践提升。

本书第 2 版由王学颖、司雨昌、王萍共同编著，感谢刘立群、刘冰在本书第 1 版编写过程中做出的贡献，本书也得到了很多老师和读者无私的帮助和支持，在此向他们的付出表示最衷心的感谢。

编 者

2021 年 5 月

目 录

第 1 章 Python 语言概述 ······ 1

1.1 程序设计语言概述 ······ 1

1.1.1 程序设计语言的演变 ······ 1

1.1.2 高级语言的运行机制 ······ 2

1.2 Python 的产生与特性 ······ 3

1.2.1 Python 的产生与发展 ······ 3

1.2.2 Python 语言的特性 ······ 4

1.3 Python 的开发环境 ······ 5

1.3.1 Python 的下载和安装 ······ 5

1.3.2 IDLE 开发环境 ······ 7

1.4 Python 程序书写规范 ······ 12

1.4.1 程序的基本结构 ······ 12

1.4.2 基本语法规则 ······ 14

习题 1 ······ 16

第 2 章 Python 基础语法 ······ 17

2.1 基本数据类型 ······ 17

2.1.1 数值类型 ······ 17

2.1.2 字符串类型 ······ 19

2.1.3 布尔类型 ······ 19

2.2 常量与变量 ······ 20

2.2.1 常量 ······ 20

2.2.2 变量 ······ 20

2.2.3 变量的赋值 ······ 22

2.2.4 标识符与关键字 ······ 25

2.3 运算符与表达式 …… 26
2.3.1 算术运算符 …… 26
2.3.2 关系运算符 …… 27
2.3.3 赋值运算符 …… 27
2.3.4 逻辑运算符 …… 28
2.3.5 成员运算符 …… 28
2.3.6 身份运算符 …… 29
2.3.7 表达式 …… 30
2.4 常用内置函数 …… 31
2.4.1 输入输出函数 …… 31
2.4.2 数学运算函数 …… 33
2.4.3 转换函数 …… 34
2.4.4 其他常用函数 …… 37
2.5 常用标准模块 …… 40
2.5.1 模块的导入 …… 40
2.5.2 math 模块 …… 41
2.5.3 random 模块 …… 43
2.5.4 time 模块 …… 44
2.5.5 turtle 模块 …… 47
习题 2 …… 51
●第 3 章 Python 控制语句 …… 52
3.1 结构化程序设计 …… 52
3.1.1 程序流程图 …… 52
3.1.2 程序的基本结构 …… 53
3.2 分支结构 …… 55
3.2.1 单分支结构 …… 55
3.2.2 双分支结构 …… 57
3.2.3 多分支结构 …… 58
3.2.4 分支结构的嵌套 …… 60
3.3 循环结构 …… 61
3.3.1 for 循环 …… 62
3.3.2 while 循环 …… 65

3.3.3 循环的嵌套 …… 68
3.4 break 语句和 continue 语句 …… 70
3.4.1 break 语句 …… 70
3.4.2 continue 语句 …… 73
习题 3 …… 76

●第 4 章 Python 异常情况及处理 …… 77

4.1 Python 的异常 …… 77
4.1.1 Python 的常见异常 …… 77
4.1.2 Python 的异常处理 …… 79
4.2 常用异常处理方法 …… 80
4.2.1 基本的 try…except 语句 …… 80
4.2.2 try…except…else 语句 …… 81
4.2.3 处理多重异常的 try…except 结构 …… 83
4.2.4 try…except…finally 语句 …… 85
4.3 断言与上下文管理语句 …… 87
4.3.1 断言语句 …… 87
4.3.2 上下文管理语句 …… 89
习题 4 …… 90

●第 5 章 Python 数据结构 …… 91

5.1 组合数据类型简介 …… 91
5.2 字符串的基本操作 …… 92
5.2.1 字符串的索引与分片 …… 93
5.2.2 字符串的基本运算 …… 95
5.2.3 字符串运算方法 …… 96
5.2.4 字符串的格式化 …… 99
5.3 列表 …… 105
5.3.1 列表的创建 …… 106
5.3.2 列表的基本操作 …… 107
5.3.3 列表的其他操作 …… 113
5.4 元组 …… 116
5.4.1 元组的创建 …… 117

5.4.2 元组的基本操作 …… 118
5.4.3 序列类型的操作函数 …… 120
5.5 字典 …… 121
5.5.1 字典的创建 …… 121
5.5.2 字典的基本操作 …… 124
5.5.3 字典的其他操作 …… 130
5.6 集合 …… 132
5.6.1 集合的创建 …… 132
5.6.2 集合的基本操作 …… 134
5.6.3 集合的其他操作 …… 135
5.7 Python 特殊的数据结构 …… 137
5.7.1 迭代器和生成器 …… 137
5.7.2 可变对象和不可变对象 …… 140
习题 5 …… 142
●第 6 章 Python 函数和模块 …… 144
6.1 函数的定义 …… 144
6.2 函数的调用和返回值 …… 146
6.2.1 函数的调用 …… 146
6.2.2 函数的返回值 …… 148
6.3 函数的参数 …… 149
6.3.1 参数传递的方式 …… 149
6.3.2 位置参数和关键字参数 …… 151
6.3.3 默认值参数 …… 154
6.3.4 可变参数 …… 156
6.4 变量的作用域 …… 162
6.5 函数的嵌套 …… 165
6.5.1 函数的嵌套定义 …… 165
6.5.2 lambda 函数 …… 168
6.6 函数的递归 …… 168
6.7 常用第三方模块 …… 173
6.7.1 模块的搜索路径 …… 174
6.7.2 自定义模块和包 …… 174

6.7.3 第三方模块的安装 …… 177
6.7.4 中文分词模块 jieba …… 179
6.7.5 词云模块 wordcloud …… 186
6.7.6 可执行程序生成模块 pyinstaller …… 191
习题 6 …… 193

●第 7 章 Python 文件处理 …… 196

7.1 文件的概念 …… 196
7.1.1 文件 …… 196
7.1.2 文件的分类 …… 196
*7.1.3 文件的编码 …… 198
7.2 文件的打开与关闭 …… 204
7.2.1 文件的打开 …… 204
7.2.2 文件的关闭 …… 206
7.3 文件的读/写 …… 208
7.3.1 文件的读取 …… 208
7.3.2 文件的写入 …… 212
7.4 文件的定位 …… 214
7.4.1 seek()函数 …… 214
7.4.2 tell()函数 …… 216
7.5 文件及文件夹操作 …… 217
7.5.1 os 模块 …… 217
7.5.2 os.path 模块 …… 218
习题 7 …… 220

●第 8 章 Python 类和对象 …… 222

8.1 面向对象编程 …… 222
8.1.1 面向过程与面向对象 …… 222
8.1.2 面向对象的相关概念 …… 223
8.2 类的定义与对象的创建 …… 225
8.2.1 类的定义格式 …… 225
8.2.2 对象的创建 …… 226
8.3 属性和方法 …… 229

8.3.1 类属性与对象属性 …… 230
8.3.2 公有属性与私有属性 …… 231
8.3.3 对象方法 …… 232
8.3.4 类方法 …… 234
8.3.5 静态方法 …… 235
8.3.6 内置方法 …… 237
8.4 继承 …… 239
8.4.1 继承和派生的概念 …… 240
8.4.2 派生类的定义 …… 240
8.4.3 派生类的组成 …… 243
8.4.4 多继承 …… 244
8.5 多态性 …… 246
8.5.1 方法重载 …… 246
8.5.2 运算符重载 …… 247
习题8 …… 249
●第9章 Python高级编程 …… 251
9.1 GUI编程 …… 251
9.1.1 Python常用GUI模块 …… 251
9.1.2 tkinter模块 …… 253
9.2 网络编程 …… 282
9.2.1 socket编程 …… 282
9.2.2 Python网络爬虫 …… 287
9.3 数据库编程 …… 295
9.3.1 SQLite数据库简介 …… 295
9.3.2 Python操作SQLite数据库 …… 295
习题9 …… 298
●第10章 实践训练 …… 300
10.1 Python语言概述 …… 300
10.1.1 Python的安装 …… 300
10.1.2 Python的运行方式 …… 302
10.2 Python基础语法 …… 306

10.2.1 变量及其赋值 …… 306
10.2.2 基本数据类型与表达式 …… 307
10.2.3 常用内置函数 …… 309
10.2.4 常用标准模块 …… 310
10.3 Python 控制语句 …… 314
10.3.1 分支结构程序设计实验 …… 314
10.3.2 循环结构程序设计 …… 317
10.3.3 break 和 continue 语句 …… 323
10.4 Python 异常处理 …… 328
10.5 Python 数据结构 …… 329
10.5.1 字符串 …… 329
10.5.2 列表和元组 …… 332
10.5.3 字典和集合 …… 337
10.6 Python 函数和模块 …… 339
10.6.1 函数的定义、调用和返回值 …… 339
10.6.2 函数的参数 …… 342
10.6.3 变量的作用域 …… 347
10.6.4 函数的递归 …… 349
10.6.5 常用第三方模块的使用 …… 351

第1章

Python 语言概述

学习目标

- 了解计算机语言的演变。
- 了解高级语言的运行机制。
- 掌握 Python 语言环境的安装与运行。
- 掌握 Python 语言的基本语法。

1.1 程序设计语言概述

1.1.1 程序设计语言的演变

1946 年 2 月 14 日，世界上第一台通用计算机 ENIAC 在美国宾夕法尼亚大学诞生，宣告人类进入了信息时代。自此，程序成为计算机时代的重要名词，经过近 80 年的发展，计算机程序经历了多个不同的重要阶段，如今的编程已远不是当初的样子了。

计算机程序是一组计算机能识别和执行的指令，可以运行于电子计算机上，以满足人们的某种需求。编程就是把人类的需求用计算机语言来表达，是人与计算机的对话。计算机语言(Computer Language)是人与计算机之间通信的语言，是人与计算机之间传递信息的媒介。计算机语言经历了从机器语言、汇编语言到高级语言的演变过程，如图 1.1 所示。

图 1.1 计算机语言的演变过程

机器语言是用二进制代码表示的，计算机能直接识别和执行的一种指令的集合，它是计算机的设计者通过计算机的硬件结构赋予计算机的操作功能。机器语言是计算机唯一能够识别的语句，由 0 和 1 构成指令的集合。这样的机器语言十分复杂，不易阅读和修改，而且容易产生错误。程序员们很快就发现了使用机器语言带来的麻烦，它们难以辨别和记忆，给整个产业的发展带来了障碍，于是，汇编语言产生了。

汇编语言是经过符号化的计算机语言，它用一些简洁的英文字母和符号来替代二进制指令，相对于枯燥的机器代码而言更易于读写、调试和修改。汇编语言需要一个专门的程序将这些符号翻译成相应的二进制机器指令，这种翻译程序称为汇编程序。汇编语言直接面向处理器，它与硬件关系密切，因此通用性和可移植性较差。也正因为如此，它的程序执行代码短、执行速度快、效率较高。因此，在一些时效性要求高的程序以及许多大型程序的核心模块和工业控制方面得到了大量应用。

高级语言主要是相对于汇编语言而言的，是一种比较接近自然语言和数学公式的编程语言。高级语言用人们更易理解的方式编写程序，基本脱离了机器的硬件系统，有更强的表达能力，可方便地表示数据的运算和程序的控制结构，能更好地描述各种算法，而且易于学习和掌握。计算机语言的演变如表 1.1 所示。

表 1.1 计算机语言的演变

计算机语言	编写方式及要素	特点
机器语言	二进制编码 操作码、地址码	速度快，效率高，占用内存少 直观性差，难以纠错，编写需要很强的专业性
汇编语言	助记符号 操作码、地址码	速度快，效率高，占用内存少，直观性较强 编写专业性较强
高级语言	接近自然语言的语法 源程序、编译或解释程序	占用内存多，执行需要编译 易于掌握，可读性强 独立性、共享性及通用性强

高级语言编写的程序称之为高级语言源程序，但是高级语言并不是特指的某一种具体的语言，而是包括很多种编程语言，如流行的 Java、C、C++、C#、Python、Visual Basic、JavaScript、PHP 语言等，这些语言的语法以及命令格式都不尽相同。

1.1.2 高级语言的运行机制

高级语言按照执行方式可以分为编译型语言和解释型语言两种。

1. 编译型语言

编译型高级语言是通过专门的编译器，将高级语言代码（源程序）一次性翻译成可执行的机器码（目标程序）的编程语言，这个翻译过程称为编译（Compile）。编译生成的可执行程序可以脱离开发环境，在特定的平台上独立运行。常用的编译型语言有 C、C++、FORTRAN 等。

编译程序对源程序进行编译的方法相当于日常生活中的整文翻译。在编译程序的执行过程中，要对源程序扫描一遍或几遍，最终形成一个可在具体计算机上执行的目标程序。通过编译后可以产生高效运行的目标程序，目标程序可以不依赖程序环境被多次执行。

编译型语言具有如下优点：

（1）可独立运行，源代码经过编译形成的目标程序可脱离开发环境独立运行；

（2）运行效率高，编译过程包含程序的优化过程，编译的机器码运行效率较高。

2. 解释型语言

解释型语言是通过解释器对高级语言代码（源程序）逐行翻译成机器码并执行的语言。每次执行程序都要进行一次翻译，因此解释型语言的程序运行效率较低，不能脱离解释器独立运行。常用的解释型语言有 BASIC、Python 等。

解释程序对源程序进行翻译的方法相当于日常生活中的同声传译。解释程序对源程序的语句从头到尾逐句扫描、逐句翻译，并且翻译一句执行一句，因而这种翻译方式并不形成机器语言形式的目标程序。

解释型语言的优点如下：

（1）易于修改和测试，逐句解释过程中便于对代码进行修改和测试；

（2）可移植性较好，只要有解释环境，就可在不同的操作系统上运行。

1.2　Python 的产生与特性

1.2.1　Python 的产生与发展

Python 语言是一种解释型的高级程序设计语言，由荷兰人 Guido von Rossum 设计并实现。1982 年，Guido 在阿姆斯特丹大学（University of Amsterdam）获得了数学和计算机硕士学位。在那个时候，他接触并使用过诸如 Pascal、C、FORTRAN 等语言，这些语言的基本设计原则是让机器能更快地运行。在 20 世纪 80 年代，个人计算机的配置很低，如早期的 Macintosh 只有 8MHz 的 CPU 主频和 128KB 的 RAM，一个大的数组就能占满内存，所有编译器的核心是做优化，以便让程序能够运行。为了提高效率，程序员需要像计算机一样思考，以便能写出更符合机器口味的程序。这种编程方式让 Guido 感到苦恼，他知道如何用 C 语言写出一个功能，但整个编写过程需要耗费大量的时间。受到 UNIX 系统的解释器 Bourne Shell 的启发，Guido 于 1989 年设计了 Python。Python 这个名字来自 Guido 所挚爱的电视剧 *Monty Python's Flying Circus*。他希望 Python 语言能符合他的理想，即一种介于 C 和 Shell 之间的功能全面、易学易用、可拓展的语言。

1991 年，第一个 Python 编译器（同时也是解释器）诞生，它是用 C 语言实现的，并能够调用 C 库（.so 文件），已经具有了类（class）、函数（function）、异常处理（exception）等功能，包括了列表（list）和词典（dictionary）等数据类型，以及以模块（module）为基础的拓展系统。1994 年、2000 年和 2008 年，Python 1.0、Python 2.0 和 Python 3.0 相继发布。相较于 Python 2.0，Python 3.0 是一个较大的升级。并且，Python 3.0 对 Python 2.0 完全不兼容，这意味着在 Python 2.x 版本可以正常运行的程序在 Python 3.0 中未必可以正确运行。为了照顾早期的版本，Python 推出了过渡版本 2.6，它基本使用了 Python 2.x 的语法和库，同时考虑了向 Python 3.0 的迁移，允许使用部分 Python 3.0 的语法与函数。2010 年，Python 继续推出了兼容版本 2.7。经过几年时间的过渡，Python 3.0 版本已经得到了广泛的支持和应用。2014 年 11 月，Python 发布消息，将在 2020 年停止对 2.x 版本的支持，并且不会再发布 2.8 版本，建议用户尽可能地迁移到 3.4＋版本。截至本书成书时，最新的版本是 Python 3.9。

Python 是一门跨平台、开源、免费的程序设计语言，自第一版本发行以来，Python 开发者和用户社区不断壮大，Python 也成为了非常流行的程序开发语言，分别于 2010 年、2018 年和 2020 年获得 TIOBE 年度编程语言。在数据分析、网络服务、图像处理、数值计算、科学计算等领域，Python 得到了广泛的应用，目前，国内外几乎所有大中型互联网公司都在使用 Python，包括谷歌、百度、腾讯、美团等。

1.2.2 Python 语言的特性

Python 崇尚优美、清晰、简单，是一种优秀并被广泛使用的程序设计语言，简洁的代码、高效的数据结构、优美的语法、动态的类型以及语言的解释型特性等特点，使得 Python 成为快速开发的理想语言。Python 有许多区别于其他程序设计语言的重要特性。

1. 语法简单

Python 的语法很多来自 C 语言，但又与 C 语言有很大的不同。Python 程序没有太多的语法细节和规则要求，采用强制缩进的方式。这些语法规定让代码的可读性更好，编写的代码质量更高，程序员能够更简单、高效地解决问题，使得编程能够专注于解决问题而不是语言本身。

2. 可移植性

用Python编写的代码可以移植在许多平台上，这些平台包括Linux、Windows、FreeBSD、Macintosh、Solaris、OS/2、Amiga、AROS、AS/400、BeOS、OS/390、z/OS、Palm OS、QNX、VMS、Psion、Acom RISC OS、VxWorks、PlayStation、Sharp Zaurus、Windows CE，甚至还有PocketPC、Symbian以及Google基于Linux开发的Android平台等。

3. 黏性扩展

Python又被称为胶水语言，它具有优秀的可拓展性。Python可以在多个层次上拓展，既可以在高层引入.py文件，也可以在底层引用C语言的库。Python拥有非常多的标准库和第三方库，它可以完成的操作包括正则表达式、文档生成、单元测试、线程、数据库、网页浏览器、GUI（图形用户界面）等。Python的编程就像钢结构房屋一样，程序员可以在此框架下相当自由地任意搭建功能。

4. 免费开源

Python语言是一种开源语言，使用者可以自由地发布这个软件的副本、阅读它的源代码、对它进行改动、把它的一部分用于新的自由软件中等。Python的完全开源吸引了越来越多优秀的人的加入，形成了庞大的Python社区。如今，各种社区提供了成千上万的开源函数模块，而且还在不断地发展。

5. 面向对象

Python既支持面向过程的函数编程，也支持面向对象的抽象编程。在面向过程的语言中，程序是由过程或可重用代码的函数构建起来的；而在面向对象的语言中，程序是由数据和功能组合而成的对象构建起来的。与其他主要的语言（如C++和Java）相比，Python以一种非常强大而简单的方式实现面向对象编程。

1.3 Python的开发环境

1.3.1 Python的下载和安装

使用Python之前需要先安装Python开发环境，目前比较常用的是各种IDE

（Integrated Development Environment，集成开发环境），这些 IDE 集代码编写、解释、调试、运行等多重功能于一身，使用起来非常方便，比较常见的 IDE 包括 IDLE、Pycharm、Anaconda 等。其中，IDLE 体积小巧、安装简单，是开发 Python 程序的基本 IDE。对于非商业开发者而言，IDLE 是非常适合的选择。安装 Python 以后，IDLE 就自动安装好了。

搭建 Python 的开发环境，就是指安装 Python 的解释器。Python 的安装非常简单。首先，进入 Python 官方网站 https://www.python.org/，页面如图 1.2 所示。

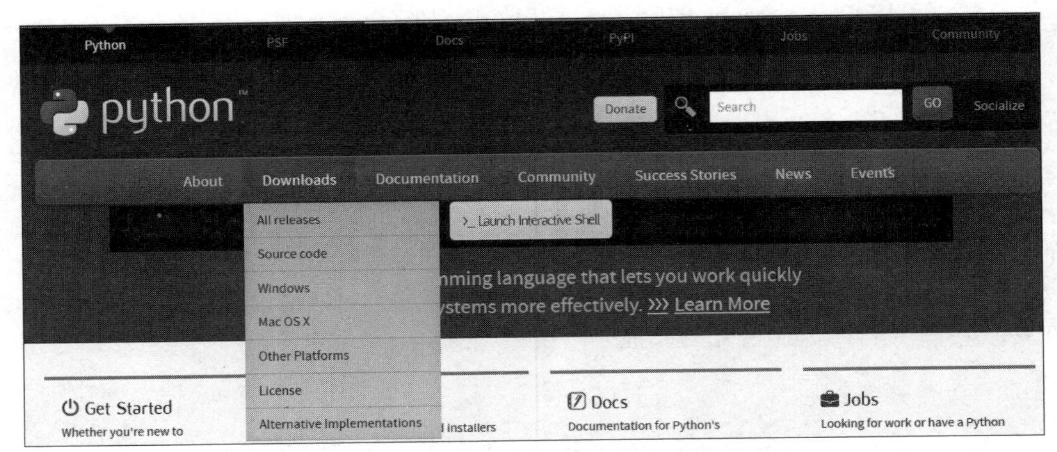

图 1.2　Python 官方网站

Python 官网提供了多种类型的安装包，本书以 Windows 平台为例，介绍 Python 的安装过程。在 Python 官方网站选择 Downloads/Windows 选项，或者直接登录 https://www.python.org/downloads/windows/，可以看到很多支持 Windows 系统的 Python 版本，如图 1.3 所示。这里会显示发布的最新版本，也会随着新版本的发布随时进行更新。在列出的版本列表中选择一个版本，单击下即可载。

Python 3 对 Python 2 进行了重大升级，Python 已经不再进行 Python 2 的后续更新，Python 3 不完全向下兼容 2.x 程序。本书所有程序和案例全部基于 Python 3，建议初学者选择 3.x 版本下载并安装。本书采用 Python 3.6 版本，下载安装文件后打开该文件，开始安装 Python，如图 1.4 所示。

安装程序会在默认安装目录下安装 Python.exe、库文件及其他文件。这里需注意，为了能够在 Windows 命令行窗口直接调用 Python 文件，需要在安装时将 Python 安装目录添加到系统 Path。安装时选中复选框 Add Python 3.6 to PATH。安装过程非常简单，只要按照安装向导，单击“下一步”按钮就可以了。安装成功界面如图 1.5 所示。

Python 安装好之后，在开始菜单找到 IDLE（Python 3.6），单击打开，就可以进行编

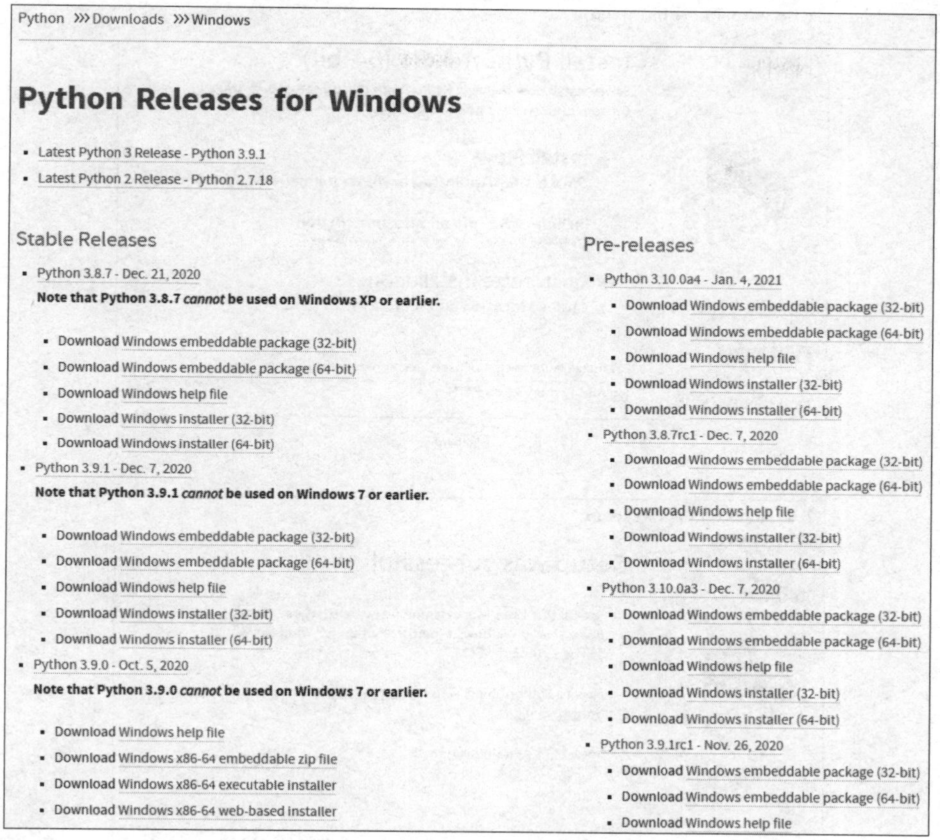

Python >>>Downloads >>>Windows

Python Releases for Windows

- Latest Python 3 Release - Python 3.9.1
- Latest Python 2 Release - Python 2.7.18

Stable Releases

- Python 3.8.7 - Dec. 21, 2020
  Note that Python 3.8.7 *cannot* be used on Windows XP or earlier.
  - Download Windows embeddable package (32-bit)
  - Download Windows embeddable package (64-bit)
  - Download Windows help file
  - Download Windows installer (32-bit)
  - Download Windows installer (64-bit)
- Python 3.9.1 - Dec. 7, 2020
  Note that Python 3.9.1 *cannot* be used on Windows 7 or earlier.
  - Download Windows embeddable package (32-bit)
  - Download Windows embeddable package (64-bit)
  - Download Windows help file
  - Download Windows installer (32-bit)
  - Download Windows installer (64-bit)
- Python 3.9.0 - Oct. 5, 2020
  Note that Python 3.9.0 *cannot* be used on Windows 7 or earlier.
  - Download Windows help file
  - Download Windows x86-64 embeddable zip file
  - Download Windows x86-64 executable installer
  - Download Windows x86-64 web-based installer

Pre-releases

- Python 3.10.0a4 - Jan. 4, 2021
  - Download Windows embeddable package (32-bit)
  - Download Windows embeddable package (64-bit)
  - Download Windows help file
  - Download Windows installer (32-bit)
  - Download Windows installer (64-bit)
- Python 3.8.7rc1 - Dec. 7, 2020
  - Download Windows embeddable package (32-bit)
  - Download Windows embeddable package (64-bit)
  - Download Windows help file
  - Download Windows installer (32-bit)
  - Download Windows installer (64-bit)
- Python 3.10.0a3 - Dec. 7, 2020
  - Download Windows embeddable package (32-bit)
  - Download Windows embeddable package (64-bit)
  - Download Windows help file
  - Download Windows installer (32-bit)
  - Download Windows installer (64-bit)
- Python 3.9.1rc1 - Nov. 26, 2020
  - Download Windows embeddable package (32-bit)
  - Download Windows embeddable package (64-bit)
  - Download Windows help file

图 1.3 Python官网发布的更新

程了。IDLE是标准的Python内置的集成开发环境，由Guido van Rossum亲自编写。本书将首先采用IDLE作为开发环境，同时，Python也支持其他的第三方开发环境。

1.3.2 IDLE开发环境

Python安装完成后，在Windows的“开始”菜单中选择“程序”→Python 3.6→IDLE(Python 3.6 64bit)，即可启动内置的解释器(IDLE集成开发环境)，如图1.6所示。在IDLE窗口，用户可以直接编写并运行Python程序。

1. 代码执行方式

在Python解释器(IDLE)中可以采用两种运行方式：命令行方式和文件执行方式。

图 1.4　Python 安装

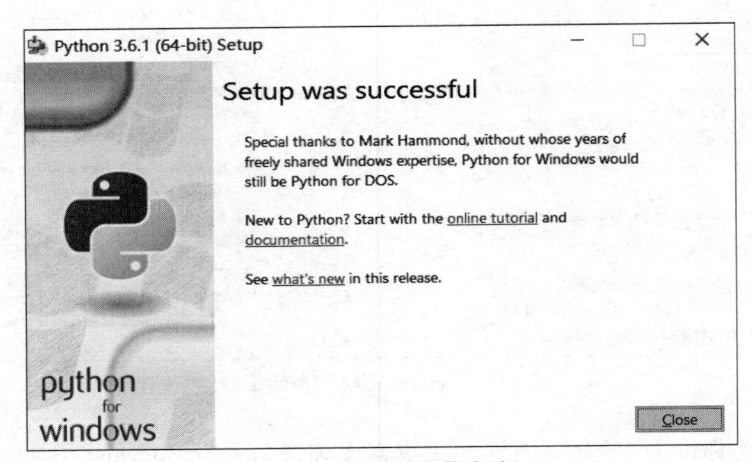

图 1.5　Python 安装成功

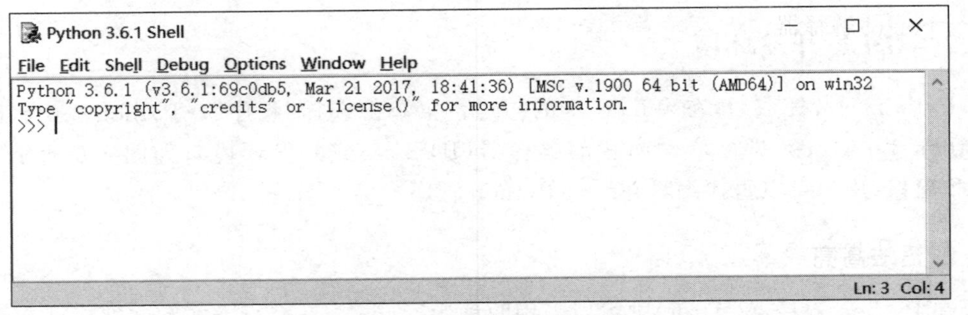

图 1.6　IDLE 集成开发环境

1）命令行方式

命令行方式是一种交互式的命令解释方式，当输入一条命令后，解释器（Shell）即负责解释并执行命令。例如，直接在提示符(>>>)后输入语句，下一行将显示出命令的输出结果，如图 1.7 所示。

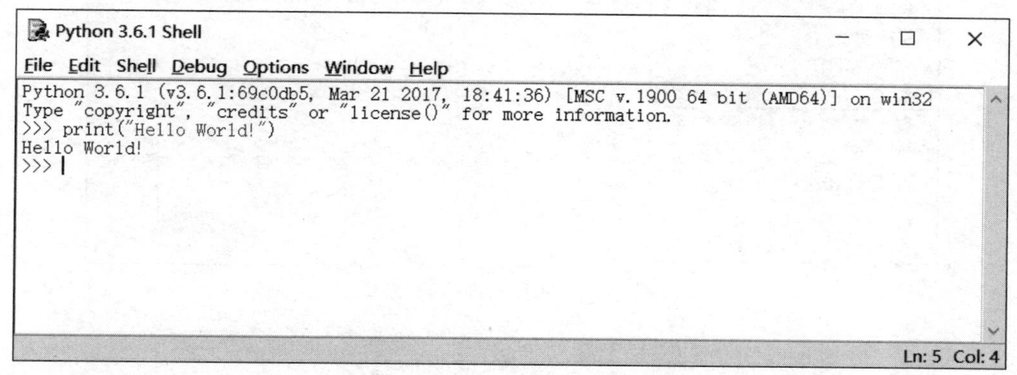

图 1.7 IDLE 命令行方式

下面语句的作用是打印输出一行文本“Hello World!”。

```
>>>print("Hello World!")
```

2）文件执行方式

文件执行方式是在解释器中建立程序文件（以 py 为扩展名），然后调用并执行这个文件。

（1）如图 1.8 所示，在解释器的 File 菜单中选择 New File 新建一个文件，将命令写入并保存到文件 Hello.py。

（2）如图 1.9 所示，在文件 Hello.py 的窗口中，选择 Run→Run Module 命令，就可以在 Python 的解释器中运行程序。

运行结果如图 1.10 所示。

（3）若要打开已经存在的程序文件并运行，可在解释器（IDLE）中，选择 File 菜单→Open File 打开一个文件，在打开的文件窗口中选择 Run→Run Module 命令，就可以运行此程序。

2. 语法高亮

Python IDLE 支持语法高亮，程序代码中的字符串、关键字、函数名等内容以不同的

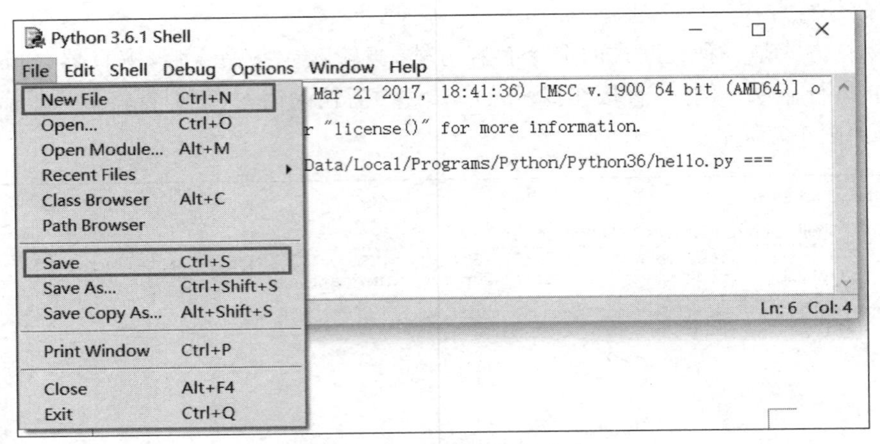

图 1.8 IDLE 文件执行方式

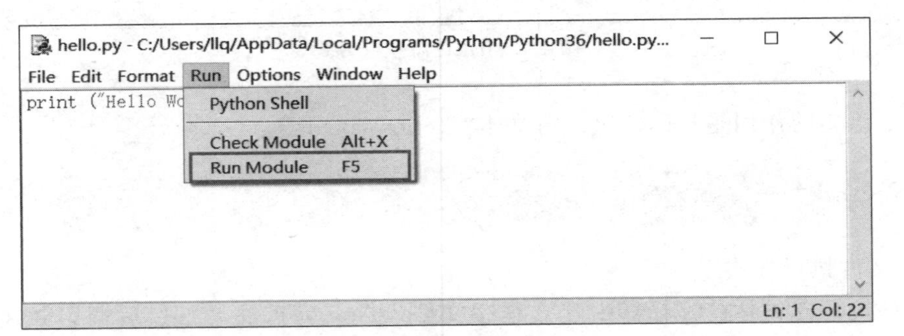

图 1.9 文件执行过程

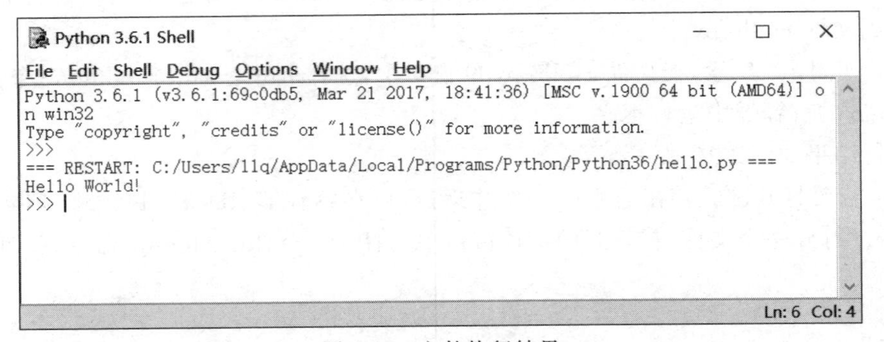

图 1.10 文件执行结果

颜色显示。语法高亮提升了程序的阅读体验,可读性较好。例如,在默认情况下,IDLE中的注释显示为红色,字符串显示为绿色,函数显示为紫色。

3. 自动完成

自动完成是指输入程序代码过程中,在输入命令单词的开头部分后,IDLE会根据Python语法或上下文自动完成该单词的剩余部分,无须手动输入。自动完成有两种不同的实现方式,如图1.11所示。

1)上下文自动补全

书写程序过程中,在IDLE中选择Edit菜单下的Expand Word命令,或者按组合键Alt+/,编辑器将查找已经输入过的代码进行自动补全,如图1-11(a)所示。例如,如果前面代码中输入过print()函数,当再次输入时,输入pr后按组合键Alt+/,将自动完成函数名print的输入。另外,在IDLE中,组合键Alt+P可以调用上一条历史语句,组合键Alt+N可以调用下一条历史语句。

2)提示框自动补全

在输入Python函数或保留字时,输入开头几个字母后按Tab键,可以打开提示框,在提示框中选择要输入的完整内容,实现自动补全,如图1.11(b)所示。

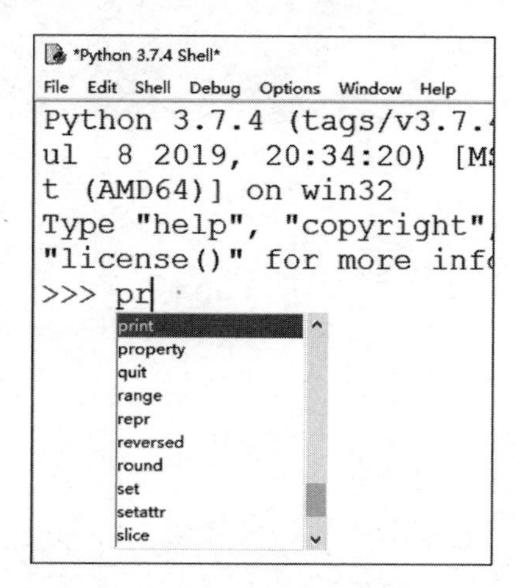

(a)

(b)

图1.11 IDLE自动补全

1.4 Python 程序书写规范

1.4.1 程序的基本结构

本节通过两个简单的实例程序介绍 Python 程序的构成和基本语法规则。

【例 1.1】 计算圆的面积。

```
#example1.1
pi = 3.1415926                          #定义常量 pi
r = eval(input("请输入圆的半径："))      #输入圆的半径
s = pi * r * r                          #计算圆的面积
print("半径为",r,"圆的面积为:",s         #输出计算结果
```

程序运行结果如下：

```
>>>
====RESTART: C:\Users\Python\example1.1.py ====
请输入圆的半径：25
半径为 25 圆的面积为: 1963.4953750000002
>>>
```

说明：

(1) 程序的功能是输入圆的半径，计算圆的面积；

(2) 代码中 input()是输入函数，返回用户输入并赋值给变量 r；

(3) eval()函数用来将输入的字符转换为数值；

(4) s=pi * r * r，用表达式计算圆的面积，这里的“=”是赋值运算；

(5) print()是输出函数，用来显示计算结果。

【例 1.2】 求一元二次方程的实根。

```
#example1.2
a = eval(input("请输入 a：")) #输入 a
b = eval(input("请输入 b：")) #输入 b
c = eval(input("请输入 c：")) #输入 c
d = b * * 2 - 4 * a * c
if d >= 0:                    #判断是否有实根
```

```
        x1 = (-b+d * * 0.5)/(2 * a)
        x2 = (-b-d * * 0.5)/(2 * a)
        print('方程的根: x1=%f,x2=%f'%(x1,x2))
else:
        print('input data Error!')
```

程序两次运行结果如下：

```
>>>
===========RESTART: C:\Users\Python\example1.2.py ============
请输入 a: 1
请输入 b: -2
请输入 c: 1
方程的根: x1 = 1.000000,x2 = 1.000000
>>>
===========RESTART: C:\Users\Python\example1.2.py ============
请输入 a: 1
请输入 b: 2
请输入 c: 3
input data Error!
>>>
```

说明：

(1) 程序用来求一元二次方程 $ax^2+bx+c=0$ 的实数根；

(2) a、b、c 为方程的 3 个系数，由 input()函数返回用户输入；

(3) d=b * * 2-4 * a * c，计算 $d=b^2-4ac$ 的值，此处 * * 是 Python 的乘方运算符；

(4) if…else 用来实现程序的分支，当 $d\geqslant 0$ 时，计算方程的两个实根，否则显示信息提示错误；

(5) print('方程的根：x1=%f,x2=%f'%(x1,x2))语句中，使用了格式符控制显示数据的样式。

Python 程序的基本框架可以概括为 IPO 结构，即数据输入(input)、数据处理(process)、数据输出(output)。高级语言的程序都是用来求解特定问题的，而问题的求解都可以归结为计算问题，IPO 的程序结构正是反映了实际问题的计算过程。

数据输入是问题求解所需数据的获取，可以由函数、文件等完成输入，也可以由用户输入，如例 1.1 中的 input 语句用来返回用户输入的圆的半径。

数据处理是对输入数据进行计算。这里的运算可以是数值运算、文本处理、数据库等。可以使用运算符、表达式实现简单的运算，或者调用函数、方法完成复杂运算。如例 1.1 中计算圆的面积的语句 s=pi * r * r。对于复杂处理过程可以使用程序的分支和循环，如例 1.2 中的 if 语句。

数据输出是显示输出数据计算的结果，有图形输出、文件输出等输出形式。上面实例中 print 语句将结果输出到屏幕上。print 语句有标准格式输出和函数输出的不同形式，如例 1.2 中的语句，print('方程的根：x1=%f,x2=%f'%(x1,x2))，用来在屏幕上显示程序的运算结果。

1.4.2 基本语法规则

1. 注释

注释用来在程序中对语句、运算等进行说明和备注。适当地添加注释语句可以很好地增加程序的可读性，同时也便于代码的调试和纠错。

Python 中用 # 符号表示单行注释，用'''(3 个单引号)表示多行注释。注释语句仅是说明性文字，不会作为代码而被执行。在 IDLE 窗口中，注释语句以红色或绿色文字标出，用以区别代码部分。

2. 强制缩进

Python 在格式框架上最大的特色是使用缩进来表示代码的层次结构，这与 C 语言等使用花括号{}完全不同，也更为简洁高效。关于缩进需要注意以下几点。

(1) 缩进代表包含或者层次关系，缩进的代码块在逻辑上属于之前紧邻的无缩进代码行。

(2) 同一个代码块的语句必须包含相同的缩进空格数。

(3) 默认的缩进包含 4 个空格，编写代码时，可通过 Tab 键实现默认缩进，也可以通过多个空格键实现，但两者不能混用。修改默认缩进可以通过 Python IDLE 的 Options→Configure IDLE 菜单实现。

(4) 缩进内部可以再包含缩进，形成缩进的多层嵌套。

(5) 通过缩进实现的代码间包含关系不是随意的，一般而言，判断、循环、函数、类等语法形式通过缩进形成单独的语句块，代表相应的语法含义。

(6) 包含缩进的代码行一般以冒号:结束，在 IDLE 中，输入冒号后回车，下一行自动缩进默认的空格数。

如例 1.2 中的 if 分支语句：

```
if d>=0:                             #判断是否有实根
      x1 = (-b+d * * 0.5)/(2 * a)
      x2 = (-b-d * * 0.5)/(2 * a)
      print('方程的根：x1 = %f,x2 = %f'%(x1,x2))
else:
      print('input data Error!')
```

以下代码由于最后一行语句缩进的空格数不一致，将会导致程序的运行错误：

```
if True:
    print ("Answer")
    print ("True")
else:
    print ("Answer")
  print ("False")                    #缩进不一致，会导致运行错误
```

以上程序由于缩进不一致，执行后会出现类似下面的错误：

```
File "test.py", line 6
    print ("False")
IndentationError: unindent does not match any outer indentation level
```

3. 多行语句

Python 通常是一行写完一条语句，但如果语句过长，可以使用反斜杠\来实现多行语句。例如：

```
cnm = fac(n) + \
      fac(m) + \
      fac(n-m)
```

在圆括号、方括号、花括号中的多行语句不需要使用反斜杠\，例如：

```
total = ['item_one', 'item_two', 'item_three',
        'item_four', 'item_five']
```

4. 同一行显示多条语句

Python 可以在同一行中使用多条语句，语句之间使用分号分割。例如：

```
a,b,c = input().split(',')
a = int(a);b = int(b);c = int(c) #将三条语句写在一行
print(a,b,c)
```

程序运行时，如果输入“12,34,56”，则代码输出结果为：

```
12 34 56
```

习题 1

一、填空题

1. Python 程序文件的扩展名为________。
2. Python 有两种运行方式：________方式和________方式。
3. 高级语言的程序基本结构 IPO，分别指________、________、________。
4. Python 中使用________来表示代码块，不需要使用花括号。
5. Python 中使用________来注释语句和运算。
6. Python 中 import 语句的作用是________。

二、判断题

1. Python 的标识符首字符可以是数字、字母或下画线。（　　）
2. Python 3.x 完全兼容 Python 2.x。（　　）
3. 为了让代码更加紧凑，编写 Python 程序时应尽量避免加入空格和空行。（　　）
4. Python 可以使用中文作为变量名。（　　）

三、简答题

1. 简述 Python 语言的特性。
2. 简述程序的 IPO 结构。
3. 简述编译和解释的区别。
4. 简述 Python 程序的运行方式都有哪些。

第 2 章

Python 基础语法

学习目标

- 了解 Python 的基本数据类型。
- 掌握变量的概念和赋值方法。
- 熟悉 Python 的运算符和表达式。
- 掌握常用内置函数的使用方法。
- 掌握常用标准函数库的导入和使用。

2.1 基本数据类型

Python 中的数据类型包含基本数据类型和组合数据类型两种，其中基本数据类型有数值类型、字符串类型和布尔类型；组合数据类型有列表、元组、字典和集合。本节仅介绍基本数据类型及其运算，组合数据类型将在第 5 章介绍。

2.1.1 数值类型

数值型数据用于存储数值，用来参与算术运算，其含义与在数学中的含义相同。Python 支持的数值型数据有整型、浮点型和复数型。

1. 整型

整型(int)是带正负号的整数数据，包括正整数、负整数和零。Python 3.x 中并不严格区分整型和长整型，且没有长度限制，表示范围仅与计算机支持的内存大小有关，所以它几乎包括了全部整数范围，远远超过了其他高级语言中整型数据的表示范围，给数据计算带来了很大的便利。

Python 整型数的表示方法有以下 4 种。

(1) 十进制整数,如20,255,-32;

(2) 二进制整数,以0B或0b开头的数据,如0B0100,0b1011;

(3) 八进制整数,以0O或0o开头的数据,如0O257,0o176;

(4) 十六进制整数,以0X或0x开头的数据。如0X4D,0xf5。

2. 浮点型

浮点型(float)表示实数数据,由整数部分、小数点和小数部分组成。使用下面的语句可以输出当前系统下浮点数所能表示的最大数max和最小数min。

```
>>>import sys
>>>sys.float_info.max
1.7976931348623157e+308
>>>sys.float_info.min
2.2250738585072014e-308
>>>
```

Python中浮点数的表示方法如下。

(1) 十进制小数表示法,如,3.14159,10.0,0.0等,注意:这里的0.0不是0,0表示一个整数,而0.0表示一个浮点数。

(2) 科学记数表示法,用字母e(或E)表示以10为底数的指数,用XeY表示$X*10^Y$。例如:

```
>>>3.1415926e8
314159260.0
>>>3141.5926e-3
3.1415926
>>>
```

3. 复数型

复数型数据用来表示复数数据,复数是由实数部分和虚数部分所组成的数,形如a+bj。其中a、b为浮点数,j为虚数单位,j的平方等于-1。a是复数的实部,b是复数的虚部。

可以使用x.real和x.imag获得复数x的实部和虚部。例如:

```
>>>x =3.14 +25j
>>>x
(3.14 +25j)
>>>x.real
3.14
>>>x.imag
25.0
>>>
```

2.1.2 字符串类型

Python语言中的字符串类型是用引号括起来的一个或多个字符。用单引号(')和双引号(")括起来的字符串必须是单行字符串,用三引号(''')括起来的可以是多行字符串。例如:

```
>>>str1 =' Doing is better than saying. '
>>>str2 =" Explicit is better than implicit."
>>>str3 ='''Doing is better than saying.
Explicit is better than implicit.
Simple is better than complex.'''
```

2.1.3 布尔类型

布尔类型(bool)也称为逻辑类型,用来表示具有两个确定状态的数据,它有真(True)和假(False)两个值。布尔型数据在计算机中用1、0存储,1代表逻辑真(True),0代表逻辑假(False)。因此,整型数据的所有运算也适应于布尔型数据,如"True + False""True + 1"都是合法的。Python中任何值为0或空的数据(空字符串、空列表、空元组、空字典等)的布尔值均为False。

```
>>>True +False
1
>>>x =12
>>>x =True
>>>x -1
0
>>>y =False
```

```
>>>type(y)                        #输出变量 y 的类型
<class 'bool'>                    #'bool'代表布尔型
>>>y + 3
3
>>>
```

2.2 常量与变量

2.2.1 常量

常量指程序运行过程中一旦被初始化后就不能修改的固定值，按其值的类型分为整型常量、浮点型常量、字符串常量等。例如：0，－255，3.1415926，"Python"，True。

使用 type()函数可以查看数据的类型。例如：

```
>>>type("Python")
<class 'str'>                     #"Python"为字符型常量
>>>type(True)
<class 'bool'>                    #True 为布尔型常量
>>>type(3.1415926)
<class 'float'>                   #3.1415926 为浮点型常量
>>>type(0)
<class 'int'>                     #0 为整型常量
>>>
```

在 C、C++ 等程序设计语言中通常使用 const 关键字来定义常量，而在 Python 中并没有类似的定义常量的关键字，但是 Python 可以通过定义对象类的方法来创建。

2.2.2 变量

在程序运行过程中，可以随着程序的运行而更改的量称为变量。变量定义后，计算机内存中会分配一块专门的区域，用来存储变量的值，不同类型的变量所分配的存储空间不同。Python 中的赋值语句实现变量的声明和定义，因此不需要单独的变量声明语句。变量名可以包含字母、数字和下画线，变量名的首字符必须是字母或下画线，且不能为 Python 的关键字。变量命名要符合标识符的命名规则，关于标识符的内容见 2.2.4 节。

1. 高级语言中的变量

计算机的内存是以字节为单位的存储区域，为了便于访问，每个存储单元有自己的编码，称为内存地址。通过内存地址访问存储空间，就如同人们通过门牌号码投递邮件一样。而实际上，程序要访问内存中的数据并不需要知道其物理地址，这是因为在高级语言中，变量名就指向了这个物理地址。

变量指一个特定的存储空间，即一定字节数的内存单元。这一组存储单元用来存放指定的数据，而数据是可以随时变化的。通常情况下，在使用变量之前需要定义变量，定义变量就是定义变量的名称、类型和值。变量的类型决定了分配内存单元的多少，即多少字节。变量的名称就是对这一组内存单元的引用，这样，程序员就不必关心数据具体的存储地址，只要使用变量名就可以访问数据了。变量值发生改变时，改变的是存储单元中的内容，而变量的地址是不变的，如图 2.1 所示。

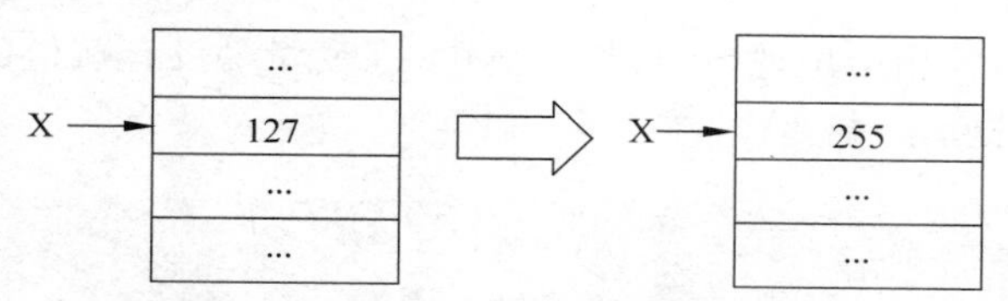

图 2.1　高级语言中的变量是对地址的引用

2. Python 中的变量

Python 中的变量与其他高级语言中的变量不同。Python 语言没有专门定义变量的语句，而是使用赋值语句赋值时同时完成变量的定义。变量名并不是对内存地址的引用，而是对数据的引用。也就是说，用赋值语句对变量重新赋值时，Python 为其分配了新的内存单元，变量将指向新的地址，变量的地址发生了变化。如图 2.2 所示。

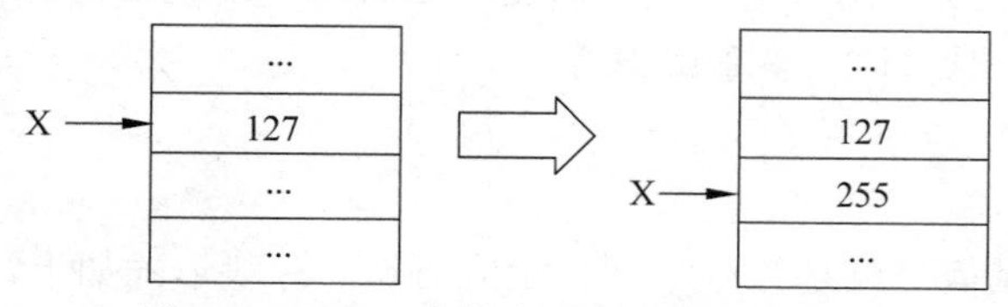

图 2.2　Python 中的变量是对数据的引用

使用 id 函数可以查看变量的内存地址。例如：

```
>>>x = 127
```

```
>>>id(x)
1412875264
>>>x = 255
>>>id(x)
1412879360
>>>
```

第1行代码定义了一个名为x的变量，该变量的初始值为127。

第2行代码输出了变量x的地址。

第3行代码再次定义了一个名为x的变量，该变量的初始值为255。

第4行代码输出了变量x的地址。

从上例中，可以发现变量x两次输出的内存地址并不相同，也就是说，Python中的变量名是对数据的引用。

变量没有赋值就使用会出现错误，如下例中，在变量z没有赋值的前提下，不能直接输出z的值，否则会提示运行错误。

```
>>>print(z)
Traceback (most recent call last):
  File "<pyshell#33>", line 1, in <module>
    print(z)
NameError: name 'z' is not defined
>>>
```

2.2.3 变量的赋值

Python中的赋值语句用来定义变量的类型和数值。赋值语句有多种形式，包括一般形式、增量赋值、链式赋值以及多重赋值等。

1. 一般形式

在Python中，赋值号就是等号“＝”。赋值语句的一般形式如下：

```
<变量名>=<表达式>
```

赋值号的左边必须是变量名，右边则是表达式。赋值语句先计算表达式的值，然后使该变量指向该数据。

```
>>>a = 0                    #变量 a 指向数据 0
>>>b = 1                    #变量 b 指向数据 1
>>>print(id(a),id(b))
1412871360 1412871456       #变量 a、变量 b 分别指向不同的数据
>>>a = b                    #变量 a 指向变量 b 数据
>>>print(id(a),id(b))
1412871456 1412871456       #变量 a、变量 b 分别指向相同的数据
>>>
```

2. 增量赋值

Python 中提供了 12 种增量赋值运算符：

```
+=、-=、*=、/=、//=、%=、**=、<<=、>>=、&=、|=、^=
```

例如：赋值语句 x+=5 相当于 x=x+5，如下例。

```
>>>x = 10                  #x 赋值为 10
>>>x += 5                  #相当于 x = x+5
>>>x                       #x 的当前值为 15
15
>>>x *= 5                  #相当于 x = x * 5
>>>x                       #x 的当前值为 75
75
>>>x /= 5                  #相当于 x = x/5
>>>x
15.0                       #x 的当前值为 15.0
```

3. 链式赋值

链式赋值的语句形式为：

```
<变量 1>=<变量 2>=…=<变量 n>=<表达式>
```

链式赋值用于为多个变量赋一个相同的值。链式赋值先计算最后的表达式的值，然后将变量全部指向此数据对象。下例中 x，y，z 指向同一个数据对象 3.1415926。

```
>>>x = y = z = 3.1415926          #将 3.1415926 同时赋值给 x,y,z
>>>x
3.1415926
>>>y
3.1415926
>>>z
3.1415926
>>>
```

4. 多重赋值

多重赋值语句的形式为：

```
<变量 1>,<变量 2>,…,<变量 n>=<表达式 1>,<表达式 2>,…<表达式 n>
```

赋值号两边的变量和表达式数量要一致，多重赋值首先计算赋值号右边的各表达式的值，然后按照顺序分别赋值给左边的变量。

```
>>>a,b = 3,5
>>>print(a)          #多重赋值的结果 a = 3
3
>>>print(b)          #多重赋值的结果 b = 5
5
>>>a,b = 3,a         #多重赋值 a = 3,b = a
>>>print(a)
3
>>>print(b)
3
>>>
```

使用多重赋值语句可以方便地实现两个变量的数据交换。例如：

```
>>>a,b = 3,5
>>>a,b = b,a          #多重赋值实现 a,b 的数据交换
>>>print(a)
5
>>>print(b)
```

```
3
>>>
```

正是由于 Python 中变量名是对数据的引用，所以一条多重赋值语句就可以完成两个变量的数据交换，体现了 Python 语言简洁、高效的风格。在其他高级语言中，若要实现两个变量 a 和 b 的数据交换，需要使用第三个变量 t，通过三条语句来实现。例如：

```
>>>t = a
>>>a = b
>>>b = t
```

2.2.4　标识符与关键字

1. 标识符

标识符用来表示常量、变量、函数、对象等程序要素的名字。在前面交换 a 和 b 两个变量值的例子中，a、b、t 都是表示变量名字的标识符。

给变量命名时，可以使用任何能够明确说明该数据特征、用途、性质的标识符，可以包括由字母、数字、下画线或汉字组成的字符串。标识符要符合下面的命名规则。

(1) 首字符必须是字母或下画线；

(2) 中间可以是字母、下画线、数字或汉字，不能有空格；

(3) 区分大小写字母(大写 S 和小写 s 代表了不同的两个变量)；

(4) 不能使用 Python 的关键字。

2. 关键字

关键字(Keyword)又称保留字，是 Python 系统内部定义和使用的特定标识符。每种程序设计语言都有自己的关键字。Python 的关键字如表 2.1 所示。

表 2.1　Python 的关键字

False	def	if	raise	break
None	del	import	return	for
True	elif	in	try	not
and	else	is	while	class
as	except	lambda	with	from

续表

assert	finally	nonlocal	yield	or
continue	global	pass		

需要注意的是，关键字区分大小写，如 True、False 和 None 是关键字，而 true、false 和 none 则不是关键字。

在 Python 中可以使用 help('keywords')语句查看所有关键字。

```
>>>help('keywords')

Here is a list of the Python keywords.  Enter any keyword to get more help.

False               def                 if                  raise
None                del                 import              return
True                elif                in                  try
and                 else                is                  while
as                  except              lambda              with
assert              finally             nonlocal            yield
break               for                 not
class               from                or
continue            global              pass

>>>
```

2.3 运算符与表达式

2.3.1 算术运算符

Python 中的算术运算符和运算规则如表 2.2 所示。

表 2.2 算术运算符和运算规则

运算符	描　述	实例(a=10,b=20)
+	加，两个数相加	a + b 输出结果 30
-	减，两个数相减，或是得到负数	a - b 输出结果 -10

续表

运算符	描　　述	实例(a=10,b=20)
*	乘,两个数相乘或是返回一个被重复若干次的字符串	a * b 输出结果 200
/	除,x 除以 y	b / a 输出结果 2.0
%	取模,返回除法的余数	b % a 输出结果 0
**	幂,返回 x 的 y 次幂	a**b 为 10 的 20 次方 输出结果 100000000000000000000
//	整除,返回商的整数部分	9//2 输出结果 4 9.0//2.0 输出结果 4.0

2.3.2　关系运算符

Python 中的关系运算符和运算规则如表 2.3 所示。

表 2.3　关系运算符和运算规则

运算符	描　　述	实例(a=10,b=20)
==	等于,比较对象是否相等	(a == b)返回 False
!=	不等于,比较两个对象是否不相等	(a != b)返回 True
>	大于,返回 x 是否大于 y	(a > b)返回 False
<	小于,返回 x 是否小于 y	(a < b)返回 True
>=	大于或等于,返回 x 是否大于或等于 y	(a >= b)返回 False
<=	小于或等于,返回 x 是否小于或等于 y	(a <= b)返回 True

2.3.3　赋值运算符

Python 中的赋值运算符用来给对象赋值,运算规则如表 2.4 所示。

表 2.4　赋值运算符和运算规则

运算符	描　　述	实　　例
=	简单的赋值运算符	c = a + b 将 a + b 的运算结果赋值为 c
+=	加法赋值运算符	c += a 等效于 c = c + a
-=	减法赋值运算符	c -= a 等效于 c = c - a

续表

运算符	描　述	实　例
*=	乘法赋值运算符	c *= a 等效于 c = c * a
/=	除法赋值运算符	c /= a 等效于 c = c / a
%=	取模赋值运算符	c %= a 等效于 c = c % a
**=	幂赋值运算符	c **= a 等效于 c = c ** a
//=	取整赋值运算符	c //= a 等效于 c = c // a

2.3.4 逻辑运算符

Python 中的逻辑运算符和运算规则如表 2.5 所示。

表 2.5 逻辑运算符和运算规则

运算符	描　述	实例(x=True,y=False)
and	布尔“与”：仅当 x 为 True 且 y 为 True 时，x and y 返回 True，其他情况均返回 False	(x and y)返回 False
or	布尔“或”：仅当 x 为 False 且 y 为 False 时，x or y 返回 False，其他情况均返回 True	(x or y)返回 True
not	布尔“非”：如果 x 为 True，not x 返回 False；如果 x 为 False，则返回 True	not(x)返回 False

2.3.5 成员运算符

除了上述运算符之外，Python 还支持成员运算符 in 和 not in，用来判断运算符左侧的数据是否包含于右侧的数据结构中，如表 2.6 所示。运算符右侧一般为序列类型数据，可以是字符串、列表或元组等类型。

表 2.6 成员运算符和运算规则

运算符	描　述	实　例
in	如果在指定的序列中找到值则返回 True，否则返回 False	'x' in 'python'运算结果为 False 'y' in 'python'运算结果为 True
not in	如果在指定的序列中没有找到值则返回 True，否则返回 False	'x'not in 'python'运算结果为 True 'y' not in 'python'运算结果为 False

2.3.6 身份运算符

身份运算符用于比较两个对象的存储单元，如表 2.7 所示。

表 2.7 身份运算符和运算规则

运算符	描述	实例
is	is 判断两个标识符是不是引用自一个对象	x is y，类似 id(x) == id(y)，如果引用的是同一个对象，则返回 True，否则返回 False
is not	is not 判断两个标识符是不是引用自不同对象	x is not y，类似 id(a) != id(b)。如果引用的不是同一个对象，则返回 True，否则返回 False

身份运算符的实例：

```
>>>x = 10
>>>y = 20
>>>x = y
>>>x is y                    #结果为 True，说明 x、y 引用的是同一个数据对象
True
>>>
```

Python 中，一切都是对象。1，2，3，4…这些整数也都是对象。这些基本的不可变对象在 Python 里会被频繁地引用、创建。为了不使 Python 程序引发效率瓶颈，Python 引入了整数对象池的机制，将[−5, 256]内的整数定义在小整数对象池里。当引用这个范围内的小整数时，Python 自动引用小整数对象池里的对象。因此，这个范围内相同小整数对象的 id 相同。

```
>>>a,b = 125,125
>>>print(id(a),id(b))
140712234614912 140712234614912
>>>print(a is b)
True
>>>a,b = 12500,12500
>>>print(id(a),id(b))
2422179847952 2422179848080
```

```
>>>print(a is b)
False
>>>
```

2.3.7 表达式

运算符与参与运算的对象一起构成了 Python 的表达式，运算符包括＋、－、*、/等，表明对运算对象进行运算的种类，运算对象包括常量、变量、函数等，也可以是子表达式。表达式的运算要遵循运算符的优先级。表 2.8 列出了从最高到最低优先级的所有运算符。

表 2.8 表达式运算优先级

运 算 符	描 述
* *	指数（最高优先级）
*、/、%、//	乘、除、取模和取整除
＋、－	加法和减法
＜＝、＜ ＞、＞＝	比较运算符
＜＞、＝＝、!＝	等于运算符
＝、%＝、/＝、//＝、－＝、＋＝、*＝、* *＝	赋值运算符
is、is not	身份运算符
in、not in	成员运算符
not、or、and	逻辑运算符

表达式的运算实例，not "Abc" ＝＝ "abc" or 2 ＋ 3 !＝ 5 and "23" ＜ "3 "，运算结果如下：

```
>>>not "Abc" == "abc" or 2+3 != 5 and "23" < "3"
True
>>>
```

运算符优先级决定了运算符的运算顺序，想要改变它们的计算顺序，可以使用圆括号。例如，not ("Abc" ＝ "abc" or 2 ＋ 3 !＝ 5) and "23" ＜ "3 "。

书写表达式的注意事项如下。

（1）与数学公式的写法不同，表达式中的乘号不能省略。例如，数学公式 $a^2+2ab+b^2$，在 Python 中的表达式要写为 a**2+2*a*b+b**2。

（2）表达式中的括号必须成对出现（必须为英文括号）。括号可以嵌套，表达式中只能使用圆括号，不能使用方括号和花括号。

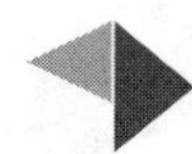

2.4　常用内置函数

高级语言中的函数类似数学中的函数，都是用来完成某些运算符无法完成的运算。Python 中的函数就是一段完成某个运算的代码的封装。

Python 中的函数分为内置函数、标准库函数和第三方库函数。内置函数随着 Python 的启动自动加载，无须安装即可直接使用。

2.4.1　输入输出函数

1. 输入函数 input()

程序运行后需要从键盘获取数据时，可以使用输入函数，Python 的标准输入函数是 input()，语法格式如下：

```
input([prompt])
```

参数 prompt 是一个字符串，用于提示用户输入信息。执行 input()函数时，prompt 的内容会原样输出，等待用户输入数据。用户从键盘输入数据并按 Enter 键后，input()函数将用户输入的数据以字符串的形式返回。提示信息 prompt 也可以省略。

```
>>>s = input('请输入课程名称：')
请输入课程名称：Python 语言程序设计
>>>print(s)
Python 语言程序设计
>>>
```

需要特别注意的是，无论用户输入什么类型的数据，input()函数的返回值都是字符串类型。如果要获得数值型或其他类型的数据，可以使用类型转换函数进行转换。例如：

```
>>>x = input('请输入数据：')
请输入数据：25
>>>x + 10                                    #x 为字符型数据，不能与数值相加
```

```
Traceback (most recent call last):
  File "<pyshell#21>", line 1, in <module>
    x + 10
TypeError: must be str, not int
>>>x = int(input('请输入数据：'))                    #将输入的字符串转换为整型数
请输入数据：25
>>>x + 10
35
>>>
```

input()函数可以为多个变量赋值。例如：

```
>>>x, y = eval(input('请输入两个数(以逗号分隔)：'))
请输入两个数(以逗号分隔)：23,45
>>>print("两个数的和为：",x + y)
两个数的和为：68
>>>
```

2. 输出函数 print()

程序的运行结果通常需要输出显示，Python 通过内置函数 print()实现，语法格式如下：

```
print(value1, value2, ..., [,sep = ' '][,end = '\n'])
```

value1、value2 等为输出的值。参数 sep 表示各输出值之间的分隔符，默认以空格分隔。参数 end 表示添加到最后一个输出值后面的结束符，默认为转义字符\n，即换行输出。无参数时，print()函数将输出一个空行。

```
>>>print(10,20)                              #换行输出，默认空格分隔
10 20
>>>print(10,20,30,sep = '**')                #换行输出，**号分隔
10**20**30
>>>print(10,20,30,sep = ',',end = '*')       #不换行输出，逗号分隔，*号结束
10,20,30*
>>>a,b,c = 10,20,30
```

```
>>>print(a);print(b);print(c)                          #换行输出多个变量的值
10
20
30
>>>print(a,end = ',');print(b,end = ',');print(c)      #3 条语句不换行输出
10,20,30
>>>print(a,b,c,sep = ',')                              #等价于上面 3 条语句
10,20,30
>>>
```

2.4.2 数学运算函数

Python 常用的内置数学运算函数如表 2.9 所示。

表 2.9 Python 常用数学运算函数

函数名	功 能
abs(x)	求绝对值,参数 x 可以是整型,也可以是复数
divmod(a, b)	返回一个由 a 和 b 的商和余数构成的元组,参数可以为整型或浮点型
max(seq)	返回序列中的最大值
min(seq)	返回序列中的最小值
sum(seq)	对序列元素求和
round(x[, n])	将 x 进行四舍五入,保留 n 位小数,不包含 n 则只保留整数
pow(x, y[, z])	返回 x 的 y 次幂,如果有参数 z 则返回 x 的 y 次幂与 z 的模
complex([real[, imag]])	创建一个复数

数学运算函数的应用实例如下:

```
>>>print(abs(15),abs(-15))
15 15
>>>print(divmod(11,4),divmod(11.5,2.5),divmod(11,-4))
(2, 3) (4.0, 1.5) (-3, -1)
>>>print(max(3,-5,23,6))
23
>>>print(min(3,-5,23,6))
```

```
-5
>>>print(max(3,-5,23,6))
23
>>>print(round(3.1415926,3),round(3.1415926),round(314.15926,-1))
3.142 3 310.0
>>>print(pow(2,3),pow(2,3,5))
8 3
>>>
```

2.4.3 转换函数

转换函数包括数制转换函数和类型转换函数。数制转换函数可以实现各种数制之间的转换，类型转换函数则实现数据类型的转换。Python 常用转换函数如表 2.10 所示。

表 2.10 Python 常用转换函数

函数名	功　能
int([x[, base]])	将一个数字或 base 类型的字符串转换成整数，base 表示进制，默认为十进制
float([x])	将一个字符串或数转换为浮点数。如果无参数将返回 0.0
str(x)	将数字转换为字符串
bool([x])	将 x 转换为布尔型
chr(i)	返回整数 i 对应的 ASCII 字符
ord(s)	返回一个字符的 ASCII 码
bin(x)	将十进制整数 x 转换为二进制数
oct(x)	将十进制整数 x 转换为八进制数
hex(x)	将十进制整数 x 转换为十六进制数
eval (str [,globals[,locals]])	将字符串 str 当成有效的表达式来求值并返回计算结果

int()函数实现将数值或字符串转换为十进制整数，格式为 int([x[, base]])，参数 x 有两种情况。

（1）如果 x 是数值，则不能包含 base 参数，否则将报错。函数功能为对 x 取整，即舍去 x 的小数部分，将其转换为整数。

（2）如果 x 是字符串，则 x 必须为整数字符串。base 参数用来说明 x 的进制类型，默认为 10,即十进制,也可以是[2,36]范围内的任意值或 0。如果 base 的值是 0,系统将根据字符串 x 的值进行解析。整数字符串 x 的书写规则必须与 base 代表的进制类型相对应,否则会提示 ValueError 异常。当函数包含参数 base 时,x 必须为字符串,否则将提示 TypeError 异常。

下面给出 int()函数应用的具体实例:

```
>>>int(3.14)
3
>>>int(2e2)
200
>>>int(100, 2)              #出错,base 被赋值后函数只接收字符串
Traceback (most recent call last):
  File "<pyshell#46>", line 1, in <module>
    int(100, 2)
TypeError: int() can't convert non-string with explicit base
>>>int('23',16)             #将十六进制字符串'23'转换为十进制整数
35
>>>int('23',8)              #将八进制字符串'23'转换为十进制整数
19
>>>int('Pythontab',8)       #出错,'Pythontab'不是一个八进制数
Traceback (most recent call last):
  File "<pyshell#49>", line 1, in <module>
    int('Python',8)
ValueError: invalid literal for int() with base 8: 'Python'
>>>int('0x10', 16)          #0x 是十六进制的符号
16
>>>int('0b10',2)            #0b 是二进制的符号
2
```

数制转换函数实例如下:

```
>>>print(bin(32))           #将十进制数 32 转换为二进制数
0b100000
>>>print(hex(32))           #将十进制数 32 转换为十六进制数
0x20
>>>print(oct(32))           #将十进制数 32 转换为八进制数
0o40
```

```
>>>a=0b10110011              #ob 为二进制数的符号
>>>print(int(a))             #int()函数可以将二进制数转换成十进制整数
179
>>>print(int('2D9',16))      #将十六进制数值字符串"2D9"转换为十进制整数
729
>>>print(int('267',8))       #将八进制数值字符串"247"转换为十进制整数
183
>>>print(int('123'))         #将十进制数值字符串"123"转换为十进制整数
123
```

类型转换函数实例如下：

```
>>>x,y =0,1
>>>print(bool(x),bool(y))                          #0是 False,1是 True
False True
>>>print(bool('abc'),bool(''),bool('  '))  #空串为 False,空格字符串为 True
True False True
>>>float(25)                                       #将整数 25 转换为浮点数 25.0
25.0
>>>float('+1.23')                                  #将字符串'+1.23'转换为浮点数
1.23
>>>float('   -12345\n')                            #将字符串'   -12345\n'转换为浮点数
-12345.0
>>>float('2e-003')                                 #将字符串'2e-003'转换为浮点数
0.002
>>>float('+1E6')                                   #将字符串'+1E6'转换为浮点数
1000000.0
>>>float('-Infinity')                              #将字符串'-Infinity '转换为浮点数
-inf                                               #-inf 为负无穷,inf 为正无穷
>>>str(255)                                        #将整数 255 转换为字符串
'255'
>>>str(12.35)                                      #将浮点数 12.35 转换为字符串
'12.35'>>>
```

2.4.4　其他常用函数

1. range()函数

range()函数格式如下：

```
range([start],<stop>[, step])
```

其功能为产生一个从 start 开始到 stop 结束(不包含 stop)、步长为 step 的序列，start 默认为 0，step 默认为 1。函数返回值类型为 range 对象。

```
>>>x = range(1,10,2)
>>>list(x)
[1, 3, 5, 7, 9]
>>>x = range(10)
>>>list(x)
[0, 1, 2, 3, 4, 5, 6, 7, 8, 9]
>>>x = range(10,1,-2)
>>>list(x)
[10, 8, 6, 4, 2]
```

2. eval()函数

eval()函数格式如下：

```
eval (str [,globals[,locals]])
```

eval()函数将字符串 str 当成有效的表达式来求值并返回计算结果。换言之，eval()函数能够去掉字符串 str 两端的定界符，解析出字符串的内容。

```
>>>x = 1
>>>eval('x+1')
2
>>>a = '5,10'
>>>x,y = eval(a)
>>>print(x,y)
5 10
```

```
>>>x = eval(input("请输入数据："))
请输入数据：25
>>>x + 10
35
>>>
```

3. type()函数

type()函数的格式如下：

```
type(object)
```

返回对象的类型。

```
>>>type(36)             #整数类型
<class 'int'>
>>>type("36")           #字符串类型
<class 'str'>
>>>type(3>9)            #布尔类型
<class 'bool'>
>>>
```

4. 其他内置函数

其他常用的内置函数如表2.11所示。

表2.11　其他常用的内置函数

函数名	功　　能
len(object)	返回对象(字符、列表、元组等)长度或者项目个数
all(iterable)	iterable为可迭代对象，如列表、元组、字典、集合等类型，用于判断给定的可迭代参数iterable中的所有元素是否都为True，如果是就返回True，否则返回False
any(iterable)	对于iterable可迭代对象，当元素有一个为真时，函数值为True；当元素为空时，函数返回False
help([object])	显示有关对象的帮助信息

续表

函数名	功　能
cmp(x, y)	如果 x < y,返回负数;x == y,返回 0;x > y,返回正数
dir([object])	返回当前范围内的变量或对象的详细列表
locals()	返回当前的变量列表
format(value [, format_spec])	格式化输出字符串

下面给出几个 Python 其他内置函数的应用实例。

```
>>>len("Python")                             #返回字符串的长度
6
>>>len([1,2,3,4,5])                          #返回列表包含的元素个数
5
>>>print(all([1,2,3]),all([0,1,2]))          #元素均为 True,结果才为 True
True False
>>>print(all([]))                            #元素为空时返回 True
True
>>>print(any([1,2,3]),any([0,1,2]))          #有一个元素均为 True,结果就为 True
True True
>>>print(any([]))                            #元素为空时返回 False
False
>>>
>>>help(eval)                                #查看 eval()函数的使用说明
Help on built-in function eval in module builtins:

eval(source, globals=None, locals=None, /)
    Evaluate the given source in the context of globals and locals.

    The source may be a string representing a Python expression
    or a code object as returned by compile().
    The globals must be a dictionary and locals can be any mapping,
    defaulting to the current globals and locals.
    If only globals is given, locals defaults to it.

>>>
```

2.5 常用标准模块

Python将有组织的代码片段称为模块（module），根据是否随着Python解释器安装到系统中，可将模块分为标准模块和第三方模块。标准模块随着解释器自动安装到系统中，使用时无须再安装，第三方模块需要单独安装然后才能使用。使用模块很大程度上是使用模块中包含的函数，也称为库函数。丰富的库函数是Python区别于其他编程语言的主要特征，是快速问题求解和提高编程效率的主要工具。与内置函数不同的是，Python程序若要调用这些标准库函数，需要先使用import命令将模块或函数导入。

常用的标准模块有绘图模块（turtle）、数学模块（math）、随机数模块（random）、时间模块（time）等。

2.5.1 模块的导入

在Python中，模块是一个包含所有定义的函数和变量的文件，其扩展名是py。模块可以被其他程序引入，实现调用该模块中函数的功能，常用import或者from…import两种方式来导入模块。import语句既可以导入一个自定义模块，也可以导入Python标准模块和第三方模块。

1. import语句导入整个模块。

import语句导入整个模块的格式为：

```
import  <模块名1>[,<模块名2>[,...<模块名N>] [as 别名]
```

模块包含的所有变量、对象和函数被一次性全部导入，后续程序语句可以直接使用。可以一次性导入多个模块，也可以为模块起一个简短的别名，使用模块时可以用别名代替模块名。用此种方法导入模块后，调用模块包含的函数的格式为：

```
模块名.<函数名>
```

例如：

```
>>>import math
>>>math.pi
```

```
3.141592653589793
>>>import turtle as t
>>>t.up()
>>>
```

2. from…import 语句从模块中导入特定函数

from…import 语句从模块中导入特定函数的格式为：

```
from  <模块名>  import <函数名 1>[,<函数名 2>[,…<函数名 N>]
```

或者

```
from  <模块名>  import *
```

该语句从 from 后面的模块名中导入 import 指定的一个或多个函数，如果 import 后面为星号(*)，导入模块中的所有函数。使用此种方式导入模块后，使用模块包含的函数可以直接使用函数名，无须在函数名前面指出模块名。举例如下：

```
>>>from math import pi,sin
>>>pi
3.141592653589793
>>>sin(pi/4)
0.7071067811865476
>>>from math import *
>>>cos(pi/2)
6.123233995736766e-17
>>>ceil(3.25)
4
>>>floor(4.56)
4
>>>
```

2.5.2 math 模块

math 模块提供数学相关的运算和函数，其中常用的函数如表 2.12 所示。

表 2.12　math 模块常用函数功能说明

函　数	返回值
fabs(x)	返回 x 的绝对值(浮点数)，如 fabs(－10) 返回 10.0
exp(x)	返回 e 的 x 次幂，如，exp(1)返回 2.718281828459045
ceil(x)	对 x 的向上取整，如 ceil(4.1) 返回 5
floor(x)	对 x 的向下取整，如 floor(4.9)返回 4
fmod (x,y)	返回 x/y 的余数(浮点数)，如 fmod(7,4)返回 3.0
factorial(x)	返回 x 的阶乘
log(x[,base])	返回 x 的自然对数，如 log(e)返回 1.0，可以用 base 参数改变对数的底，如，log(100,10)返回 2.0
log10(x)	返回以 10 为底的 x 的对数，如 log10(100)返回 2.0
max(x1, x2,…)	返回给定参数的最大值，参数可以为序列
min(x1, x2,…)	返回给定参数的最小值，参数可以为序列
modf(x)	返回 x 的小数和整数部分
pow(x, y)	返回 x 的 y 次幂，x * * y 运算后的值
round(x [,n])	返回浮点数 x 的四舍五入值，n 为舍入到小数点后的位数
radians(x)	将角度值(x)转换为弧度值
sin(x)	返回 x(弧度)的三角正弦值
cos(x)	返回 x(弧度)的三角余弦值
tan(x)	返回 x(弧度)的三角正切值
sqrt(x)	返回数字 x 的平方根，返回类型为实数，如 sqrt(4)返回 2.0

如果用 import 语句导入 math 模块，则使用 math 模块中的函数时，模块名 math 不能省略，函数的调用格式如下：

```
math.<函数名>(<参数>)
```

math 模块中函数的应用实例：

```
>>>import math
>>>print(math.fabs(-4),math.ceil(4.1),math.floor(4.9))
```

```
4.0 5 4
>>>print(math.pow(3,4),math.fmod(7,4),math.log(100,10))
81.0 3.0 2.0
>>>math.pi                  #圆周率 pi
3.141592653589793
>>>math.e                   #自然常数 e
2.718281828459045
>>>math.factorial(5)
120
>>>
```

2.5.3　random 模块

random 模块包含各种随机数生成函数，用于生成各种随机数。随机数在数学、游戏以及安全等领域有广泛的应用。Python 的随机数函数都基于基本的 random()实现，random 模块的常用随机数函数如表 2.13 所示。

表 2.13　random 模块的常用随机数函数功能说明

函　　数	描　　述
seed([x])	设置随机数生成器的种子，在调用随机函数前调用此函数。默认以系统时间作为种子。同一种子每次运行产生的随机数序列相同
random()	返回一个[0.0,1.0)内的随机浮点数
randint(a,b)	返回一个[a,b]内的随机整数
uniform(a,b)	返回一个[a,b]内的随机小数
randrange ([start,] stop [,step])	返回一个[start,stop)内以 step 为步长的整数序列中的随机整数，step 的默认值为 1
choice(seq)	返回一个从 seq 中随机选取的元素，例如，choice(range(10))，从 0 到 9 中随机挑选一个整数
shuffle(seq)	将序列 seq 中的所有元素顺序打乱，随机排序，无返回值
sample(seq,k)	返回从 seq 中随机挑选 k 个元素组成的子序列

如果用 from…import 语句导入模块，调用模块内的函数时，前面的模块名 random 可以省略，函数的调用格式如下：

```
<函数名>(<参数 1>[,<参数 2>]…)
```

本书中书写某些函数、语句的时，对格式做出如下约定。

（1）用尖括号（< >）括起来的部分代表必选项，在具体应用时，尖括号内的部分一定会出现。

（2）用方括号（[]）括起来的部分代表可选项，在具体应用时，方括号部分不一定出现，根据需要选择使用。

上面的格式中，在调用具体函数时，函数名和参数 1 一定会出现，而参数 2 在不同情况有所不同，可能出现也可能不出现，也可能还有参数 3、参数 4……

随机数函数的应用实例：

```
>>>from random import *          #导入 random 模块的所有函数
>>>seed(10)                      #产生种子 10 对应的随机序列
>>>random()                      #随机产生[0.0,1.0)内的小数
0.5714025946899135
>>>randint(11,19)                #随机产生[11,19]内的整数
17
>>>uniform(11,19)                #随机产生[11,19]内的小数
14.860493396406847
>>>randrange(11,19,2)            #随机生成一个[11,19)内以 2 为步长的整数
11
>>>randrange(11,19,2)            #随机生成一个[11,19)内以 2 为步长的整数
13
>>>x = [1,3,5,7,9,11,13,15]
>>>choice(x)                     #从列表 x 中随机选择一个元素
11
>>>shuffle(x)                    #将列表 x 中的元素随机排序
>>>x
[9, 7, 13, 1, 5, 11, 15, 3]
>>>sample(x,3)                   #从列表 x 中随机选择 3 个元素
[11, 1, 15]
>>>
```

2.5.4 time 模块

time 模块提供了一些基本的处理日期和时间的函数，datetime 模块基于 time 模块进

行了封装，提供了更多实用的对象和函数。

time 模块中表示时间的格式主要有 3 种。

1. 时间戳

时间戳表示从格林尼治标准时间 1970 年 1 月 1 日 00:00:00 开始到现在按秒计算的总秒数，这是早期 UNIX 系统的设计习惯，沿用到现在所有计算机系统中。

2. 时间元组

time 模块提供了一个 struct_time 类，该类代表一个时间对象，以一个命名元组的形式表示时间对象，包括 9 个属性：tm_year，tm_mon，tm_mday，tm_hour，tm_min，tm_sec，tm_wday，tm_yday，tm_isdst，分别代表年份、月份、天数、小时、分钟、秒数、星期（0 是星期日）、一年中的第几天、夏令时是否生效（夏令时生效 tm_isdst 设置为 1，不生效设置为 0，未知设置为－1）。这 9 个属性可以表示具体的日期和时间。

3. 格式化时间

格式化时间是由字母和数字表示的时间字符串，例如"Sat May 5 12:23:56 2021"。格式化的结构增强了时间字符串的可读性。时间字符串支持的格式符号如表 2.14 所示。

表 2.14　时间字符串支持的格式符号（区分大小写）

格式	含　义	格式	含　义
%Y	完整的年份（0000～9999）	%I	小时（12 小时制，01～12）
%y	去掉世纪的年份（00～99）	%p	上/下午（AM，PM）
%M	分钟（00～59）	%S	秒（00～59）
%m	月份（01～12）	%c	日期和时间
%B	月份名（January～December）	%j	一年中的第几天（001～365）
%b	月份名缩写（Jan～Dec）	%w	一个星期中的第几天（1～7，7 是星期天）
%d	日期（01～31）	%X	本地时间
%A	星期（Monday～Sunday）	%x	本地日期
%a	星期缩写（Mon～Sun）	%z	时区的名字（若不存在则为空）
%H	小时（24 小时制，00～23）		

时间字符串举例如下：

```
>>>import time
>>>t = time.localtime()                          #获得当前日期和时间
>>>time.strftime('%Y-%m-%d %H:%M:%S',t)          #将时间变量 t 转换为字符串
'2021-03-13 14:47:57'
>>>time.strftime('%x %X %B %A',t)                #获得变量 t 的日期、时间、月份和星期
'03/13/21 14:47:57 March Saturday'
>>>time.strptime('2021-05-01','%Y-%m-%d')        #将字符串转换为时间
time.struct_time(tm_year = 2021, tm_mon = 5, tm_mday = 1, tm_hour = 0, tm_min = 0,
tm_sec = 0, tm_wday = 5, tm_yday = 121, tm_isdst = -1)
```

time 模块常用的函数和功能说明如表 2.15 所示。

表 2.15　time 模块常用的函数和功能说明

函　　数	描　　述
time( )	返回当前时间的时间戳（1970 年后经过的浮点秒数）
localtime([secs])	接收时间戳（1970 年后经过的浮点秒数）并返回一时间元组 t（t.tm_isdst 可取 0 或 1，取决于当地当时是不是夏令时）
asctime([tupletime])	接收时间元组并返回一个日期时间字符串。时间元组省略时，返回当前系统时间
ctime([secs])	作用相当于 asctime(localtime(secs))，无参数时相当于 asctime()
strftime(fmt[,tupletime])	接收时间元组，按指定格式 fmt 返回当前日期和时间

函数应用实例：

```
>>>from time import *                            #导入 time 模块的所有函数
>>>time()                                        #返回当前时间的时间戳
1615618714.4686518
>>>localtime(time())                             #返回当前时间的时间戳对应的时间元组
time.struct_time(tm_year = 2021, tm_mon = 3, tm_mday = 13, tm_hour = 14, tm_min =
58, tm_sec = 52, tm_wday = 5, tm_yday = 72, tm_isdst = 0)
>>>localtime(1615618714.4686518)                 #返回时间戳对应的时间元组
time.struct_time(tm_year = 2021, tm_mon = 3, tm_mday = 13, tm_hour = 14, tm_min =
58, tm_sec = 34, tm_wday = 5, tm_yday = 72, tm_isdst = 0)
>>>asctime((2021, 3, 13, 14, 58, 34, 5, 72, 0))    #返回时间元组的字符串
'Sat Mar 13 14:58:34 2021'
>>>asctime()                                     #返回当前系统日期和时间的字符串
```

```
'Sat Mar 13 15:02:03 2021'
>>>ctime(1615618714.4686518)                            #返回时间戳对应的时间字符串
'Sat Mar 13 14:58:34 2021'
>>>strftime('%Y-%m-%d %H:%M:%S',(2021, 3, 13, 14, 58, 34, 5, 72, 0))
'2021-03-13 14:58:34'
>>>strftime('%Y-%m-%d %H:%M:%S')                        #返回指定格式的当时日期和时间
'2021-03-13 15:03:54'
>>>
```

2.5.5 turtle 模块

Python 内置的标准模块 turtle 可以非常方便地进行图形绘制。turtle 原意为海龟，turtle 的绘图过程就是模拟一只小海龟在 Python 坐标系中爬行，可以有前进、后退、旋转等基本爬行动作，其爬行经过的轨迹就是绘制的图形。初始状态下，小海龟从坐标原点(0,0)即画布正中央开始水平向右爬行，类似于数学上的直角坐标系，向右为 x 轴正方向，向上为 y 轴正方向。利用 turtle 进行绘制图形的过程中，需要用到 turtle 模块中的各种函数，下面介绍其中最重要的两大类函数。更多函数请读者参考 Python 官方文档中关于 turtle 的介绍(https://docs.python.org/3/library/turtle.html)。

1. 画笔控制函数

turtle 的常用画笔控制函数及功能见表 2.16。

表 2.16 turtle 的常用画笔控制函数及功能

函数名	功　能
lpendown()或者 pd()或者 down()	按下画笔，之后小海龟的移动将绘制形状
lpenup()或者 pu()或者 up()	抬起画笔，之后小海龟的移动将不绘制形状
lpensize()或者 width()	设置画笔尺寸
lcolor()	设置画笔颜色和填充颜色
lpencolor()	设置画笔颜色
lfillcolor()	设置填充颜色

2. 形状绘制函数

turtle 常用形状绘制函数及功能见表 2.17。

表 2.17 turtle 的常用形状绘制函数及功能

函数名	功能
forward(distance)或者 fd(distance)	向小海龟当前行进方向前进 distance 距离
backward(distance)或者 bk(distance)或者 back(distance)	向小海龟当前行进方向后退 distance 距离
right(angle)或者 rt(angle)	小海龟向右转 angle 角度
left(angle)或者 lt(angle)	小海龟向左转 angle 角度
goto(x,y=None)或者 setpos(x,y=None)或者 setposition(x,y=None)	小海龟移动到绝对坐标位置
setheading(to_angle)或者 seth(to_angle)	小海龟当前行进方向为 to_angle 绝对方向角度： 0°——正东向(小海龟初始爬行方向) 90°——正北向(上方向) 180°——正西向(左方向) 270°——正南向(下方向)
home()	小海龟回到起始坐标原点(0,0)
circle(radius, extent=None)	省略 extent，绘制圆形，半径为 radius； 给定 extent，绘制弧形，extent 为弧形角度
speed((speed=None)	设置小海龟爬行的速度，速度为 0~10 的整数

turtle 模块还有一个常用的函数 setup()，往往在代码初始阶段使用，用来设置绘制图形的主窗口大小及位置。setup()函数的格式如下：

```
setup(width, height, startx, starty)
```

各参数含义如下。

(1) width：窗口宽度(整数为像素，小数为窗口宽度与屏幕的比例)。

(2) height：窗口高度(整数为像素，小数为窗口宽度与屏幕的比例)。

(3) startx：窗口左侧与屏幕左侧的像素距离，如果是 None，窗口位于屏幕水平中央。

(4) starty：窗口顶部与屏幕顶部的像素距离，如果是 None，窗口位于屏幕垂直中央。

setup()函数各参数的含义以及 turtle 绘图窗口内坐标如图 2.3 所示。

【例 2.1】 利用 turtle 绘制正方形。

程序代码如下：

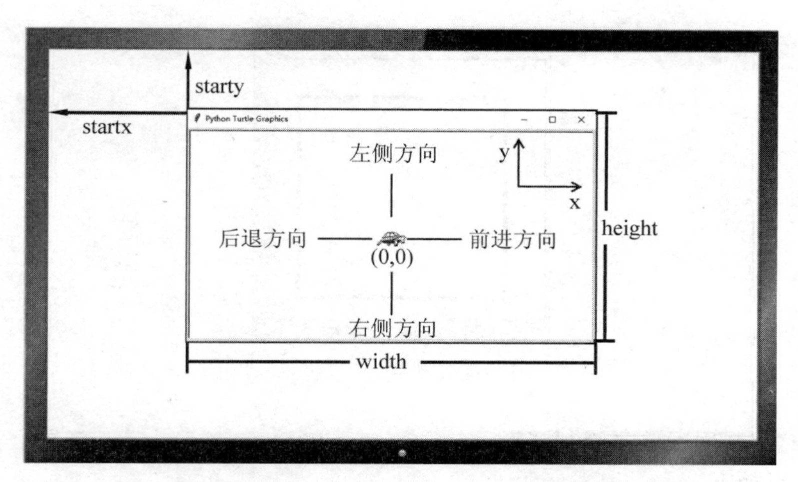

图 2.3　setup()函数各参数的含义以及 turtle 绘图窗口内坐标示意图

```
#example2.1
from turtle import *
setup(300,300,420,340)
pensize(5)
speed(3)
pencolor('red')
penup()
goto(-100,100)
pendown()
forward(210)
right(90)
forward(210)
right(90)
forward(210)
right(90)
forward(210)
right(90)
```

程序运行结果如图 2.4 所示。

图 2.4　例 2.1 运行结果

【例 2.2】 利用 turtle 绘制圆形。

程序代码如下：

```
#example2.2
import turtle
turtle.setup(400,400,200,200)
turtle.pensize(10)
turtle.speed(10)
turtle.pencolor('blue')
turtle.up()
turtle.goto(0,-150)
turtle.down()
turtle.circle(150)
turtle.up()
```

程序运行结果如图 2.5 所示。

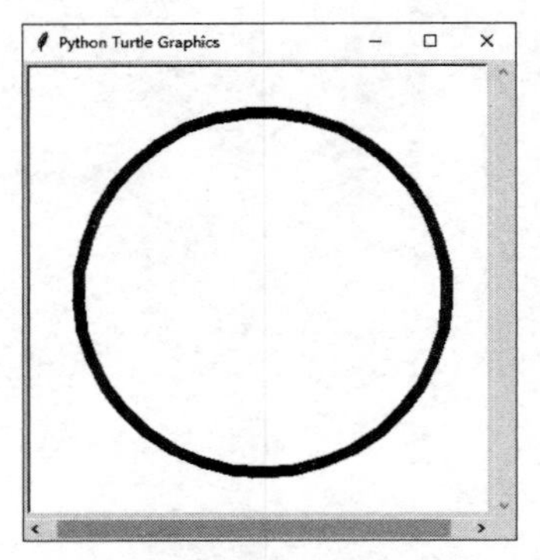

图 2.5　例 2.2 运行结果

习题 2

一、填空题

1. x=5,y=10,执行语句 x,y = y,x 后 x 的值是________。
2. x=5,执行语句 x-=2 之后,x 的值为________。
3. x=5,执行语句 x**=2 之后,x 的值为________。
4. 表达式 int('11',16) 的值为________。
5. 表达式 int('11',8) 的值为________。
6. 表达式 int('11',2)的值为________。
7. 语句 print(10,20,30, sep=':')的输出结果为________。
8. 内置函数________用来返回序列中的最大元素。
9. 内置函数________用来返回序列中的最小元素。
10. 内置函数________用来返回数值型序列中所有元素之和。
11. 查看变量内存地址内置函数是________。
12. 表达式 1<2<3 的值为________。
13. 表达式 3 | 5 的值为________。
14. 表达式 3 & 6 的值为________。
15. 表达式 3 << 2 的值为________。
16. 表达式 3 ** 2 的值为________。

二、判断题

1. 在 Python 中可以使用 for 作为变量名。　(　　)
2. Python 关键字不可以作为变量名。　(　　)
3. Python 变量名区分大小写,所以 student 和 Student 不是同一个变量。　(　　)
4. 假设 random 模块已导入,那么表达式 random.sample(range(10), 7) 的作用是生成 7 个不重复的整数。　(　　)
5. Python 用运算符"//"来计算除法。　(　　)
6. 转义字符"\n"的含义是换行符。　(　　)
7. 标准 math 库中用来计算幂的函数是 sqrt()。　(　　)

第 3 章

Python 控制语句

学习目标

- 理解结构化程序设计的 3 种基本结构。
- 掌握分支结构 if 语句的用法。
- 掌握 for 循环结构。
- 掌握 while 循环结构。

3.1 结构化程序设计

3.1.1 程序流程图

程序流程图是用统一规定的标准符号描述程序运行具体步骤的图形，通过对输入输出数据和处理过程的详细分析，将计算机的主要运行步骤和内容标识出来，是进行程序设计的最基本依据。

程序流程图由起止框、判断框、处理框、输入输出框、连接点、流程线、注释框等元素构成，如图 3.1 所示。

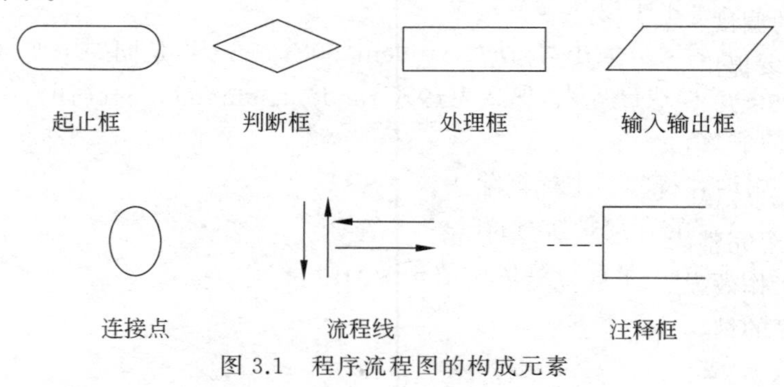

图 3.1 程序流程图的构成元素

其中，起止框表示程序的开始或结束；判断框（菱形框）具有条件判断功能，有一个入口，两个出口；处理框具有处理功能；输入输出框表示数据的输入或程序结果的输出；连接点可将流程线连接起来；流程线表示流程的路径和方向；注释框是为了对流程图中某些框的操作进行必要的补充说明。图 3.2 为流程图示例。

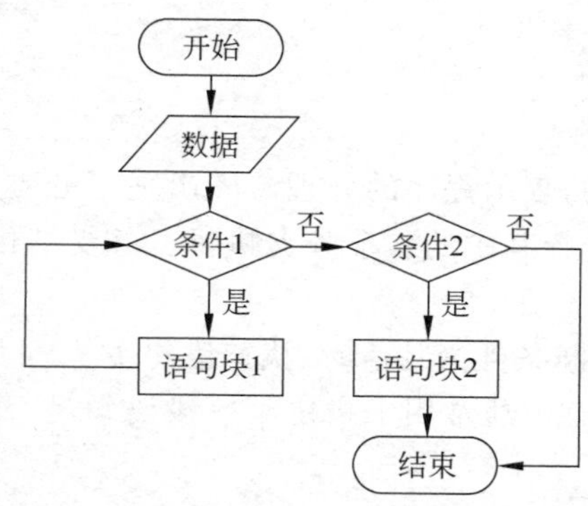

图 3.2 程序流程图示例

3.1.2 程序的基本结构

结构化程序设计方法的基本思想是以系统的逻辑功能设计和数据流关系为基础，根据数据流程图和数据字典，借助标准的设计准则和图表工具，通过“自上而下”和“自下而上”的反复，逐层把系统划分为多个大小适当、功能明确、具有一定独立性并容易实现的模块，从而把复杂系统的设计转变为多个简单模块的设计。结构化程序设计方法可以用 3 个关键词进行概括：自上而下、逐步求精、模块化设计。

结构化的含义指用一组标准的准则和工具从事某项工作。在结构化程序设计之前，每一个程序员都按照各自的习惯和思路编写程序，没有统一的标准，也没有统一的技术方法，因此，程序的调试、维护都很困难，这是造成软件危机的主要原因之一。20 世纪 60 年代，计算机科学家提出了有关程序设计的新理论，即结构化程序设计理论。该理论认为，任何一个程序都只需用 3 种基本逻辑结构来编制，分别是顺序结构、分支结构（选择结构）和循环结构。这种程序设计的新理论促使人们采用模块化编制程序，把一个程序分成若干个功能模块，这些模块之间尽量彼此独立，再用控制语句或过程调用语句将这些模块连接起来，形成一个完整的程序。一般来说，结构化程序设计方法不仅大大改进了程序的质量和程序员的工作效率，而且还增强了程序的可读性和可维护性。

结构化程序的结构可以用很多种方式表示，例如程序流程图、N-S 图、PAD 图等。程序流程图是广泛使用的结构化设计表示工具，具有表达直观，易于掌握的特点。

1. 顺序结构

顺序结构指程序从第一行语句开始执行，执行到最后一行语句结束，程序中的每条语句都会被执行一次。顺序结构的程序流程图如图3.3所示。

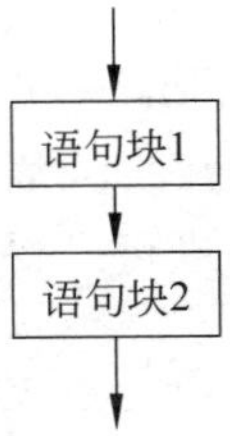

图3.3 顺序结构的程序流程图

2. 分支结构

分支结构也称选择结构，表示程序的处理步骤出现了分支，它需要根据某一特定的条件选择其中的一个分支执行。分支结构分为单分支结构、双分支结构和多分支结构。

（1）单分支结构：当判断条件为真值时，执行语句块1；当判断条件为假值时，越过语句块往下执行其他语句或结束，通常用来指定某一段语句是否执行。单分支结构的程序流程图如图3.4所示。

（2）双分支结构：当判断条件为真值时，执行语句块1；当判断条件为假值时，执行语句块2，通常用来有选择地在两段语句中选择一段执行。双分支结构的程序流程图如图3.5所示。

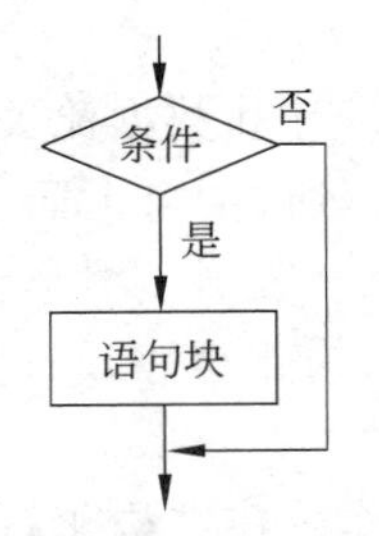

图3.4 单分支结构的程序流程图

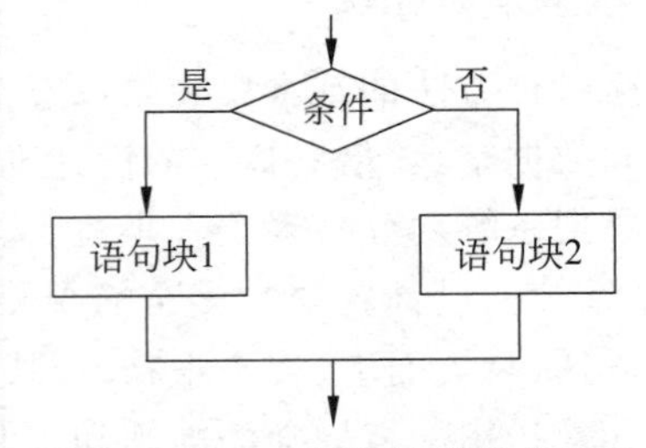

图3.5 双分支结构的程序流程图

（3）多分支结构：即扩展的双分支结构，一般设有 n 个条件，n 或者 $n+1$ 个语句块，当判断条件从上往下判断到某个条件为真值时执行对应的语句块，然后退出多分支结构继续向下执行其他内容。需要注意的是，多分支结构在一次执行时只能选择一个分支，即使其他判断条件为真值，也不会继续判断执行。多分支结构的程序流程图如图3.6所示。

3. 循环结构

循环结构是程序根据条件判断，在满足条件的情况下反复执行某个语句块的运行方式。根据循环触发条件的不同，分为条件循环和遍历循环。条件循环结构在执行循环时先判断循环条件的取值，如果为True则执行一次语句块（循环体），然后返回继续判断循

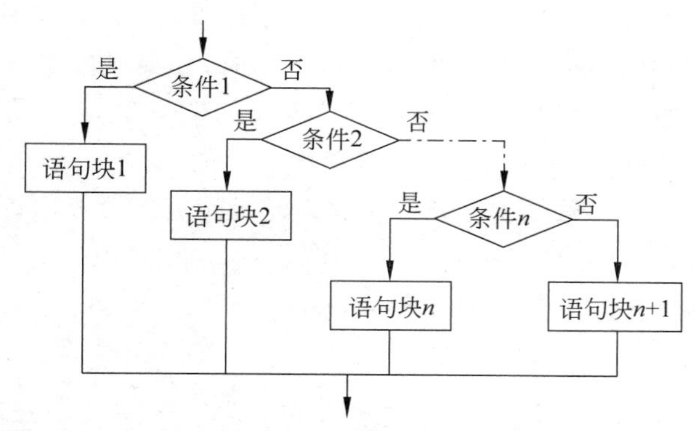

图 3.6　多分支结构的程序流程图

环条件,如果循环条件为 False,则结束循环。条件循环程序流程图如图 3.7 所示。遍历循环在执行循环时也要进行判断,看循环变量是否在遍历队列中,如果在,则取一个遍历元素,执行一次语句块(循环体),然后返回再取下一个遍历元素,直到遍历元素取完,循环结束。遍历循环的程序流程图如图 3.8 所示。

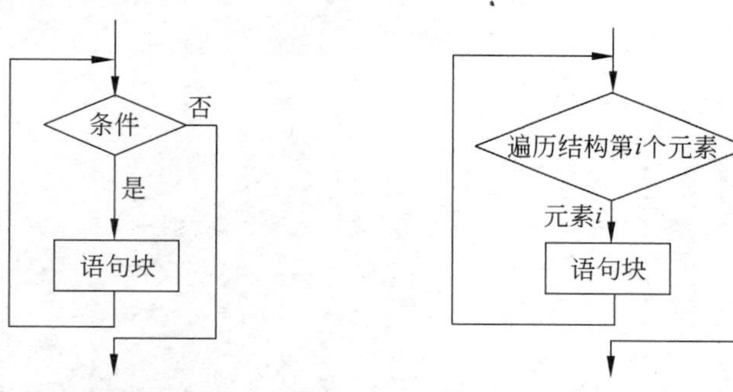

图 3.7　条件循环结构的程序流程图　　　图 3.8　遍历循环结构的程序流程图

3.2　分支结构

3.2.1　单分支结构

Python 中单分支 if 语句的语法格式如下：

```
if <条件>:
    <语句块>
```

条件是一个表达式，其结果一般为真值 True 或者假值 False。语句块是 if 条件满足后执行一条或多条语句的序列。程序执行到 if 语句时，如果判断条件为 True，则执行语句块；条件为 False，则跳过语句块。无论条件为 True 还是 False，单分支执行结束后都会执行与 if 语句同级别的下一条语句继续执行程序。

分支结构中的条件在多数情况下是一个关系比较运算。形成比较的最常见方式是利用关系操作符。Python 语言共有 6 个关系操作符，如表 2.2 所示。

【例 3.1】 输入两个数字，输出其中较大数字。

程序代码如下。

```
#example3.1
x =eval(input("请输入第一个数字:"))
y =eval(input("请输入第二个数字:"))
print("输入的两个数字为：",x,y)
if x>y:
    print("较大的是:",x)
if x<y:
    print("较大的是:",y)
```

程序运行结果如下(输入 8 和 15)：

```
>>>
================RESTART:C:/Python/python36/example3.1.py================
请输入第一个数字:8
请输入第二个数字:15
输入的两个数字为：8 15
较大的是: 15
>>>
```

说明如下。

(1) 可以用 input()函数输入两个数字，然后对它们进行判断比较，如果某个数字比较大，就用 print()函数输出该数字。

(2) 运行后，程序对输入的两个数字进行判断，例如当输入的两个数字为 8 和 15 时，执行第一个 if 语句，判断条件 x>y 为假值 False，不执行 print("较大的是:",x)语句，分支判断结束；执行第二个 if 语句，判断条件 x<y 为真值 True，执行 print("较大的是:",y)语句，所以程序显示了“较大的是: 15”。注意如果输入的两个数字相等，则该程序没有考虑这种情况，因此将不显示输出结果。

3.2.2　双分支结构

双分支结构是使用比较多的一种程序结构，Python中双分支if语句的语法格式如下：

```
if  <条件>:
    <语句块1>
else:
    <语句块2>
```

双分支结构根据条件的真假值来有选择地执行语句块1或语句块2。当条件为True时，执行语句块1，然后结束分支结构；当条件为False时，执行语句块2，然后结束分支结构。

【例3.2】 用双分支结构改写例3.1。

程序代码如下：

```
#example3.2
x=eval(input("请输入第一个数字:"))
y=eval(input("请输入第二个数字:"))
print("输入的两个数字为：",x,y)
if x>y:
    print("较大的是:",x)
else:
    print("较大的是:",y)
```

程序运行结果如下(输入顺序为10和5)：

```
>>>
========= RESTART: C:/ Python/Python36/example3.2.py =========
请输入第一个数字:10
请输入第二个数字:5
输入的两个数字为：10 5
较大的是: 10
>>>
```

说明如下。

(1) 如果不考虑两个数字相等的情况，可以将例3.1中两个单分支if结构合并为一个双分支结构。

(2) 运行后，如果 x>y，则执行 if 结构下的 print("较大的是:",x)语句；否则执行 else 结构下的 print("较大的是:",y)语句。注意如果输入的两个数字相等，使用此结构和例 3.1 的结果不同，因为使条件判断 x>y 为假的情况可能是 x<y，也可能是 x=y，所以一旦输入的两个数字相同，程序将显示“较大的是:y”的值。

3.2.3 多分支结构

多分支结构是对双分支结构的一种补充，当判断的条件有多个，且判断结果有多个时，可用多分支 if 语句进行判断。多分支结构语法格式如下：

```
if<条件 1>:
    <语句块 1>
elif <条件 2>:
    <语句块 2>
elif <条件 3>:
    <语句块 3>
⋮
else:
    <语句块 n>
```

程序执行时，会按照条件 n 的序列从上往下进行判断，当第一个条件 i 的值为 True 时，就执行该条件下的语句块，然后整个多分支 if 结构结束。如果没有任何条件为 True，则执行 else 下的语句块。注意 else 是可选的。

【例 3.3】 用多分支结构改写例 3.1，如果两个数字相等，也要给出说明。

程序代码如下：

```
#example3.3
x =eval(input("请输入第一个数字:"))
y =eval(input("请输入第二个数字:"))
print("输入的两个数字为：",x,y)
if x>y:
    print("较大的是:",x)
elif x<y:
    print("较大的是:",y)
else:
    print("这两个数字相等")
```

说明如下。

(1) 两个数字相互比较,只能有 3 种结果,即大于、小于、相等。

(2) 本例中,有两个判断,x>y 和 x<y 在这两种情况都不成立时,会执行 else 下的语句 print("这两个数字相等")。在多分支结构中,如果有多个判断都为 True,也只会执行第一个判断为 True 的分支中的语句块,执行后整个多分支结构结束,所以,哪个条件写在上,哪个条件写在下,有时会影响程序执行的结果。

【例 3.4】 输入一个分数,判断它对应的学分绩点。90 分以上绩点为 4;80～90 分绩点为 3;70～79 分绩点为 2;60～69 分绩点为 1;60 以下绩点为 0,请问以下两段代码哪一段是正确的。

程序 1 代码如下:

```
#example3.41
score = eval(input("请输入分数: "))
if score >= 90:
    gpa = 4
elif score >= 80:
    gpa = 3
elif score >= 70:
    gpa = 2
elif score >= 60:
    gpa = 1
else:
    gpa = 0
print("应得学分绩点为: ",gpa)
```

程序 2 代码如下:

```
#example3.42
score = eval(input("请输入分数: "))
if score < 60:
    gpa = 0
elif score >= 60:
    gpa = 1
elif score >= 70:
    gpa = 2
elif score >= 80:
```

```
    gpa = 3
else:
    gpa = 4
print("应得学分绩点为：",gpa)
```

程序 1 运行结果如下（输入 85）：

```
>>>
======= RESTART: C:/Python/Python36/example3.41.py =======
请输入分数：85
应得学分绩点为：3
>>>
```

程序 2 运行结果如下（输入 85）：

```
>>>
======= RESTART: C:/ Python/Python36/example3.42.py =======
请输入分数：85
应得学分绩点为：1
>>>
```

说明：经过比较可以看出，虽然两段程序都可以顺利执行，但是程序 2 并不符合题目的要求。例如在输入 85 时，程序 1 可以得出 gpa 为 3，而程序 2 得出的 gpa 只有 1，原因就是在程序 2 中，进行 score>60 的判断结果为 True 时，将 gpa 赋值为 1，然后就结束了整个多分支结构。

使用多分支 if 语句时一定要注意思路清晰，要养成良好的程序书写风格，层次明确，使得程序便于阅读和修改。

3.2.4 分支结构的嵌套

如果一个 if 分支结构中包含另一个（或多个）if 分支，则称为分支结构的嵌套。

【例 3.5】 输入 3 个数字，利用分支结构对其进行降序排列输出。

程序代码如下：

```
#example3.5
a=eval(input("输入第 1 个数字"))
```

```
b=eval(input("输入第 2 个数字"))
c=eval(input("输入第 3 个数字"))
print("输入顺序为：",a,b,c)
if a<b:
    a,b =b,a
if a<c:
    print("排序后为：",c,a,b)
else:
    if c>b:
        print("排序后为：",a,c,b)
    else:
        print("排序后为：",a,b,c)
```

程序运行结果如下：

```
>>>
======= RESTART: C: /Python/Python36/example3.5.py =======
输入第 1 个数字 5
输入第 2 个数字 3
输入第 3 个数字 4
输入顺序为：5 3 4
排序后为：5 4 3
>>>
```

说明：

（1）先比较输入的前两个数字 a、b 的大小，如果 a 小于 b，则交换 a、b 的顺序，第一个单分支结构保证了 a 一定要大于 b。

（2）在双分支结构中，如果 a<c，那么 c 一定是最大的，按照 c、a、b 的顺序输出排序结果。如果 a>c，则再用一个双分支来判断 b 和 c 的大小，如果 b>c，则按照 a、b、c 的顺序输出排序结果；如果 b<c，则按照 a、c、b 的顺序输出排序结果。

3.3　循环结构

循环结构是根据条件重复执行某些语句，它是程序设计中一种重要的结构。使用循环控制结构可以减少程序中大量重复的语句，从而编写出更简洁的程序。Python 提供了两种不同风格的循环结构，包括遍历循环 for 语句和条件循环 while 语句。

一般情况下，for 语句循环按给定的次数进行循环，而 while 语句循环则是在条件满足时执行循环。

3.3.1 for 循环

遍历循环可以理解为让循环变量逐一使用一个遍历结构中的每个项目，遍历结构可以是字符串、列表、文件、range()函数等。for 循环语法格式如下：

```
for <循环变量>in <遍历结构>:
    <语句块>
```

for 语句的执行过程是：每次循环，判断循环变量是否还在遍历结构中，如果在，取出该值提供给循环体内的语句使用；如果不在，则结束循环。

【例 3.6】 求 1 到 100 之间的奇数和。

程序 1 代码如下：

```
#example3.61
s=0
for i in range(1,101,2):
    s =s+i
print("1 到 100 之间的奇数和为：",s)
```

程序运行结果如下：

```
>>>
=======RESTART: C: /Python/Python36/example3.61.py =======
1 到 100 之间的奇数和为：2500
>>>
```

程序 2 代码如下：

```
#example3.62
s=0
for i in range(1,101):
    if i %2 ==1:
        s =s+i
print("1 到 100 之间的奇数和为：",s)
```

程序运行结果如下：

```
>>>
======= RESTART: C: /Python/Python36/example3.62.py =======
1到100之间的奇数和为：2500
>>>
```

说明如下。

(1) 程序1定义一个初始值为0的变量s，然后通过range()函数产生1到100之间的奇数值，利用循环变量取遍这些值，然后将它们加到s中。

(2) range()函数可以产生某范围内的整数，如果只有一个参数，例如range(5)，产生从0到5之间的整数，包括0但是不包括5，即[0,4]；如果有两个参数，例如range(3,7)，产生的数字范围为[3,6]；如果有三个参数，则第三参数代表步长值，即从初值到终值过渡时每次加的数字，例如range(5,12,2)产生的数字列表为[5,7,9,11]，range()函数也可以产生一个由大到小的数字列表，但是步长参数要为负数，例如range(10,5,－1)产生的数字为[10,9,8,7,6]。

(3) 程序1中for语句执行时，range(1,101,2)函数产生[1,100]间，并且由1开始每次加数字2的遍历结构，直到等于101结束，而循环变量i每次遍历其中一个数字，通过s＝s＋i语句累加到变量s中。

(4) 程序2定义一个初始值为0的变量s，然后通过range()函数产生1到100之间所有的整数，利用循环变量取遍这些值，再通过分支语句if判断这些值是不是奇数，如果是奇数，就加到s中。

(5) 程序2中，range(1,101)只负责产生[1,100]内的整数，i遍历取遍这些数字，由if语句来判断这些数字中哪些是奇数，如果满足i%2＝＝1这个条件，就累加到s中，虽然这段代码用了循环嵌套分支的结构，相比程序1更复杂，但是这段代码更具有通用性，可以解决的问题种类更多。

for语句循环还可以使用else关键字，其语法格式如下：

```
for <循环变量> in <遍历结构>:
    <语句块 1>
else:
    <语句块 2>
```

在这种结构中，当for循环正常执行之后，程序会继续执行else语句中的内容。如果for循环因为某种原因没有正常执行完，例如遇到了break语句，则不会执行else语句中的内容。所以通常用 else 来检验 for 循环是否结束。例 3.6 中的程序 2 也可以改为以下格式：

```
#example3.62
s = 0
for i in range(1,101):
    if i %2 == 1:
        s = s+i
else:
    print("计算完毕。",end="")
print("1 到 100 之间的奇数和为：",s)
```

程序运行结果如下：

```
>>>
======= RESTART: C: /Python/Python36/example3.62.py =======
计算完毕。1 到 100 之间的奇数和为：2500
>>>
```

需要注意的是，在使用 else 的循环中，else 语句要和 for 对齐，而不是和 for 循环中的 if 语句对齐。

【例 3.7】 求字符串"Life is short, YOU need Python!"中有多少个字母 o，不区分大小写字母。

程序代码如下：

```
#example3.7
n = 0
str = "Life is short, YOU need Python!"
for i in str:
    ifI == "o" or I == "O":
        n = n + 1
else:
    print("计算完毕。",end = "")
print("字母 o 的个数为：",n)
```

代码执行结果如下：

```
>>>
======= RESTART: C: /Python/Python36/example3.7.py =======
计算完毕。字母'o'的个数为：3
>>>
```

说明：先设置一个初始值为 0 的变量 n 作为计数器，然后将字符串作为一个遍历结构，循环变量 i 会每次取字符串中的一个字母，再判断该字母是不是 o 或 O，如果是，将 n 增加 1。

3.3.2　while 循环

在明确知道循环的次数或者明确遍历结构时，一般使用 for 循环。但是更多时候遍历结构无法明确，或者不确定循环需要进行多少次。这时，就要使用 while 循环了。while 循环语法格式如下：

```
while <条件>:
    <语句块>
```

其中<条件>结果为 True 或者 False。如果条件为 True，则执行一遍语句块，然后返回 while 语句继续判断<条件>；当条件为 False 时循环结束。

与 for 一样，while 循环也有一种带有 else 的表达形式，语法格式如下：

```
while <条件>:
    <语句块 1>
else:
    <语句块 2>
```

在这种结构中，当 while 循环正常结束后，程序会继续执行 else 语句中的语句块 2，一般用来检验 while 循环是否结束。

【例 3.8】　猜价格。首先产生一个[10,100]内的随机整数作为价格并赋予一个变量 n。然后用户可以输入数字猜价格，如果输入的数字大于 n 或者小于 n，则给用户相应的提示；如果猜对了，则告诉用户猜中了。

程序代码如下：

```
#example3.8
from random import randint
```

```
n = randint(10,100)
print("商品价格已经产生,请输入 10 到 100 间的价格：")
bingo = False
while bingo == False:
    guess = eval(input("请输入您猜的价格："))
    if guess > n:
        print("您输入的价格高于指定价格,请继续。")
    elif guess < n:
        print("您输入的价格低于指定价格,请继续。")
    else:
        print("恭喜您猜对了!价格为",guess)
        bingo = True
else:
    print("游戏结束!")
```

程序运行的结果为：

```
>>>
======= RESTART: C: /Python/Python36/example3.8.py =======
商品价格已经产生,请输入 10 到 100 间的价格。
请输入您猜的价格：80
您输入的价格低于指定价格,请继续。
请输入您猜的价格：90
您输入的价格高于指定价格,请继续。
请输入您猜的价格：85
您输入的价格低于指定价格,请继续。
请输入您猜的价格：88
您输入的价格低于指定价格,请继续。
请输入您猜的价格：87
恭喜您猜对了!价格为 87
游戏结束!
>>>
```

说明如下。

(1) 产生一个随机整数,可以引用函数库 random 中的 randint(m,n)函数,参数 m<=n,函数会产生[m,n]内的随机整数。

(2) 当程序进入 while 循环时,判断条件 bingo=False 为真值,意味着开始循环。循环中使用 input()函数为变量 guess 赋值,然后用多分支 if 对 guess 进行判断,当 guess 的值大于或者小于 n 时,都给予文字提示,然后分支结束,返回 while 语句继续循环;当 guess 的值等于 n,多分支结构 if 结构执行 else 下的语句:输出“恭喜您猜对了!”并且把 bingo 变量赋值为 True,分支结束。当返回 while 语句时,bingo=False 就变成了假值,循环结束,执行 while 语句同层的 else 下的语句。

(3) 本例中,循环是依靠一个条件“输入价格不等于初始产生的价格”进行的,由于用户输入的数字次数即猜价格的次数未知,所以不能采用 for 循环结构。而 while 循环结构就可以处理这种未知循环次数的循环。

当然,while 循环也可以用来编写已知循环次数的循环。用 while 循环构造一个数字范围,一般是在 while 语句之前定义循环变量的初始值;在循环语句中指定循环变量的步长值;在 while 语句的条件处设置循环的终止值。

【例 3.9】 用 while 循环求 100 以内的奇数和。

程序代码如下:

```
#example3.9
s = 0
i = 1
whilei <= 100:
    if i %2 == 1:
       s = s + i
    i += 1
else:
    print("计算完毕。",end = '')
print ("1 到 100 之间的奇数和为: ",s)
```

程序运行结果如下:

```
>>>
======= RESTART: C: /Python/Python36/example3.9.py =======
计算完毕。1 到 100 之间的奇数和为: 2500
>>>
```

说明:i=1 的作用是定义循环变量初始值,在 while 条件处设置 i<=100 为循环变量的终止值,在循环中 i+=1 语句和 i=i+1 等价,设置每次 i 增加的步长。

在编写 while 循环时,如果条件的计算结果一直为 True,而循环中没有 break 来结束 while 循环,也就是没有逻辑出口,循环将陷入永远执行的状态,称为死循环。例如以下两行语句组成的程序将一直输出数字 3。

```
while True:
    print(3)
```

在例 3.9 中，如果删除 i=i+1 语句，i 值在每次循环时都是 1，而循环条件是 i<=100，每次判断时都为 True，循环将始终执行。如果程序陷入死循环，在 IDLE 环境中可以按组合键 Ctrl+C，开发环境中会显示 KeyboardInterrupt 信息，程序终止。

3.3.3 循环的嵌套

在循环语句中使用另一个循环语句称为循环的嵌套，也称多重循环。for 循环和 while 循环都可以互相嵌套。利用循环的嵌套可以实现更复杂的程序设计，例如以下代码段：

```
for i in range(1,4):
    for j in range(1,4):
        print("i 值为",i,";","j 值为",j)
```

可以看到，程序段的运行结果为：

```
i 值为 1 ; j 值为 1
i 值为 1 ; j 值为 2
i 值为 1 ; j 值为 3
i 值为 2 ; j 值为 1
i 值为 2 ; j 值为 2
i 值为 2 ; j 值为 3
i 值为 3 ; j 值为 1
i 值为 3 ; j 值为 2
i 值为 3 ; j 值为 3
```

上层的 i 循环称为外层循环，下层的 j 循环称为内层循环，当外层循环执行一次时，内层循环就要整体循环一遍。从上面程序的结果可以看出，当外层循环的循环变量 i 为 1 时，内层循环就要完成循环变量 j 从 1 到 3 的取值，当内层循环结束后，再次返回外层循环，i 值变为 2，内层循环再完整循环一次，以此类推。如果把两个循环加上 else 语句，程序代码如下：

```
for i in range(1,4):
    for j in range(1,4):
        print("i 值为",i,";","j 值为",j)
    else:
        print("内层循环结束。")
else:
    print("外层循环结束。")
```

程序的运行结果如下：

```
i 值为 1 ; j 值为 1
i 值为 1 ; j 值为 2
i 值为 1 ; j 值为 3
内层循环结束。
i 值为 2 ; j 值为 1
i 值为 2 ; j 值为 2
i 值为 2 ; j 值为 3
内层循环结束。
i 值为 3 ; j 值为 1
i 值为 3 ; j 值为 2
i 值为 3 ; j 值为 3
内层循环结束。
外层循环结束。
```

可以看出，外层循环结束一次，而内层循环一共结束了 3 次。

【例 3.10】　解中国古代一道著名的数学题——百元百鸡问题。已知公鸡 5 元 1 只；母鸡 3 元 1 只；小鸡 1 元 3 只。问要想用 100 元正好买 100 只鸡，该如何购买？

程序代码如下：

```
#example3.10
for x in range(1,21):
    for y in range(1,34):
        z =100-x-y
        if 5 * x+3 * y+z/3 ==100:
            print("公鸡",x,"母鸡",y,"小鸡",z)
else:
    print("计算完毕")
```

程序运行结果如下：

```
>>>
======= RESTART: C: \Python\Python36\例题 3.10.py =======
公鸡 4 母鸡 18 小鸡 78
公鸡 8 母鸡 11 小鸡 81
公鸡 12 母鸡 4 小鸡 84
计算完毕
>>>
```

说明如下。

(1) 如果用列方程的方法来解决，可以知道只能根据鸡的数量等于 100 或者钱的数量等于 100 列出两个方程，而问题有 3 个未知数，无法求得具体的值。在计算机中，可以采用穷举法求解，即对所有可能解逐个进行试验，若满足条件，就得到一组解，否则继续测试，直到循环结束为止。

(2) 假设公鸡有 x 只，则 100 元全部买公鸡的话，最多可以买 20 只，如果最少需要买一只公鸡的话，那么 x 的取值范围为 range(1,21)；假设母鸡有 y 只，则 100 元全部买母鸡的话，最多可以买 33 只，如果母鸡最少需要买 1 只，那么 y 的取值范围为 range(1,34)，利用双重循环组合 x 和 y 的值，当 x 和 y 确定为某一个数值后，小鸡的数量如果用 z 来代表，则 z 的值为 100－x－y，每次循环都测试条件 5 * x ＋ 3 * y＋ z/ 3 ＝ 100 是否成立，如果条件成立，则找到一组合适的解。

和分支结构的嵌套一样，编写循环的嵌套时，要注意语句或者语句段的所属层次，认清外层循环中的语句还是内层循环中的语句。

3.4 break 语句和 continue 语句

3.4.1 break 语句

Python 提供了一个提前结束循环的语句——break 语句。在循环中，执行到 break 语句时，可以结束本层的循环。一般来说，break 语句要放在一个分支结构中，当触发某个条件时，结束循环的运行。例如有如下代码：

```
for s in "python":
    for i in range(1,4):
        print(s,end = "")
```

其作用是把"python"中的每个字母都重复 3 遍，不换行输出。程序运行结果如下：

```
>>>
======= RESTART: C:/Python/Python36/temp.py =======
pppyyytttthhhooonnn
>>>
```

修改代码如下：

```
for s in "python":
    for i in range(1,4):
        if s == "h":
            break
        print(s,end = "")
```

程序运行结果如下：

```
>>>
======= RESTART: C:/Python/Python36/temp.py =======
pppyyytttooonnn
>>>
```

说明如下。

（1）在内层循环中，如果 s 等于字母 h，则跳出内层循环。但是外层循环将继续运行，程序依然会输出字母 h 以后的字母 o 和字母 n。

（2）使用 break 时，要注意这条语句属于哪个循环。

【例 3.11】 求两个数字的最小公倍数。

程序代码如下：

```
x = eval(input("输入第一个数字"))
y = eval(input("输入第二个数字"))
if x < y:
    x,y = y,x
for i in range(x,x * y+1):
    if i%x == 0 and i%y == 0:
        print(x,"和",y,"的最小公倍数为",i)
        break
```

程序运行结果如下:

```
>>>
======= RESTART: C: /Python/Python36/example3.11.py =======
输入第一个数字 5
输入第二个数字 10
10 和 5 的最小公倍数为 10
>>>
```

说明如下。

(1) 程序运行后,可以通过 input()函数输入两个数字给变量,例如 x 和 y,假设 x 大于 y。当 x、y 互质时,x 和 y 的最小公倍数为 x * y;当 x 能被 y 整除时,x、y 的最小公倍数为 x,即 x、y 的最小公倍数在区间[x,x * y]。

(2) 首先利用 if 分支判断 x 和 y 的大小,如果 x<y,则交换 x 和 y 的值,这样保证了 x>=y。在 for 循环中,如果循环变量 i 能够被 x 和 y 整除,则 i 是 x 和 y 的公倍数,而不一定是最小公倍数,当输入两个不互质的数字 10 和 5 时,如果代码省略了 break 语句,则程序运行结果如下:

```
>>>
======= RESTART: C: /Python/Python36/example3.11.py =======
10 和 5 的最小公倍数为 10
10 和 5 的最小公倍数为 20
10 和 5 的最小公倍数为 30
10 和 5 的最小公倍数为 40
10 和 5 的最小公倍数为 50
>>>
```

当使用了 break 时,循环变量 i 遍历到第一个满足 if 分支的数字,输出计算结果后循环就结束,程序只能输出一个数字,并且是最小公倍数。

【例 3.12】 自幂数指一种特殊的 n 位数,其每位的数字的 n 次幂之和等于它本身。例如,当 n 为 3 时,有 $1^3+5^3+3^3=153$,则 153 即是 n 为 3 时的一个自幂数,也称为水仙花数。当 n=4 时,4 位的自幂数称为四叶玫瑰数。求所有四位数中最小的四叶玫瑰数。

程序代码如下:

```
#example3.12
```

```
for n in range(1000,10000):
    a = int(n/1000)%10
    b = int(n/100)%10
    c = int(n/10)%10
    d = n%10
    if a**4+b**4+c**4+d**4 == n:
        print(n,end = ";")
        break
```

程序运行结果如下：

```
>>>
======= RESTART: C: /Python/Python36/example3.12.py =======
1634;
>>>
```

说明如下。

(1) 当输入一个四位数后，首先要求得其数位上的 4 个数字分别是什么，然后再判断各自的 4 次方之和是否等于该数字本身。

(2) 设 n 是任意一个四位数，其数位上的数字可以表示如下。

千位 a：a=int(n/1000)%10

百位 b：b=int(n/100)%10

十位 c：c=int(n/10)%10

个位 d：d=n%10。

(3) 当满足 a**4+b**4+c**4+d**4==n 时，则为找到了第一个四叶玫瑰数 n。

3.4.2 continue 语句

continue 语句和 break 语句一样，用在循环结构中，用来结束循环的运行，但是 continue 语句只能结束本次循环的执行，而不终止循环。即当执行到 continue 语句时，程序会终止当前循环，并忽略循环中 continue 之后的语句，然后回到循环语句 for 或者 while，再次判断是否进行下一次循环。

【例 3.13】 输入 10 名同学的分数，求及格同学成绩的均值，如果分数低于 60，则不计入计算中。

程序 1 代码如下：

```
#example3.13.1
s,n = 0,0
for i in range(1,11):
    score = eval(input("输入成绩"))
    if score >= 60:
        s = s + score
        n = n + 1
print("合格人数为:",n)
print("成绩平均值为:",round(s/n,2))
```

程序 1 运行结果如下：

```
>>>
======= RESTART: C: /Python/Python36/example3.13.1.py =======
输入成绩 70
输入成绩 80
输入成绩 90
输入成绩 60
输入成绩 70
输入成绩 80
输入成绩 90
输入成绩 34
输入成绩 56
输入成绩 67
合格人数为: 8
成绩平均值为: 75.88
>>>
```

说明如下。

(1) 首先设置初始变量,s 代表总分,n 代表合格人数。

(2) 循环 10 次,采用 if 分支结构进行判断,如果输入的 score 大于或等于 60 分,则进行累加,并且求 60 分以上人数。循环结束之后,输出计算结果。

程序 2 代码如下：

```
#example3.13.2
s,n = 0,0
for i in range(1,11):
```

```
score = eval(input("输入成绩"))
    if score < 60:
        continue
    s = s + score
    n = n + 1
print("合格人数为:",n)
print("成绩平均值为:",round(s/n,2))
```

程序2运行结果如下：

```
>>>
======= RESTART: C:/ /Python/Python36/example3.13.2.py =======
输入成绩 87
输入成绩 96
输入成绩 57
输入成绩 82
输入成绩 70
输入成绩 65
输入成绩 60
输入成绩 59
输入成绩 42
输入成绩 90
合格人数为: 7
成绩平均值为: 78.57
>>>
```

说明如下。

（1）首先设置初始变量，s代表总分，n代表合格人数。

（2）在循环中，如果if分支结构判断输入的score小于60，则忽略下方的求累加和语句s＝s＋score以及记数语句n＝n＋1，然后回到for语句继续循环下去。

此外，需要注意如下两点。

（1）在一个双重或者多重循环中，无论是break语句还是continue语句，都只对当前层次的循环有影响，而对上层循环没有影响。

（2）在带有else语句的for循环和while循环中，只在循环完整结束时才会执行else语句的内容，如果在循环某处中执行过break语句，则循环被中断，循环结构中else部分不会执行。如果在循环中某处执行过continue语句，实际上本次循环依然算被执行过，循环结束后会执行循环结构中的 else 部分。

习题 3

一、填空题

1. 在程序流程图中，菱形一般代表________。

2. Python 通过________符号来判断是否存在分支结构。

3. 多分支结构中，除了第一个判断需要使用 if 关键字，其他的判断要使用________关键字。

4. Python 语言的循环结构可以分为 for 循环和________循环。

5. 语句 print(3<=4<5)的值为________。

6. 可以结束一个循环的关键字是________。

二、程序设计

1. 输入三角形的三条边长，如果输入的边长满足三角形的三边关系，则应用海伦公式 $s=\sqrt{p*(p-a)*(p-b)*(p-c)}$ 计算三角形的面积，其中 a、b、c 代表三角形的三条边长，s 代表面积，p 为三角形周长的一半。当输入的边长不构成三角形时，提示用户输入错误。

2. 编程求一元二次方程 $y=ax^2+bx+c$ 的根。

3. 输入一个年份，如果该年份能被 400 整除，则为闰年；如果年份能被 4 整除但不能被 100 整除也为闰年。编程判断输入的年份是否为闰年。

4. 输入两个数字，求两个数字的最大公约数。

5. 输入一个数字，判断该数字是否为素数（只能被 1 和自身整数的数字称作素数）。

6. 输入一个字符串，将该字符串逆序输出。

7. 2011 年，我国人口为 13.47 亿，人口增长率为 0.48%，同年印度总人口为 12.1 亿，人口增长率为 1.2%。假设人口增长率不变，印度人口哪年将超过中国？

第 4 章

Python 异常情况及处理

学习目标

- 了解程序异常产生的原因。
- 掌握基本的 try…except 语句的用法。
- 掌握 try…except 语句中可能的 else 子句以及 finally 子句的用法。
- 理解 try 语句和 except 语句各自的功能。
- 了解断言 assert 和上下文管理语句 with 的用法。

4.1 Python 的异常

异常(Exception)是程序运行时引发的错误。在程序运行过程中,总会不可避免地遇到各种各样的错误。有的错误是程序编写本身造成的,如数据类型设置错误;有的错误是程序运行过程中由于用户输入错误造成的;还有一类错误是完全无法在程序运行过程中预测的,如在网络抓取数据过程时网络中断等。如果不处理这些异常,程序就会因为各种问题终止并退出。Python 内置了一整套异常处理机制,可以对异常进行处理。

4.1.1 Python 的常见异常

事实上,在前面章节的学习过程中,在执行命令或程序的过程中,Python 的各种异常情况曾经多次出现,只是书中没有详细解释这些概念。这些异常情况的出现是因为程序或命令中有错误,解释器终止了程序或命令的执行。常见的 Python 异常类型如下。

1. 除零错误(ZeroDivisionError)

这是由于错误地将数值 0 作为除数引发的异常。

```
>>>25/0
Traceback (most recent call last):
  File "<pyshell#10>", line 1, in <module>
    25/0
ZeroDivisionError: division by zero
```

2. 变量名错误(NameError)

这是由于命令或程序中访问的变量未经定义而直接使用造成的。

```
>>>print(numbers)
Traceback(most recent call last):
  File "<pyshell#11>", line 1, in <module>
    print(numbers)
NameError: name 'numbers' is not defined
```

3. 操作数类型错误(TypeError)

这类错误主要是由于不符合表达式中运算符的运算规则或者函数参数类型错误造成的。

```
>>>"abc" + 123
Traceback(most recent call last):
  File "<pyshell#12>", line 1, in <module>
    "abc"+123
TypeError: must be str, not int
>>>len(123456)
Traceback(most recent call last):
  File "<pyshell#17>", line 1, in <module>
    len(123456)
TypeError: object of type 'int' has no len()
```

4. 下标越界错误(IndexError)

请求的索引下标超出了序列的范围而造成的异常。

```
>>>str1 = "Python"
```

```
>>>str1[6]
Traceback (most recent call last):
  File "<pyshell#8>", line 1, in <module>
    str1[6]
IndexError: string index out of range
>>>
```

5. 打开文件错误(FileNotFoundError)

打开的文件不存在而引发的异常。文件操作部分将在第 7 章介绍。

```
>>>fp = open("sample.txt","r+")
Traceback(mo st recent call last):
  File "<pyshell#18>", line 1, in <module>
    fp = open("sample.txt","r+")
FileNotFoundError: [Errno 2] No such file or directory: 'sample.txt'
```

6. 语法错误(SyntaxError)

程序代码中的语法错误。

```
>>>a = 25
>>>if a > "b"
SyntaxError: invalid syntax
```

除此之外,还有很多其他的异常,这些异常如果得不到正确的处理,将会导致程序终止运行,甚至崩溃。异常信息给出的异常类型表明了发生异常的原因,也为程序处理异常提供了依据。

4.1.2　Python 的异常处理

当程序运行过程中出现错误时,Python 解释器就会指出当前程序流无法继续执行下去,自动引发异常。异常处理就是在程序出现错误之后,为了排除错误而在正常控制流之外采取的行为。如果某段代码在程序运行期间可能会出现错误,则建议使用异常处理结构。Python 提供了多种不同形式的异常处理结构,这些处理结构都是以 try…except 语句的形式实现的,具体应用中可能有多种不同的形式,例如:

try…except

try…except…else

try…except…finally

try…except…else…finally

具体使用哪一种结构，在实际中可根据需要选择。

4.2 常用异常处理方法

4.2.1 基本的 try…except 语句

try…except 语句是最基本的异常处理结构，语法格式如下：

```
try:
   <被检测的程序代码>
except <异常类型>:
   <异常处理的程序代码>
```

try 子句的代码段中包含可能出现异常的代码，except 子句用来捕获异常的类型并执行异常处理。如果 try 子句中被检测的程序代码有异常发生且被 except 子句通过异常类型捕获，则执行 except 子句中的异常处理的程序代码；如果 try 子句中的被检测的程序代码没有发生异常，则不执行 except 子句中的异常处理的程序代码，程序继续向下执行；如果 try 子句中被检测的程序代码有异常发生，但 except 子句没有捕获该异常，则程序会终止执行，并将该异常显示给最终用户。

```
>>>a = [1,2,3,4,5]
>>>print(a[5])
Traceback (most recent call last):
  File "<pyshell#2>", line 1, in <module>
    print(a[5])
IndexError: list index out of range
```

使用 try…except 语句对可能出现错误的语句进行检测，一旦捕获异常，则处理该异常，此时程序不会终止执行。下面通过一个实例进一步理解异常处理结构的用法。

【例 4.1】 try…except 语句处理异常。

程序代码如下：

```
#example4.1 try…except 语句
a = [1,2,3,4,5]
try:
    print(a[5])
except IndexError:
    print("索引下标出界")
```

程序运行结果如下：

```
>>>
=====================RESTART:C:\python\example4.1.py=====================
索引下标出界
>>>
```

说明如下。

(1) try 语句检测 print(a[5])语句是否出错，如果出错，则 except 语句首先捕获错误类型，若错误类型为 IndexError，则捕获该错误，执行语句 print("索引下标出界")。

(2) 增加了 try…except 的异常处理模块后，即使程序运行出错，程序代码也不会终止，增强了代码的健壮性。

4.2.2 try…except…else 语句

try…except…else 语句可以看作 try…except 语句的扩展，当 try 语句没有检测到异常时，执行 else 子句的代码，具体结构如下：

```
try:
   <被检测的程序代码>
except <异常类型>:
   <异常处理的程序代码>
else:
   <正常处理的程序代码>
```

【例 4.2】 将例 4.1 稍作修改，并增加 else 子句，查看运行结果。

程序代码如下：

```
#example4.2  try…except…else 语句
a = [1,2,3,4,5]
```

```
try:
    print(a[4])
except IndexError:
    print("索引下标出界")
else:
    print("程序无异常")
```

程序运行结果如下：

```
>>>
=====================RESTART:C:\python\example4.2.py=====================
5
程序无异常
>>>
```

说明如下。

（1）try 语句检测 print(a[4])语句，结果没有出错，则不必由 except 语句捕获错误类型，直接执行 else 子句，执行语句 print("程序无异常")。

（2）另外，即使 try 语句中的语句有错误，如果错误类型与 except 语句捕获的错误类型不符，则不执行 except 子句中的代码，也不执行 else 子句中的代码，而是程序终止执行，并将该异常显示给最终用户。

【例 4.3】 根据用户输入数据的正确性选择执行不同的语句。

程序代码如下：

```
#example4.3 try…except…else 语句
while True:
    try:
        x = int(input("请输入数据 1: "))
        y = int(input("请输入数据 2: "))
        z = x/y
    except ValueError:                  #传入无效的参数
        print("应全部输入数值数据!")
    else:
        print("最终结果为: ",z)
        break
```

程序运行结果如下：

```
>>>
====================RESTART:C:\python\example4.3.py====================
请输入数据 1：6
请输入数据 2：a
应全部输入数值数据!
请输入数据 1：6
请输入数据 2：3
最终结果为：2.0
>>>
```

说明：

(1) try 语句检测程序代码是否有错，如果用户输入了非数值数据，则产生 ValueError 类型错误，被 except 语句捕获，执行语句 print("应全部输入数值数据!")。

(2) 如果用户输入的都为数值数据，try 语句检测的程序代码不产生异常，直接执行 else 子句。

4.2.3　处理多重异常的 try…except 结构

有时，在同一段程序代码中，可能会出现多种异常情况，根据异常情况类型的不同，可以采取不同的处理方式。此时，可以使用带有多个 except 子句的 try 语句结构，只要有某个 except 语句捕获了异常，则执行该 except 子句下的程序代码，其他的 except 子句不再进行异常的捕获。具体结构如下：

```
try:
   <被检测的程序代码>
except <异常类型 1>:
   <异常处理的程序代码 1>
[except <异常类型 2>:
   <异常处理的程序代码 2>]
[except <异常类型 3>:
   <异常处理的程序代码 3>]
 ⋮
```

显而易见，该结构中也可以使用 else 子句，当 try 语句没有检测到异常时，执行 else 子句的代码。

【例 4.4】　修改例 4.3，实现对多种异常情况的处理。

程序代码如下：

```
#example4.4
while True:
    try:
        x = eval(input("请输入数据 1："))
        y = int(input("请输入数据 2："))
        z = x/y
    except ValueError:                    #传入参数错误
        print("应全部输入数值数据!")
    exceptZeroDivisionError:              #除零错误
        print("除数不能为零")
    except NameError:                     #变量未定义错误
        print("变量不存在")
    else:
        print("最终结果为：",z)
        break
```

运行结果如下，数据输入的不同，产生不同类型的错误，输出不同的结果。

```
>>>
=====================RESTART:C:\python\example4.4.py=====================
请输入数据 1：a5
变量不存在
请输入数据 1：6
请输入数据 2：a
应全部输入数值数据!
请输入数据 1：9
请输入数据 2：0
除数不能为零
请输入数据 1：8
请输入数据 2：4
最终结果为：2.0
>>>
```

说明如下。

（1）try 语句检测程序代码是否有错，如果用户输入了非数值数据，则产生 NameError 或者 ValueError 类型错误，如果用户输入的第二个数据为数值 0，则产生 ZeroDivisionError

类型错误，except 语句捕获错误类型，根据捕获的错误类型执行相应语句。

(2) 如果用户两次输入的都为数值数据，try 语句检测的程序代码不产生异常，直接执行 else 子句。

(3) 本例中，运行程序后第一次输入的数据产生 NameError 类型错误，第二次输入的数据产生 ValueError 类型错误，第三次输入的第二个数据产生 ZeroDivisionError 类型错误，第四次输入的两个数据都为数值，不产生错误。

4.2.4　try…except…finally 语句

无论 try 子句中的代码是否有异常产生，finally 子句下面的程序代码都会被执行。finally 必须是整个结构的最后一条语句，如果有 else 子句，则 else 子句必须出现在 finally 子句之前。具体结构如下：

```
try:
   <被检测的程序代码>
except <异常类型>:
   <异常处理的程序代码>
finally:
   <必定执行的程序代码>
```

【例 4.5】　try…except…finally 语句实例。

程序代码如下：

```
#example4.5
try:
    x = int(input("请输入数据 1: "))
    y = int(input("请输入数据 2: "))
    z = x/y
except ValueError:
    print("应全部输入数值数据!")
exceptZeroDivisionError:
    print("除数不能为零")
except NameError:
    print("变量不存在")
else:
    print("最终结果为: ",z)
```

```
finally:
    print("END")
```

连续三次运行程序，输入不同数据，得到不同运行结果。第一次运行结果如下：

```
>>>
=====================RESTART:C:\python\example4.5.py=====================
请输入数据 1：3
请输入数据 2：a
应全部输入数值数据!
END
```

第二次运行结果如下：

```
>>>
=====================RESTART:C:\python\example4.5.py=====================
请输入数据 1：5
请输入数据 2：0
除数不能为零
END
```

第三次运行结果如下：

```
>>>
=====================RESTART:C:\python\example4.5.py=====================
请输入数据 1：8
请输入数据 2：2
最终结果为：4.0
END
>>>
```

说明如下。

(1) 第一次运行程序，产生 ValueError 类型错误，被 except 子句捕获，执行语句 print("应全部输入数值数据!")，然后直接执行 finally 中的语句。

(2) 第二次运行程序，产生 ZeroDivisionError 类型错误，被 except 子句捕获，执行语句 print("除数不能为零")，然后直接执行 finally 中的语句。

(3) 第三次运行程序，try 语句没有检测到错误，直接执行 else 子句，然后再执行

finally 子句。

在 Python 的异常处理结构中，except 子句主要被用来处理程序运行过程中出现的异常情况，如语法错误、向未定义的变量取值等。finally 子句主要用于无论是否发生异常情况都需要执行一些"清理工作"的场合，例如，在通信过程中，无论通信是否发生错误，都需要在通信完成或者发生错误时关闭网络连接；又如，在读一个文件时，无论是否有异常发生，最后都要关闭文件。这些场合都可以使用 finally 子句。

4.3 断言与上下文管理语句

断言与上下文管理语句可以实现简单的异常处理，通常结合 try…except 语句一起使用。

4.3.1 断言语句

断言语句的格式如下：

```
assert<表达式>[,<字符串>]
```

如果＜表达式＞的值为 False，则抛出异常 AssertionError；如果＜表达式＞的值为 True，则什么也不做。＜字符串＞为异常参数，用来解释断言并提示哪里出了问题。例如：

```
>>>assert "PYTHON" == "python","字符串区分字母大小写"
Traceback (most recent call last):
  File "<pyshell#26>", line 1, in <module>
    assert "PYTHON" == "python","字符串区分字母大小写"
AssertionError:字符串区分字母大小写
>>>
```

assert 语句也可以与异常处理结构 try…except 结合使用，用来测试程序中的某个表示式，如果其返回值为假，就会触发异常，在异常处理结构中根据捕捉的异常给出一些反馈。

【例 4.6】 修改例 3.11，求两个数字的最小公倍数，增加异常处理结构 try…except 和断言语句 assert。

程序代码如下：

```
#example4.6
try:
    x = int(input("请输入数据 1: "))
    y = int(input("请输入数据 2: "))
    s = "不能输入数字 0"
    assert x != 0 and y != 0, s
except AssertionError:
    print(s)
else:
    if x<y:
        x,y = y,x
    for i in range(x,x * y + 1):
        ifi %x ==0 and i %y ==0:
            print(x,"和",y,"的最小公倍数为",i)
            break
```

程序运行结果如下：

```
>>>
=====================RESTART:C:\python\example4.6.py=====================
请输入数据 1: 6
请输入数据 2: 8
8 和 6 的最小公倍数为 24
>>>
=====================RESTART:C:\python\example4.6.py=====================
请输入数据 1: 6
请输入数据 2: 0
不能输入数字 0
>>>
=====================RESTART:C:\python\example4.6.py=====================
请输入数据 1: 0
请输入数据 2: 12
不能输入数字 0
>>>
>>>
```

说明如下。

(1) 运行时如果输入的数据都不为零，则 assert 语句中的表达式成立，其值为 True，不会引发异常，程序直接执行 else 子句，计算两个数的最小公倍数。

(2) 运行时如果输入的数据中有一个为零，则 assert 语句中的表达式不成立，其值为 False，会抛出异常 AssertionError，except 语句捕获该异常，执行语句 print(s)，不再执行 else 子句。

(3) 若程序中没有 assert 语句，则程序不会先发现有数据为 0 的错误，一直向下执行，最终也不会输出正确结果。

4.3.2 上下文管理语句

在编程中经常遇到这样的情况：有一个特殊的语句块，在执行这个语句块之前需要先执行一些准备动作；当语句块执行完成后，需要继续执行一些收尾动作，例如操作文件或数据库。上下文管理语句 with 可以实现语句块执行前的准备动作以及执行后的收尾动作。

with 语句格式如下：

```
with <上下文管理表达式>[<as 变量>]:
    <语句块>
```

<上下文管理表达式>是支持上下文管理协议的对象，如 file、thread.LockType、threading.Lock 等，负责维护上下文环境，<as 变量>以变量方式保存上下文管理对象。

【例 4.7】 上下文管理语句。

程序代码如下：

```
#exapmle4.7
with open('hello.txt','w') as f:
    f.write('Hello')
    f.write('Python')
```

说明如下。

(1) 打开当前目录下的文件 hello.txt，并将这个文件对象保存为变量 f，语句块中有两条语句，实现对文件 hello.txt 的写入操作。

(2) with 上下文管理语句的功能主要体现在，文件操作完成之后可以没有 close()语句关闭文件，当程序完成后，文件会自动关闭，避免了由于程序员忘记编写关闭文件语句而造成的程序错误。

习题 4

一、填空题

1. Python 内建异常类的基类是________。
2. Python 用来进行异常处理的语句为________。
3. 断言语句的语法为________。
4. Python 的上下文管理语句为________。

二、判断题

1. 程序中异常处理结构在大多数情况下是没有必要的。（ ）
2. 在 try…except…else 结构中，如果 try 块的语句引发了异常，则会执行 else 块中的代码。（ ）
3. 异常处理结构中，finally 块中的代码仍然有可能出错从而再次引发异常。（ ）
4. 带有 else 子句的异常处理结构如果不发生异常，则执行 else 子句中的代码。（ ）
5. 异常处理结构也不是万能的，处理异常的代码也有引发异常的可能。（ ）
6. 在异常处理结构中，不论是否发生异常，finally 子句中的代码总会执行。（ ）

第 5 章

Python 数据结构

学习目标

- 掌握字符串的格式化、索引和分片的具体方法。
- 掌握 Python 中字符串的基本运算、函数和方法。
- 掌握列表的创建和基本操作方法。
- 了解列表的其他操作方法。
- 掌握元组、字典、集合的创建和操作方法。
- 了解迭代器和生成器、可变对象和不可变对象。

5.1 组合数据类型简介

Python 可以处理的数据类型已经在第 2 章介绍过，如整型、字符串类型和逻辑型等，这些数据类型只能表示一个单一的数据，称为基本数据类型。但是在处理多个有关联的数据时，仅使用基本数据类型是不够的。除了这些简单数据类型外，Python 语言还可以处理一些复杂的数据类型，称为组合数据类型。

组合数据类型能够将多个基本数据类型或组合数据类型组织起来，作用是能够更清晰地反映数据之间的关系，也使得人们管理和操作数据更加方便。Python 中组合数据类型有 3 类：序列类型、映射类型和集合类型。

序列类型是一维元素向量，元素之间存在先后关系，通过序号访问。Python 中的序列类型主要有字符串类型(str)、列表类型(list)和元组类型(tuple)等。只要是序列类型，就可以使用相同的索引体系访问其中的序列元素，索引体系有两种不同的形式，分别是正向递增索引和反向递减索引，如图 5.1 所示。

映射类型是一种键值对，一个键只能对应一个值，但是多个键可以对应相同的值，通过键可以访问值。字典类型(dict)是 Python 中唯一的映射类型。字典中的元素没有特定

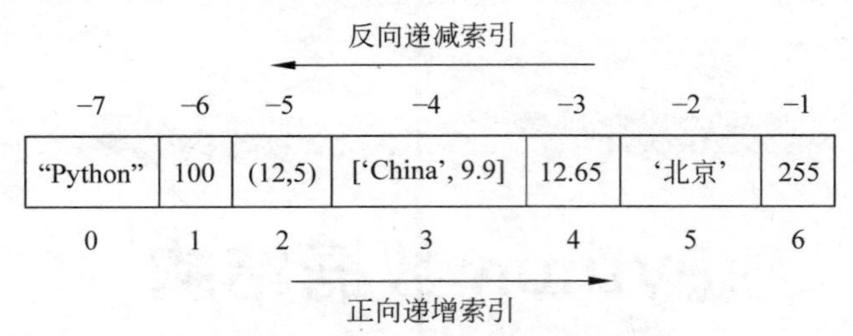

图 5.1　序列类型数据的索引体系

的顺序，每个值都对应一个唯一的键。字典类型的数据和序列类型的数据的区别在于存储和访问方式。另外，序列类型只用整数作为序号，而映射类型可以用整数、字符串或者其他类型的数据作为键，而且键和值有一定关联性，也就是键可以映射到值。

集合类型是通过数学中的集合概念引进的，是一种无序不重复的元素集。集合中包含的元素类型只能是固定的数据类型，例如整型、字符串、元组等，而列表、字典等是可变数据类型，不能作为集合中的数据元素。Python 数据类型的分类如图 5.2 所示。

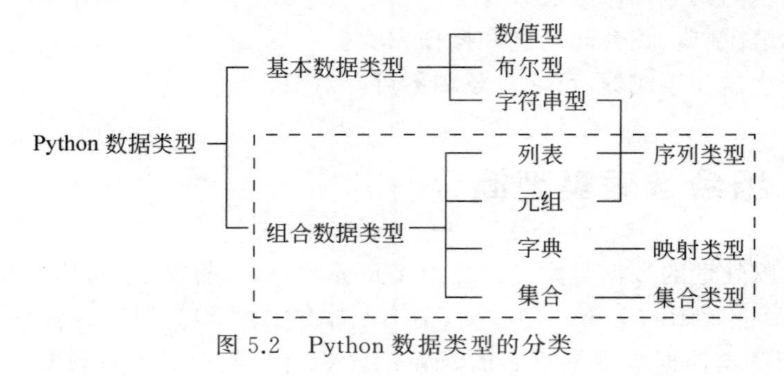

图 5.2　Python 数据类型的分类

5.2　字符串的基本操作

字符串类型与组合数据类型中的列表和字典都属于序列类型，具有很多相似的特点，因此在学习列表和元组之前，先介绍一些关于字符串类型的相关操作。字符串是一种非常重要且应用非常广泛的数据类型，支持丰富的操作和运算。Python 的字符串可以看作一串连续存储的字符的序列，可以通过索引进行顺序访问，属于序列类型。同时，由于字符串类型的单一字符串只表达一个含义，因此被看作是基本数据类型。

5.2.1　字符串的索引与分片

1. 索引

序列类型的索引体系是相同的，因此，字符串的索引也包括正向递增和反向递减两个体系。字符串中的字符按位置进行编号，使用时可以通过编号访问字符串中的特定字符。对于一个长度为 L 的字符串，其第一个字符的编号为 0，最后一个字符编号为 L－1。例如，可以通过下面的方式访问指定字符：

```
>>>str = "God Wants To Check The Air Quality"
>>>str[0],str[1],str[19]
('G', 'o', 'T')
```

Python 同时允许根据索引反向访问字符串，此时字符串的编号从－1 开始。例如：

```
>>>str = "God Wants To Check The Air Quality"
>>>str[-1],str[-13],str[-26]
('y', 'e', 's')
>>>
```

2. 分片

字符串的分片是指通过索引对字符串进行切片的操作。分片操作格式：

```
<字符串名>[i:j:k]
```

这里的 i 表示起始编号，j 表示结束编号，k 表示编号增加步长。注意，切片的位置不包含 j 位置上的字符。例如：

```
>>>str = "God Wants To Check The Air Quality"
>>>str[0:8:2]              #将 str 字符串第 0、2、4、6 的位置进行切片
'GdWn'
```

分片语句中的 i、j、k 均可以省略。i 省略时，表示从 0 或－1 开始；j 省略时，表示到最后一个字符；k 省略时，表示步长为 1。例如：

```
>>>str = "God Wants To Check The Air Quality"
>>>str[4:18]
```

```
'Wants To Check'
>>>str[::2]
'GdWnsT hc h i ult'
>>>str[27::]
'Quality
```

【例 5.1】 利用字符串分片操作，逆序输出字符串。

程序代码如下：

```
#Example5.1
st = input('输入一个字符串：')
print("原字符串：%s"%(st))
print("逆序字符：%s"%(st[-1::-1]))
```

程序的运行结果如下：

```
>>>
================ RESTART:C:/Users/Python/Example5.1.py ================
输入一个字符串：abcdefg
原字符串：abcdefg
逆序字符：gfedcba
>>>
```

说明：

（1）程序用来实现将输入的字符串逆序输出；

（2）通过分片生成逆序字符串，st[−1::−1]表示从末尾进行分片直到完成，步长为−1；

（3）st[−1::−1]也可以写作 st[::−1]。

【例 5.2】 查询月份英文缩写。

程序代码如下：

```
#Example5.2
#查询英文月份
st = '''一月 Jan 二月 Feb 三月 Mar 四月 Apr 五月 May 六月 Jun
七月 Jul 八月 Aug 九月 Sep 十月 Oct 十一 Nov 十二 Dec'''
mon = int(input('input a month:'))
n = (mon-1) * 5
```

```
print('%s的英文简称为：%s'%(st[n:n+2],st[n+2:n+5]))
```

程序的运行结果如下：

```
>>>
================ RESTART:C:/Users/Python/Example5.2.py ================
input a month:6
六月的英文简称为：Jun
>>>
```

说明：

(1) 程序用来实现在字符串 st 中分片生成月份的英文缩写；

(2) st 中用固定格式顺序存放 12 个月的英文缩写形式；

(3) 为方便定位，将每个月份的信息固定长度为 5(三个英文两个汉字)；

(4) 通过表达式 n=(mon−1) * 5 的计算，得到相应月份所在的起始位置；

(5) 分片 st[n:n+2]生成月份字符串，st[n+2:n+5]生成英文缩写字符串。

5.2.2 字符串的基本运算

Python 支持通过一些运算符实现几个字符串的基本运算，包括字符串的连接、判断子串、字符串的比较等。字符串的基本运算如表 5.1 所示。

表 5.1 字符串基本运算及功能

运　　算	功　　能
s1+s2	连接字符串 s1 和 s2
s1 * n	生成由 n 个 s1 组成的字符串
s1 in s2	如果 s1 是 s2 的子串，返回 True，否则返回 False
>,<,==	比较字符串的 AscII 码，多个字符时从左向右依次比较

字符串的运算实例：

```
>>>s1 ='Python 程序设计'
>>>s2 ='入门'
>>>n =2
>>>s1 + s2
'Python 程序设计入门'
```

```
>>>s1 * n
'Python 程序设计 Python 程序设计'
>>>s2 in s1
False
>>>'a' > 'A'                              #比较单个字符的 AscII 码值,a 为 97,A 为 65
True
>>>'this is a test' > 'this is '          #多个字符的比较,从左向右依次比较每个字符
True
>>>
```

5.2.3 字符串运算方法

Python 是面向对象的程序设计语言，Python 中的所有数据类型都是一个类。类的方法就是封闭在类中的函数，与内置的功能相似，但是调用方法不同。字符串对象通过一些常用方法完成相应的运算。调用字符串方法的格式如下：

```
<字符串名>.<方法名>(<参数>)
```

字符串常用方法如表 5.2 所示。

表 5.2 字符串常用方法及功能

方　法	功　能
s.lower()	将字符串转换为小写字母
s.upper()	将字符串转换为大写字母
s.capitalize()	将字符串转换为首字母大写
s.tiltle()	将第一个字符转换为大写
s.replace(old,new[,count])	将 s 中的 old 字符串替换为 new，count 为替换的次数
s.split([sep,[maxsplit]])	以 sep 为分隔符将 s 拆分为一个列表，默认分隔符为空格，maxsplit 表示拆分的次数，默认为－1，表示无限制
s.find(s1[,start,[end]])	返回 s1 在 s 中出现的位置。如果没有出现返回－1
s.count(s1[,start,[end]]	返回 s1 在 s 中出现的次数
s.isalnum()	判断 s 是否为全字母和数字，且至少一个字符
s.isalpha()	判断 s 是否为全字母，且至少一个字符

续表

方 法	功 能
s.isupper()	判断 s 是否为全大写字母
s.islower()	判断 s 是否为全小写字母
s.format()	字符串 s 的一种格式化输出格式,5.2.5 节详细介绍
s.join(iterable)	以 s 为分隔符,将可迭代对象 iterable(字符串、列表、元组、字典、集合)的每个元素连接,生成一个新的字符串

字符串大小写转换方法的实例:

```
>>>s = 'this is a test!'
>>>s.upper()
'THIS IS A TEST!'
>>>s.capitalize ()
'This is a test!'
>>>s.title()
'This Is A Test!'
>>>
```

字符串拆分方法的实例:

```
>>>s = 'this is a test!'
>>>s.split()                             #将字符串以空格为分隔符拆分
['this', 'is', 'a', 'test!']
>>>s.split(sep = ' ',maxsplit=1)         #将字符串以空格为分隔符拆分一次
['this', 'is a test!']
>>>
```

字符串替换和查找方法的实例:

```
>>>s = 'this is a test!'
>>>s.find('t')                           #查找字母 t 在字符串 s 中第一次出现的位置
0
>>>s.count('t')                          #查找字母 t 在字符串 s 中出现的次数
3
>>>s.replace('t','T',2)                  #将字符串的 t 替换 T,替换两次
```

```
'This is a Test!'
>>>
```

字符串连接方法实例：

```
>>>" ".join('Python')
'P y t h o n'
>>>",".join('Python')
'P,y,t,h,o,n'
>>>",".join(['Python','Java','php','Pascal'])
'Python,Java,php,Pascal'
>>>",".join(('Python','Java','php','Pascal'))
'Python,Java,php,Pascal'
>>>",".join({'Python':98,'Java':80,'php':79,'Pascal':92})
'Python,Java,php,Pascal'
```

【例 5.3】 统计英文语句中某个单词出现的次数。

程序代码如下：

```
#Example5.3
passage = 'Do not trouble trouble till trouble troubles you.'
word = input('input a word:')
n = passage.count(word)
print('%s 出现的次数：%s'%(word,n))
```

程序的运行结果如下：

```
>>>
================ RESTART:C:\Users\Python \Example5.3.py ================
input a word:trouble
trouble 出现的次数：4
>>>
```

【例 5.4】 电文加密程序。

程序代码如下：

```
#Example5.4
#电文加密
```

```
original = input('输入原文：')
cryption = ''
for s1 in original:
    if s1.isalpha():
        i = ord(s1) + 5
        if s1.isupper():
            ifi > ord('Z'):i -= 26
        else:
            ifi > ord('z'):i -= 26
        s2 = chr(i)
        cryption += s2
    else:
        cryption+=s1
print('输出密文：%s'%(cryption))
```

程序的运行结果如下：

```
>>>
================ RESTART:C:/Users/Python/Example5.4.py =================
输入原文：Windows!
输出密文：Bnsitbx!
>>>
```

说明如下。

(1) 电文加密规则：将原文中的字母转换为英文字母表中其后面第 5 个字母，例如，A→F。要求保持原文的大小写状态，且除字母外的其他字符不变，不进行加密处理。

(2) 代码中 s1.isalpha()字符串方法判断 s1 是否为字母，若是，返回 True；否则返回 False。

(3) 代码中 s1.isupper()字符串方法判断 s1 是否为大写字母，若是，返回 True；否则返回 False。

(4) 字母在 ASCII 表中分别按 a～z 和 A～Z 的顺序排列，即 26 个字母的 ASCII 码是连续的。a～z 的 ASCII 码是 97～122，A～Z 的 ASCII 码是 65～90。

5.2.4　字符串的格式化

字符串的格式化通常用在 print()函数中，用来实现将字符以特定的样式输出。Python 支持多种字符串的格式化输出方法。在 Python 2.5 以及更低的版本中，只支持使用字符串格式化输出方法%s。从 Python 3.0 版本开始，可使用 format()方法进行格式化输出，同时兼容%s 形式。Python 3.6 版本中引入了一种新的字符串格式化方式 f-string。

1. 转义字符

在 Python 字符串中可以使用转义字符，即在反斜杠(\)后面紧跟一个字符来表示一些特殊字符，常用的转义字符如表 5.3 所示。

表 5.3 常用的转义字符

转义字符	描　述	转义字符	描　述
\(在行尾时)	续行符	\n	换行
\\	反斜杠符号\	\r	回车
\'	单引号	\t	横向制表符
\"	双引号	\v	纵向制表符

转义字符的使用实例如下：

```
>>>print('It's a book')                           #单引号嵌套错误

SyntaxError: invalid syntax
>>>print('It\'s a book')                          #\'为转义字符,输出时转义为'
It's a book
>>>print("It\'s a book")                          #双引号内的单引号正常输出
It's a book
>>>print("你好!\n 欢迎来到 Python 的世界!")
你好!
欢迎来到 Python 的世界!
```

表 5.3 中，转义字符“\n”“\r”与平常意义上的回车理解不同。“\n”代表换行，换到当前位置的下一行；“\r”代表回车，回到当前行的行首，而不会换到下一行，如果接着输出，本行以前的内容会被逐一覆盖。

【例 5.5】 倒计时程序。

程序代码如下：

```
#Example5.5
```

```
import time
n = 10                                  #倒计时时间,单位：秒
for i in range(n, 0, -1):
    msg = "倒计时" + str(i) + "秒"
    print(msg, end = "\r")              #\r 为结束标记,不换行,回到当前行的行首
    time.sleep(1)                       #休眠 1 秒
print("倒计时结束")
```

语句 print(msg, end＝"\r")中的转义字符"\r"将输出指针移动到行首而不换行,print()函数的输出结果应该在同一个位置输出,实现单行刷新倒计时状态。但因 IDLE 本身屏蔽了单行刷新功能,在 IDLE 中运行本程序,每次循环并不回到行首,倒计时信息会在一行连续输出,在 IDLE 中运行程序,结果如图 5.3 所示。

图 5.3　IDLE 下程序运行结果

程序的本意是利用转义字符"\r"移动到行首不换行,从而实现在同一位置输出倒计时,达到动态刷新效果。为此,可以将程序在 Windows 控制台执行。本书以 Windows 10 操作系统为例简述这一过程。首先,启动命令行工具 CMD(Windows 系统安装目录\system32\cmd.exe),右击"开始"菜单,选择"运行"选项(按组合键 Win＋R 也可以打开"运行"窗口),在打开的"运行"窗口输入 cmd,单击"确定"按钮,即可打开 Windows 命令行工具 CMD。选择 Example5.1.py 文件所在的路径,执行命令 python example5.5.py,执行完成后即可输出单行刷新的倒计时效果。在 Windows 控制台运行程序,结果如图 5.4 所示。

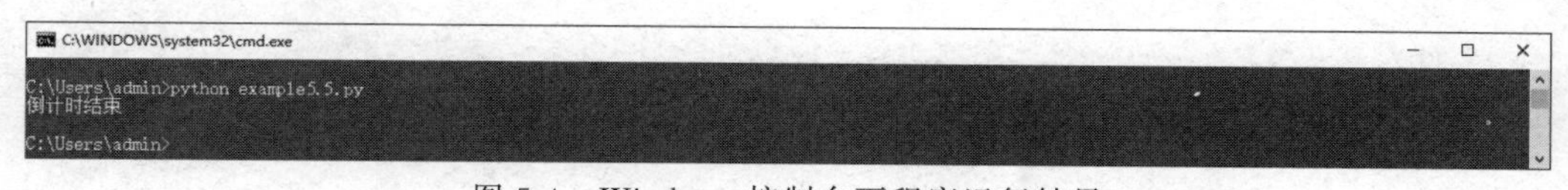

图 5.4　Windows 控制台下程序运行结果

2. 格式字符串的使用

格式字符串的格式如下：

```
<格式字符串>%(<值1>,<值2>,…,<值n>)
```

格式字符串由格式说明符和普通字符构成，中间的百分号(%)为格式运算符，可限定输出数据的显示样式。常用格式说明符如表5.4所示。

表5.4 常用格式说明符

符 号	描 述
%c	字符及其ASCII码
%s	字符串
%d	十进制整数
%o	八进制整数
%x	十六进制整数(用小写字母)
%X	十六进制整数(用大写字母)
%f	浮点数字，可指定小数点后的精度
%e	浮点数字，科学记数法，用小写e
%E	浮点数字，科学记数法，用大写E
%g或%G	浮点数字，根据值采用不同模式

格式字符串可实现将一个值插入格式字符串中相应运算符%出现的位置，其使用实例如下：

```
>>>print("今天是%d年%d月%d日，天气%s!"%(2021,5,16,'晴'))
今天是2021年5月16日，天气晴!
>>>b = "%10s" %("Python")       #10代表字符串的填充长度
>>>print(b,len(b))
    Python 10                   #字符串的长度小于填充长度，空格左侧填充字符串长度
>>>b = "%10s" %("Python是世界上最好的语言")
>>>print(b,len(b))              #字符串的长度大于填充长度，填充长度无效
Python是世界上最好的语言 15
>>>
```

3. format()方法的使用

字符串的format()方法基本使用格式如下：

```
<格式字符串>.format(<值 1>,<值 2>,…,<值 n>)
```

格式字符串是一个包含占位符{}的字符串，其中的每对花括号被称为一个槽，用来控制 format()方法中参数出现的位置。槽中如果没有序号，输出的结果将根据 format()方法中参数的顺序依次替换槽所在的位置。槽中如果包含序号，则将根据 format()方法中参数的序号对应替换。

```
>>>"{}年,{}获得{}年度编程语言".format("2020","Python","TIOBE")
'2020 年,Python 获得 TIOBE 年度编程语言'
>>>"{1}年,{2}获得{0}年度编程语言".format("TIOBE","2020","Python")
'2020 年,Python 获得 TIOBE 年度编程语言'
>>>
```

如果需要输出花括号{}，则采用{{表示{，采用}}表示}。

```
>>>"{{{}}}".format("人生苦短,我用 Python!")
'{人生苦短,我用 Python!}'
```

在利用 format()方法格式化输出字符串的过程中，可以通过增加格式控制信息实现输出的精确控制，槽内格式控制信息格式如下：

```
{<参数序号>:<格式控制标记>}
```

其中，参数序号对应 format()方法中参数值的顺序，格式控制标记用来控制输出的格式，完整的格式控制标记格式如下：

```
[<填充>],[<对齐>],[<宽度>],[<,>],[<.精度>],[<类型>]
```

其中几个参数都是可选的，可以单独使用，也可以组合使用。使用时参数的顺序与上述顺序一致。应用格式控制标记，主要可以分成以下几种情况。

(1) 控制输出字符串的填充字符、对齐方式与宽度。其中关于填充，如果宽度的值比 format()函数内的参数长度大，则默认以空格字符补充；如果宽度的值比 format()函数内的参数长度小，则使用参数的实际长度，可以指定用任意符号进行填充。对齐方式有以下三种：

- ：> 右对齐；
- ：<左对齐；

- ：^居中对齐。

在>、<、^后面添加数字，代表输出字符串的长度。在>、<、^前面添加符号，代表用符号填充。

```
>>>"人生苦短，我用{:10}!".format("Python")          #默认左对齐，以空格填充
'人生苦短，我用 Python    !'
>>>"人生苦短，我用{:>10}!".format("Python")         #槽内右对齐，以空格填充
'人生苦短，我用    Python!'
>>>"人生苦短，我用{:*^10}!".format("Python")        #槽内居中对齐，用*号填充
'人生苦短，我用**Python**!'
>>>"人生苦短，我用{:*^3}!".format("Python")         #宽度较小，使用实际宽度
'人生苦短，我用 Python!'
```

（2）以数值形式填充输出的字符串槽内部分，输出数值型数据的选项可以包括千位分隔符(,)、精度和数值类型。精度由小数点开头，表示小数部分的有效位数，如果输出的是字符串，表示输出字符串的最大长度。数值类型可以是 d(十进制整数)和 f(浮点型)，也可以是 b、o、x(或 X)，分别代表二进制数、八进制数和十六进制数。

```
>>>"{0:-^13,}".format(1234567)                     #千位分隔符
'--1,234,567--'
>>>'{0:$>5}'.format(3000)
'$3000'
>>>'{0:>.2f}'.format(3.1415926)                   #.2f 代表保留 2 位小数
'3.14'
>>>'{0:+>7.2f}'.format(3.1415926)                 #以+填充
'+++3.14'
>>>'{0:.7}'.format("3.1415926")                   #.7 代表字符串长度
'3.14159'
>>>"{0:b},{0:o},{0:x},{0:X}".format(314)          #二进制、八进制、十六进制
'100111010,472,13a,13A'
```

4. f-string 格式化

f-string 字符串是开头有一个 f 或者 F 的字符串，如 f'xxx'或 F'xxx'，字符串中包含花括号{}，表示被替换的字段，Python 会计算其中用花括号括起来的表达式，并将计算后的值替换。相比较而言，f-string 的效率较高，使用也相对简单。需要注意的是，只有 Python 3.6 及以上的版本中才可以使用 f-string 格式化。花括号内具体的格式化输出控

制与 format()方法类似。

```
>>>year = 2018
>>>gdp = 13.61
>>>print(f"{year}年,我国的 GDP 总量为{gdp}万亿美元")
2018 年,我国的 GDP 总量为 13.61 万亿美元
>>>print(f"{year}年,我国的 GDP 总量为{gdp:>10}万亿美元")
2018 年,我国的 GDP 总量为      13.61 万亿美元
>>>Price = 2850.00
>>>number = 2543
>>>print(f'2019 年,产品的总销售额达到{Price * number:.2f}元')
2019 年,产品的总销售额达到 7247550.00 元
>>>print(f'2019 年,公司的总销售额达到{Price * number:￥>11.2f}元')
2019 年,公司的总销售额达到￥7247550.00 元
```

格式运算符、format()方法和 f-string 三种格式化方法中,格式运算符(%)是为了兼容 Python 较低版本,而 format()是 Python 3.0 以后主要推荐的方法。在 Python 3.6 及以上版本中,使用 f-string 更为方便。本书基于 Python 3.6 编写,为了保证对 3.6 以下版本的兼容,主要使用 format()方法。

5.3 列表

列表是由多个元素组成的序列类型。列表的所有元素被包含在一对方括号([])之间,逗号用于分隔各个数据元素。列表具有如下特性。

(1) 列表是序列类型,各元素间存在先后关系,可以通过下标访问每个列表元素,也可以对列表进行切片。

(2) 列表是可变数据类型,定义列表变量后,可以修改列表,如增加或删除列表元素。

(3) 列表元素可以是相同类型的数据,也可以是不同类型的数据。

(4) 列表元素可以是基本数据类型,也可以是组合类型。

(5) 列表中可以存在相同数值但位置不同的元素。

(6) 列表支持成员关系操作符 in、长度计算函数 len()和分片操作。

下面的实例都是合法的列表:

```
[1,2,3,4,5,6,7]                          #数值型元素组成的列表
[255, "Python",3.1415926,False]          #不同类型元素组成的列表
```

```
["中国","辽宁",["沈阳","大连","丹东"]]      #列表包含组合数据类型元素
[1,[2,3,4],(5,6),{"a":7,"b":8,"c":9}]      #列表元素包含组合数据类型
```

5.3.1 列表的创建

创建列表的方式包括使用方括号、list()函数和列表推导式3种。

1. 使用方括号创建列表

列表元素间用逗号分隔,举例如下:

```
>>>list1 = []                                  #创建一个空列表
>>>list1
[]
>>>list2 = [1,2,3,4,5,6,7,8,9]
>>>list2
[1, 2, 3, 4, 5, 6, 7, 8, 9]
>>>list3 = ['Python','C','C++','Java','VB']
>>>list3
['Python','C','C++','Java','VB']
```

2. 使用 list()函数创建列表

```
>>>list1 = list()                              #创建一个空列表,等价于 list1=[]
>>>list1
[]
>>>list2 = list(range(1,10,2))                 #根据 range()函数产生的序列生成列表
>>>list2
[1, 3, 5, 7, 9]
>>>list3 = list("中华人民共和国")                #每个字符作为列表中的一个数据元素
>>>list3
['中', '华', '人', '民', '共', '和', '国']
```

3. 使用推导式创建列表

推导式可以使用非常简洁的方式生成满足特定需要的列表。语法格式如下:

```
[表达式 for 变量 in 可迭代对象 [if 条件表达式] ]
```

【例 5.6】　使用推导式创建列表。

程序代码如下：

```
#Example5.6
>>>nums_1 = [x * x for x in range(1,10)]
>>>nums_1
[1, 4, 9, 16, 25, 36, 49, 64, 81]
>>>nums_2 = [i for i in nums_1 if i%2 == 0]
>>>nums_2
[4, 16, 36, 64]
>>>nums_3 = [1 if i %2 == 0 else 0 for i in range(1, 51)]
>>>nums_3
[0, 1, 0, 1, 0, 1, 0, 1, 0, 1, 0, 1, 0, 1, 0, 1, 0, 1, 0, 1, 0, 1, 0, 1, 0, 1, 0, 1, 0, 1,
0, 1, 0, 1, 0, 1, 0, 1, 0, 1, 0, 1, 0, 1, 0, 1, 0, 1, 0, 1]
>>>nums_4 = [i for i in range(100,1000) if (int(i/100)) * * 3 + (int(i/10)%10) * * 3
+ (i%10) * * 3==i]
>>>nums_4
[153, 370, 371, 407]
>>>
```

说明：

(1) nums_1 是由 10 以内自然数的平方组成的列表；

(2) nums_2 是由 nums_1 中的偶数组成的列表；

(3) nums_3 将 50 以内的自然数按照奇偶性生成列表，偶数为 0，奇数为 1；

(4) nums_4 是由水仙花数组成的列表，水仙花数即 3 位自幂数，请参考例 3.12。

5.3.2　列表的基本操作

1. 访问列表元素

列表是一个有序序列，可以通过序号来访问列表中的元素。和字符串类似，列表的序号也是一个整数，并且可以由正向或逆向访问列表，如图 5.5 所示。

通过使用索引号，可以访问列表中的某些列表元素，格式为：

```
<列表名>[<索引>]
```

正向递增索引，从0开始					
0	1	2	3	4	5
['C',	'C++',	'Python',	'Java',	'PHP',	'C#']
−6	−5	−4	−3	−2	−1
逆向递减索引，从−1开始					

图5.5　列表的索引序号

其中，列表名为一个列表的名字，索引为访问的列表元素序号。例如：

```
>>>list1 = ['a','b','c','d','e','f','g']
>>>list1[0]          #访问列表 list1 中正向索引序号为 0 的列表元素
'a'
>>>list1[2:4]        #访问列表 list1 中正向索引序号从 2 到 4(不包括)的列表元素
['c', 'd']
>>>list1[-2]         #访问列表 list1 中逆向索引序号为-2 的列表元素
'f'
>>>list1[4:]         #访问列表 list1 中正向索引序号从 4 到最后的列表元素
['e', 'f', 'g']
>>>list1[:-4]        #访问列表 list1 中从开始到逆向索引序号为-4(不包含)的列表元素
['a', 'b', 'c']
>>>list1[8]          #如果访问的列表序号不存在,则返回索引序号错误
…
IndexError: list index out of range   #如果访问的列表序号不存在,则返回索引序号错误
>>>
```

2. 二维列表

如果一个列表中的列表元素也是由列表构成的，就构成了类似矩阵的二维结构。访问二维列表的表达格式为：

```
<列表名>[<索引 1>][<索引 2>]
```

其中，索引1为二维列表的元素索引号，索引2为二维列表中索引1指向的列表中元素的索引号。例如：

```
>>>class0 = [1,1,3,4,5]
```

```
>>>class1 = [6,7,8,9,10]
>>>class2 = [11,12,13,14,15]
>>>grade = [class0,class1,class2]
>>>grade[1][3]
9
>>>
```

语句grade[1][3]中，1代表访问的是列表grade中索引序号1的元素，即列表class1；3代表的是访问列表class1中索引序号为3的元素，即数字9。

【例5.7】 遍历二维列表。

程序代码如下：

```
#Example5.7
student1 = ['20210001','赵紫萱','女',20,'管理学院','公共管理']
student2 = ['20210002','李小江','男',19,'化学学院','化学教育']
student3 = ['20210003','孙彤彤','女',20,'信息学院','软件工程']
student4 = ['20110004','张艾薇','女',19,'外语学院','英国文学']
students = [student1,student2,student3,student4]
for i in range(len(students)):
    for j in range(len(students[i])):
        print(students[i][j],end = " ")      #空格作为输出数据项后的结束符
    print()                                  #默认结束符为"\n",实现换行
```

程序运行结果如下：

```
>>>
===============RESTART: C: /Python/Python36/Example5.7.py ===============
20210001 赵紫萱 女 20 管理学院 公共管理
20210002 李小江 男 19 化学学院 化学教育
20210003 孙彤彤 女 20 信息学院 软件工程
20110004 张艾薇 女 19 外语学院 英国文学
>>>
```

说明：

(1) student 1到student 4为4名学生的自然情况列表，students是一个二维列表，4个学生列表为列表元素；

(2) len(students)获得列表students的列表元素个数；

(3) 双重循环中，外层循环遍历列表 students 中的每个列表元素，内层循环遍历 students[i]中的每个列表元素；

(4) print()用于实现输出一行数据后换行。

3. 更新列表

列表是一种可变的数据类型，列表的长度和列表元素的值都是可以更改的。更新列表主要有更改列表元素，添加列表元素和删除列表元素等操作。

1）修改列表元素值

修改列表元素值可以用赋值语句，语法格式如下：

```
<列表名>[<索引>]=<值>
```

其中，列表名为一个已经存在的列表，索引为该列表的正向或逆向索引序号，值为任意数据值。当索引不在列表的索引范围内时，会提示用户“索引超出范围”错误。例如：

```
>>>course = ['Python','C','C++','Java','PHP']
>>>course[0] = '汇编语言'              #修改列表中的一个列表元素
>>>course[-1] = 'C#'                  #修改列表中的一个列表元素
>>>course
['汇编语言', 'C', 'C++', 'Java', 'C#']
>>>course[1:4] = ['数据库原理','编译原理','数据结构']      #修改列表中的多个元素
>>>course
['汇编语言', '数据库原理', '编译原理', '数据结构', 'C#']
>>>#当列表序号范围和赋值列表长度不相等时,就可以增加或删除列表
>>>course[0:2] = ['计算机组成原理','计算机网络','数字电路','算法分析']
                          #用 4 个列表元素替换选定的 2 个列表元素,实现增加列表元素
>>>course
['计算机组成原理', '计算机网络', '数字电路', '算法分析', '编译原理', '数据结构', 'C#']
>>>course[-3:] = ['数据库原理']        #用 1 个列表元素替换选定的 3 个列表元素,实现删除
>>>course
['计算机组成原理', '计算机网络', '数字电路', '算法分析', '数据库原理']
>>>
```

除了给列表元素赋值外，也可以将一个列表的值赋给另一个列表。此时是将原列表的内存地址复制给新列表变量，而不是将原列表的实际数据复制一份给新列表。如：

```
>>>list1 = ['Python','C','C++','Java','PHP']
```

```
>>>list2 = list1
>>>list2[-1] = 'MATLAB'
>>>list2[-2] = 'Visual Basic'
>>>list2
['Python', 'C', 'C++', 'Visual Basic', 'MATLAB']
>>>list1
['Python', 'C', 'C++', 'Visual Basic', 'MATLAB']
>>>print(id(list1),id(list2))
2509032651528 2509032651528
>>>
```

可以看出，当列表 list2 是由列表 list1 复制得到时，修改 list2 中元素的值，list1 同时做出相同的改变，因为 list2 和 list1 指向相同的内存地址。如果将 list1 赋值给 list2 后，重新对列表 list2 整体进行赋值，则此时的 list2 会使用新的内存地址，list2 与 list1 不再关联。

```
>>>list1 = ['Python','C','C++','Java','PHP']
>>>list2 = list1
>>>list2 = ['MATLAB','Visual Basic','C++','Java','PHP']
>>>list2
['MATLAB', 'Visual Basic', 'C++', 'Java', 'PHP']
>>>list1
['Python', 'C', 'C++', 'Java', 'PHP']
>>>
```

2）添加列表元素

除了通过赋值语句实现添加列表元素之外，还可以使用以下 3 种专门的函数添加列表元素。

(1) append()函数的功能是向列表的末尾添加新的列表元素。

(2) insert()函数的功能是向列表中指定索引序号位置插入新的列表元素。

(3) extend()函数用于在列表末尾一次性追加另一个序列中的多个值，即用新列表扩展原来的列表。

以上 3 个函数格式如下：

```
<列表名>.append(<值>)
<列表名>.insert(<索引>,<值>)
```

```
<列表名>.extend(<列表>)
```

例如:

```
>>>list1 = ['Python','C','C++','Java','PHP']
>>>list1.append('Matlab')
>>>list1
['Python', 'C', 'C++', 'Java', 'PHP', 'MATLAB']
>>>list1.insert(2,"Visual Basic")
>>>list1
['Python', 'C', 'Visual Basic', 'C++', 'Java', 'PHP', 'MATLAB']
>>>list1 = ['Python','C','C++','Java','PHP']
>>>list2 = ['MATLAB','Visual Basic']
>>>list1.extend(list2)
>>>list1
['Python', 'C', 'C++', 'Java', 'PHP', 'MATLAB', 'Visual Basic']
>>>
```

注意,这3个函数每次只能插入一个列表元素。

3)删除列表元素

删除列表元素可以通过以下3种方法。

(1)通过列表元素的值删除列表元素,使用列表的remove()方法。

(2)通过列表元素的索引序号删除列表元素,使用del语句。

(3)通过列表元素的索引序号删除列表元素,并返回该元素,使用列表的pop()方法。

语法格式如下:

```
<列表名>.remove (<值>)
del<列表名>[<索引>]或者 del <列表名>
<列表名>.pop ([索引])
```

使用remove()方法时,可以删除列表中第一个和数据值相等的列表元素,并且每次只能删除一个元素,如果要删除列表中多个相同的列表元素,要多次使用remove()方法。

```
>>>list1 = ['Python','C','C++','Java','PHP']
>>>list1.remove('C')          #remove 函数一次只能删除一个列表元素
>>>list1
```

```
['Python', 'C++', 'Java', 'PHP']
```

使用 del 语句时，可以删除列表中索引序号对应位置的列表元素，如果只写列表名，将删除整个列表。

```
>>>list1 = ['Python','C','C++','Java','PHP']
>>>del list1[0]
>>>list1
['C', 'C++', 'Java', 'PHP']
>>>del list1[0:3]              #del 语句删除列表中 0,1,2 索引序号的列表元素
>>>list1
['PHP']
>>>del list1                   #删除列表
>>>list1                       #列表删除后，再使用列表，将出现“未定义”错误
Traceback (most recent call last):
  File "<pyshell#139>", line 1, in <module>
    list1
NameError: name 'list1' is not defined
>>>
```

使用 pop()方法时，如果不指定索引，将删除列表末尾的元素。

```
>>>list1 = ['Python','C 语言','C++','Java','PHP']
>>>list1.pop(0)                #删除列表下标为 0 的元素，并返回该元素
'Python'
>>>list1
['C', 'C++', 'Java', 'PHP']
>>>list1.pop()                 #删除列表末尾的元素，并返回该元素
'PHP'
>>>list1
['C', 'C++', 'Java']
>>>
```

5.3.3　列表的其他操作

除了创建列表、更新列表等操作以外，列表还支持很多其他操作。

1. 列表的连接

可以使用运算符+连接两个列表，新列表的元素个数为原来两个列表的元素个数之和。例如：

```
>>>list1 = ['Python','C','C++']
>>>list2 = ['C++','Java','PHP']
>>>list1 + list2
['Python', 'C', 'C++', 'C++', 'Java', 'PHP']
>>>
```

2. 列表的重复

可以使用运算符 * 创建具有重复元素的列表。例如：

```
>>>list1 = ['Python','C']
>>>list1 * 3
['Python', 'C', 'Python', 'C', 'Python', 'C']
>>>
```

3. 列表成员的判断

可以使用 in 操作符判断对象是否属于列表。例如：

```
>>>list1 = ['Python','C','C++','Java','PHP']
>>>"Python" in list1
True
>>>"python" in list1
False
>>>
```

4. 列表的排序

可以使用 sort()方法对原列表进行排序，格式如下：

```
<列表名>.sort([key = None][, reverse = False])
```

key 参数指定排序依据的标准，可以是某些比较函数，如 len()等。reverse 参数指定排序的方式，reverse = True 时为降序，reverse = False 时为升序(默认)。例如：

```
>>>list1 = [1,3,6,5,2]
>>>list1.sort()                              #按数值大小排序，默认升序
>>>list1
[1, 2, 3, 5, 6]
>>>list2 = ['Python','C++','Java','PHP']
>>>list2.sort(reverse = True)                #按字符串大小(英文字母次序)降序排序
>>>list2
['Python', 'PHP', 'Java', 'C++']
>>>list2.sort(key = len,reverse = True)      #按字符串宽度降序排序
>>>list2
['Python', 'Java', 'PHP', 'C++']
>>>
```

注意，sort()方法没有返回值(返回值为 None)，利用 sort()方法进行排序后，原列表变为排序后的新列表。在上例中，list1.sort()不能写成 list1 = list1.sort()，因为如果将 None 赋值给 list1，则 list1 原来的数据会丢失。

列表的 sort()方法可以直接改变原列表的顺序，如果希望排序后得到新列表，原列表不发生改变，可以使用 sorted()函数。例如：

```
>>>list2 = ['Python','C++','Java','PHP']
>>>sorted(list2,reverse = True)          #利用 sorted()函数排序，得到新列表
['Python', 'PHP', 'Java', 'C++']
>>>list2                                 #原列表顺序不变
['Python', 'C++', 'Java', 'PHP']
>>>
```

5. 列表操作的其他函数或方法

表 5.5 列出了列表操作的其他函数或方法。

表 5.5　列表操作的其他函数或方法

函数或方法	功　　能
cmp(list1,list2)	比较两个列表中的元素，如果 list1 中的元素比 list2 中对应的元素大，则函数返回 1；如果小，则函数返回 −1；如果 list1 和 list2 中所有元素相等，则函数返回 0

续表

函数或方法	功　能
len(list1)	len()函数返回 list1 中列表元素的个数
max(list1)	max()函数返回 list1 列表中元素的最大值，要求 list1 中列表元素类型相同
min(list1)	min()函数返回 list1 列表中元素的最小值，要求 list1 中列表元素类型相同
sum(list1)	如果 list1 中所有列表元素都是数字，sum()函数返回列表元素之和
reversed(list1)	reversed()函数返回 1 个新列表，将原列表 list1 翻转，即第 1 个元素与最后一个元素对换；第 2 个与倒数第 2 个元素对换，以此类推
list1.index()	index()方法返回元素在列表中的索引位置
list1.clear()	clear()方法可以删除列表中的所有元素，列表成为空列表
list1.copy()	copy()方法复制原列表 list1 中的所有元素，得到一个新列表

5.4　元组

元组属于序列类型，其最大的特性是不可变。元组一旦创建，其中的元素就不可以被修改，也不能被添加或者删除。元组的所有元素被包含在一对圆括号之间，在圆括号内用逗号分隔开元组元素。元组具有和列表相似的性质：

(1) 元组的各元素间存在先后关系，可以通过下标访问每个元组元素，也可以对元组进行切片；

(2) 元组的元素可以是相同类型的数据，也可以是不同类型的数据；

(3) 元组元素可以是基本数据类型，也可以是组合类型；

(4) 元组中可以存在数值相同但位置不同的元素；

(5) 元组支持成员关系操作符 in、长度计算函数 len()和分片操作；

(6) 如果元组只包含一个元素，元素后面必须有逗号，否则元组将被当作普通表达式。

下面的元组都是合法的：

```
()                                         #空元组
(1,2,3,4,5,6,7,8,9)                        #数值型元素组成的元组
(255, "Python",3.1415926,False)            #不同类型元素组成的元组
(5,)                                       #包含单个元素的元组，元素后必须有逗号
```

```
(1,2,3,4,5,)                                 #多个元素组成的元组,元素后可以有逗号
((1,2,3,4,5),("a","b","c"),[True,False])  #元组的元素可以包含组合数据类型
```

对于包含两个或者两个以上元素的元组,最后一个元素后可以有逗号,也可以没有。

5.4.1 元组的创建

与创建列表类似,元组可以通过使用圆括号、tuple()函数或者推导式等方式进行创建。

1. 使用圆括号创建元组

元组元素间用逗号分隔,举例如下:

```
>>>tuple1 = ()                          #产生一个空元组
>>>tuple1
()
>>>tuple2 = (1,2,3,4,5,6,)              #最后一个元组后面可以有逗号,也可以没有
>>>tuple2
(1, 2, 3, 4, 5, 6)
>>>tuple3 = ('Python','C++','Java','PHP','Visual Basic')
>>>tuple3
('Python', 'C++', 'Java', 'PHP', 'Visual Basic')
>>>tuple4 = 1,2,3,4,5,6                 #使用圆括号创建元组,圆括号可以省略
>>>tuple4
(1, 2, 3, 4, 5, 6)
>>>
```

2. 使用 tuple()函数创建列表

```
>>>tuple5 = tuple()                     #产生一个空元组,等价于 tuple5 = ()
>>>tuple5
()
>>>tuple6 = tuple(range(1,10,2))        #将 range 函数产生的序列变为元组
>>>tuple6
(1, 3, 5, 7, 9)
>>>tuple7 = tuple("Python 程序设计")     #每个字符作为元组中的一个数据元素
>>>tuple7
```

```
('P', 'y', 't', 'h', 'o', 'n', '程', '序', '设', '计')
>>>
```

3. 使用生成器推导式创建元组

和列表一样，元组也可以使用推导式生成，语法近似，只是不用方括号而用圆括号，格式如下：

```
(表达式 for 变量 in 序列)
```

这种推导式被称为生成器推导式，不会直接创建元组，而是产生一个生成器对象，可以使用 list()函数或者 tuple()函数将生成器对象转化为列表或者元组。

```
>>>g = (x * * 2 for x in range(1,10))          #得到生成器对象 g
>>>g
<generator object <genexpr>at 0x00000160C8988258>
>>>tuple(g)                                    #将生成器对象 g 转化为元组
(1, 4, 9, 16, 25, 36, 49, 64, 81)
>>>
```

5.4.2 元组的基本操作

1. 元组的访问

元组属于不可变序列。元组定义后，主要的操作就是访问，其方法与访问列表类似。例如：

```
>>>tuple1 = tuple("中华人民共和国")
>>>tuple1
('中', '华', '人', '民', '共', '和', '国')
>>>tuple1[2]                    #访问元组 tuple1 中正向索引序号为 2 的元素
'人'
>>>tuple1[3:6]                  #访问元组 tuple1 中正向索引序号从 3 到 5 的元素
('民', '共', '和')
>>>tuple1[::-1]                 #逆序访问元组 tuple1 中所有元素
('国', '和', '共', '民', '人', '华', '中')
>>>
```

2. 二维元组

如果一个元组中的元素也是由列表、元组等构成的，则构成二维元组，访问二维元组的方法和访问二维列表相似。例如：

```
>>>class0 = [1,1,3,4,5]
>>>class1 = [6,7,8,9,10]
>>>class2 = (11,12,13,14,15)
>>>grade = (class0,class1,class2)     #元组 d 由 2 个列表和 1 个元组组成
>>>grade
([1, 1, 3, 4, 5], [6, 7, 8, 9, 10], (11, 12, 13, 14, 15))
>>>grade[1][3]
9
>>>
>>>grade[1] = [10,20,30]              #直接修改元组元素,会产生错误
Traceback (most recent call last):
  File "<pyshell#367>", line 1, in <module>
    grade[1] = [10,20,30]
TypeError: 'tuple' object does not support item assignment
```

虽然元组不可改变，但是如果元组元素是列表等可变序列，则可以通过改变列表的方式改变元组。

```
>>>grade[1][0] = 60                          #修改 1 号元组元素中 0 号列表元素
>>>grade[1][1] = 70                          #修改 1 号元组元素中 1 号列表元素
>>>grade[1][2] = 80                          #修改 1 号元组元素中 2 号列表元素
>>>grade
([1, 1, 3, 4, 5], [60, 70, 80, 9, 10], (11, 12, 13, 14, 15))
>>>grade[2][0] = 110                         #修改 2 号元组元素中 0 号元组元素,错误
Traceback (most recent call last):
  File "<pyshell#376>", line 1, in <module>
    grade[2][0] = 110
TypeError: 'tuple' object does not support item assignment
>>>
```

元组也可以使用＋操作符进行连接，用 * 操作符进行重复，也可以使用成员关系运算符 in 或 not in 判断对象是否属于元组，操作方式与列表相同，请参考列表操作，本节不再

赘述。

5.4.3 序列类型的操作函数

字符串、列表和元组都属于序列类型，Python 提供了一些针对序列类型的函数供用户使用，如表 5.6 所示。

表 5.6 序列类型的函数

函　　数	功　　能
all(seq)	判断序列对象 seq 的每个元素是否都为逻辑真值，返回 True 或 False
any(seq)	判断序列对象 seq 是否存在逻辑真值的元素，返回 True 或 False
range([start,]stop[,step])	返回从 start(默认值为 0)开始，到 stop 结束（不包含 stop）的可迭代对象，step 为补偿（默认值为 1）
reversed(seq)	反转序列，返回迭代器对象
sorted(seq)	对序列对象 seq 进行排序，返回一个有序序列
zip(iter1[,iter2…])	将多个可迭代对象相同位置的元素聚合成元组，返回一个以元组为元素的可迭代对象

常用序列操作函数的实例如下：

```
>>>all([1,2,3,"China","中国",True])          #列表每个元素都为逻辑值 True
True
>>>all([1,2,3,"","中国",True])               #空字符串的逻辑值为 False
False
>>>all([1,2,3," ","中国",True])              #空格字符串的逻辑值为 True
True
>>>all([0,2,3,"China","中国",True])          #数字 0 的逻辑值为 False
False
>>>any([0,2,3,"China","中国",True])          #除了数字 0,其他都为 True
True
>>>list1 = [5,8,3,2,9]
>>>sorted(list1)                             #默认升序排序
[2, 3, 5, 8, 9]
>>>list1                                     #排序后原列表不变
[5, 8, 3, 2, 9]
>>>r = reversed(list1)                       #反转列表,得到迭代器对象
```

```
>>>list(r)
[9, 2, 3, 8, 5]
>>>z = zip(["辽宁","吉林","黑龙江"],["沈阳","长春","哈尔滨"])
>>>list(z)
[('辽宁', '沈阳'), ('吉林', '长春'), ('黑龙江', '哈尔滨')]
>>>
```

5.5　字典

字典是一种映射型的数据结构，由键值对组成。键值对放在一对花括号之间，使用逗号作为分隔，每个键值对内用冒号分隔。字典具有如下特性：

(1) 字典中的键具有唯一性，通过键作为索引，可以映射到其所对应的值；

(2) 在一个字典结构中，一个键只能对应一个值，多个键可以对应相同的值；

(3) 字典的键可以使用任意不可变的数据类型，如数值、字符串、元组等。

下面的字典都是合法的：

```
{}
{1:"张丹",2:"李想",3:"孙坚",4:"赵尚毅"}
{"Python":89,"数据结构":80,"C语言":90,"高等数学":85}
{("辽宁","沈阳"):["孙晓航","女"],("浙江","杭州"):["张璐","男"]}
```

5.5.1　字典的创建

字典是映射类型，是由键值对组成的，查找字典中具体元素时，可通过自带的键，找到键所对应的值，从而实现由键到值的映射。所以，字典是通过键进行索引的，键在字典中必须是唯一的。字典由花括号作为定界符，可以采用以下方法创建字典：

1. 通过赋值语句创建字典

花括号中放置以逗号分隔的一个或多个键值对。

```
>>>dict1 = {}                    #创建空字典
>>>dict1
{}
```

```
>>>dict2 = {"张丹":98,"李丽":89,"王宁":92,"马华":77}      #创建包含 4 个键值对的字典
>>>dict2
{'张丹': 98, '李丽': 89, '王宁': 92, '马华': 77}
```

2. 通过 dict()函数创建字典

dict()函数的参数有以下 4 种形式，都可以用于创建字典。

(1) 不给出参数，创建一个空字典。例如：

```
>>>dict()
{}
```

(2) 给出键值对形式的位置参数，即将花括号括起来的字典作为参数。例如：

```
>>>a =dict({'three': 3, 'one': 1, 'two': 2})
>>>a
{'three': 3, 'one': 1, 'two': 2}
>>>b =dict({"张丹":98,"李丽":89,"王宁":92,"马华":77})
>>>b
{'张丹': 98, '李丽': 89, '王宁': 92, '马华': 77}
>>>
```

(3) 给出一个可迭代对象的位置参数(如列表、元组等)。可迭代对象中的每一项本身都必须是具有两个对象的可迭代对象，每项的第一个对象成为新字典中的键，第二个对象成为相对应的值。如果某个键出现多次，则该键的最后一个值将成为新字典中的对应值。例如：

```
>>>c =dict([('two', 2), ('one', 1), ('three', 3)])      #列表作为参数
>>>c
{'two': 2, 'one': 1, 'three': 3}
>>>c =dict([('two', 2), ('one', 1), ('three', 3), ('one', 100)])
>>>c
{'two': 2, 'one': 100, 'three': 3}                  #键 one 对应的是最后一次出现的值
>>>d =dict((["张丹",98],["李丽",89],["王宁",92],["马华",77]))   #元组作为参数
>>>d
{'张丹': 98, '李丽': 89, '王宁': 92, '马华': 77}
>>>e =dict(zip(['one', 'two', 'three'], [1, 2, 3]))    #映射函数作为参数
```

```
>>>e
{'one': 1, 'two': 2, 'three': 3}
>>>
```

（4）给定形如 key=value 形式的一个或多个关键字参数，则创建字典的键为 key 字符串，值为 value。如果已存在要添加的键，则 value 将替换该键原来的值。例如：

```
>>>f =dict(one =1, two =2, three =3)                         #key 不需要加引号
>>>f
{'one': 1, 'two': 2, 'three': 3}                             #key 自动添加引号
>>>g =dict(张丹 =98, 李丽 =89, 王宁 =92, 马华 =77)           #key 不需要加引号
>>>g
{'张丹': 98, '李丽': 89, '王宁': 92, '马华': 77}             #key 自动添加引号
```

3. 通过 fromkeys()方法创建字典

字典的 fromkeys()方法可以创建值都相同的字典。格式如下：

```
字典.fromkeys(<序列>,[值])
```

序列中的元素作为字典的键，值为与序列中所有键对应的统一值。如果不指定值，创建的字典默认为 None 空值。例如：

```
>>>d1 ={}.fromkeys(["张丹", "李丽", "王宁","马华"], "优秀")
>>>d1
{'张丹': '优秀', '李丽': '优秀', '王宁': '优秀', '马华': '优秀'}
>>>d2 =dict6.fromkeys(("Mary", "Lily", "Peter","Alice"), 80)
>>>d2
{'Mary': 80, 'Lily': 80, 'Peter': 80, 'Alice': 80}
>>>d3 =dict().fromkeys(["Mary", "Lily", "王宁","张丹"])
>>>d3
{'Mary': None, 'Lily': None, '王宁': None, '张丹': None}
>>>
```

4. 通过推导式创建字典

推导式也可以用来创建字典，语法格式如下：

```
{<键>:<值>for <变量>in <可迭代对象>[if 条件表达式] }
```

例如：

```
>>>d4 = {i: i * * 2 for i in range(10) if i%2 == 0}
>>>d4
{0: 0, 2: 4, 4: 16, 6: 36, 8: 64}
>>>name = ["张丹", "李丽", "王宁","马华"]
>>>score = [98, 89, 92, 77]
>>>d5 = {k:v for k,v in zip(name,score)}
>>>d5
{'张丹': 98, '李丽': 89, '王宁': 92, '马华': 77}
>>>
```

需要注意的是，字典是无序的，在内部存储时，不一定与创建字典的键值对顺序相同，所以在访问字典时，无须关注字典显示的顺序。

5.5.2 字典的基本操作

1. 字典的访问

1）通过键访问字典的值

字典的键值对是一种映射关系，根据键就可以访问值。因此，访问字典中键值对的值可以通过方括号并指定键的方式进行访问。如果键不存在，则访问错误。例如：

```
>>>d5                                        #使用前面创建的字典 d5
{'张丹': 98, '李丽': 89, '王宁': 92, '马华': 77}
>>>d5['王宁']                                #访问字典 d5 的键"王宁"对应的值
92
>>>d5['李宁']                                #字典不存在键"李宁",抛出异常
Traceback (most recent call last):
  File "<pyshell#90>", line 1, in <module>
    d5['李宁']
KeyError: '李宁'
>>>
```

2）通过字典的 get()方法访问值

字典对象提供了一个 get()方法来通过键访问对应的值：当键存在时，返回该键对应

的值，而键不存在的时候不会出错，返回指定值或 None。例如：

```
>>>d5
{'张丹': 98, '李丽': 89, '王宁': 92, '马华': 77}
>>>d5.get('马华')                    #访问键“马华”对应的值
77
>>>d5.get('李宁',0)                  #键“李宁”不存在，返回指定值
0
>>>d5.get('李宁')                    #键“李宁”不存在，不出错
>>>d5.get('王宁',0)                  #键“王宁”存在，不返回指定值
92
>>>
```

3）访问字典的所有键、所有值、所有键值对

通过调用字典的 keys()方法可以返回字典的所有键，调用字典的 values()方法可以返回字典的所有值，调用字典的 items()方法可以返回字典的所有键值对，例如：

```
>>>d5
{'张丹': 98, '李丽': 89, '王宁': 92, '马华': 77}
>>>d5.keys()
dict_keys(['张丹', '李丽', '王宁', '马华'])
>>>d5.values()
dict_values([98, 89, 92, 77])
>>>d5.items()
dict_items([('张丹', 98), ('李丽', 89), ('王宁', 92), ('马华', 77)])
>>>
```

4）遍历字典

字典属于可迭代对象，通过 for 语句循环可以遍历字典的元素。例如：

```
>>>d5
{'张丹': 98, '李丽': 89, '王宁': 92, '马华': 77}
>>>for i in d5:                      #默认访问字典的键，等价于 for i in d5.keys():
        print(i,end = " ")

张丹 李丽 王宁 马华
>>>for i in d5.items():              #指定访问字典的所有键值对
        print(i,end = " ")
```

```
('张丹', 98) ('李丽', 89) ('王宁', 92) ('马华', 77)
>>>for i in d5.values():                    #指定访问字典的值
        print(i,end = " ")

98 89 92 77
```

2. 字典的更新

字典属于可变对象，可以对字典进行增加元素、修改元素、删除元素等操作。

1）增加元素

通过赋值语句，可以向字典添加新的键值对元素。例如：

```
>>>d5
{'张丹': 98, '李丽': 89, '王宁': 92, '马华': 77}
>>>d5['李宁'] = 99                          #键不是字典原有键，则添加一个键值对元素
>>>d5
{'张丹': 98, '李丽': 89, '王宁': 92, '马华': 77, '李宁': 99}

>>>dict1['No2'] = 'C#'                      #键是字典原有键，则更新该键的值，不添加元素
>>>dict1
{'No1': 'Python', 'No2': 'C#', 'No3': 'Java', 'No4': 'VB', 'No5': 'PHP'}
```

2）修改元素

通过赋值语句，可以修改字典中的已有的键所对应的值。例如：

```
>>>d5
{'张丹': 98, '李丽': 89, '王宁': 92, '马华': 77, '李宁': 99}
>>>d5['张丹'] = 88
>>>d5
{'张丹': 88, '李丽': 89, '王宁': 92, '马华': 77, '李宁': 99}
>>>
```

通过赋值语句一次只可以增加或修改一个键值对，使用字典的 update()方法可以为原字典增加或修改一个或多个键值对。使用 update()方法的格式如下：

```
字典 1.update(<字典 2>)
```

update()方法的参数也是一个字典，实现利用字典 2 中的元素更新（增加或删除）字典 1。如果字典 2 的键与字典 1 的键不重名，则将字典 2 的键值对增加到字典 1 中；如果字典 2 的键与字典 1 的键有重名，则用字典 2 中的值对字典 1 进行更新。举例如下：

```
>>>dict1 = dict([('one', 1), ('two', 2),('three', 3)])
>>>dict2 = dict([('four', 4), ('five', 5), ('six', 6)])
>>>dict3 = dict([('one', "一"), ('three', "三"),('five', "五")])
>>>dict1.update(dict2)     #键不重复,将 dict2 中所有元素添加到 dict1 中
>>>dict1
{'one': 1, 'two': 2, 'three': 3, 'four': 4, 'five': 5, 'six': 6}
>>>dict1.update(dict3)     #键有重复,则用 dict3 中重复键的值更新 dict1 中键的值
>>>dict1
{'one': '一', 'two': 2, 'three': '三', 'four': 4, 'five': '五', 'six': 6}
>>>
```

3）删除元素

删除字典中的元素可以用 del()函数、del 语句、pop()函数、popitem()函数或者 clear()函数实现。

（1）利用 del()函数或 del 语句删除字典元素，

del()函数或 del 语句按照键删除字典元素，del()函数包含括号，del 语句不包含括号。

```
>>>d5
{'张丹': 88, '李丽': 89, '王宁': 92, '马华': 77, '李宁': 99}
>>>del(d5["李宁"])                          #使用 del()函数删除指定键的字典元素
>>>d5
{'张丹': 88, '李丽': 89, '王宁': 92, '马华': 77}
>>>del d5["王宁"]                           #使用 del 语句删除指定键的字典元素
>>>d5
{'张丹': 88, '李丽': 89, '马华': 77}
>>>del d5                                   #使用 del 语句删除整个字典
>>>d5                                       #字典删除后再进行访问,则返回错误信息
Traceback (most recent call last):
  File "<pyshell#155>", line 1, in <module>
    d5
NameError: name 'd5' is not defined
>>>
```

（2）利用 pop()、popitem()和 clear()函数删除字典元素。

pop()函数根据键删除指定的元素，如果键不存在则返回第二参数的值，如果键存在，则返回该键的值，同时删除键值对。

```
>>>d5
{'张丹': 98, '李丽': 89, '王宁': 92, '马华': 77, '李宁': 99}
>>>d5.pop("李丽","姓名不存在")            #按键删除字典元素,返回键对应的值
89
>>>d5
{'张丹': 98, '王宁': 92, '马华': 77, '李宁': 99}
>>>d5.pop("李丽","姓名不存在")            #键不存在,返回第二个参数的值
'姓名不存在'
>>>
```

popitem()函数随机删除字典中的一个元素，并返回该元素。当字典为空时，再使用 popitem()函数会返回错误。

```
>>>d5 = {'张丹': 98, '王宁': 92, '马华': 77}
>>>d5.popitem()
('马华', 77)
>>>d5.popitem()
('王宁', 92)
>>>d5.popitem()
('张丹', 98)
>>>d5.popitem()
Traceback (most recent call last):
  File "<pyshell#175>", line 1, in <module>
    d5.popitem()
KeyError: 'popitem(): dictionary is empty'
>>>
```

clear()函数删除字典中的所有元素，字典仍然存在，但成为空字典。

```
>>>d5 = {'张丹': 98, '李丽': 89, '王宁': 92, '马华': 77, '李宁': 99}
>>>d5.clear()
>>>d5
```

```
{}
>>>
```

【例 5.8】　随机生成 500 个小写字母,统计每个字母出现的频率。

程序代码如下：

```
#Example5.8
from random import choice
str = 'abcdefghijklmnopqrstuvwxyz'
dict1 = dict()                        #创建空字典
for i in range(500):                  #循环 500 次
    r = choice(str)                   #随机从 str 中选取一个字母 r
    dict1[r] = dict1.get(r,0)+1       #字母 r 作为字典的键,字母出现的次数作为值
print("每个字母出现的频率为:",dict1)
```

程序运行结果如下(结果为随机产生,每次运行不同)：

```
>>>
==============RESTART: C:/ Python/Python36/Example5.8.py==============
每个字母出现的频率为: {'a': 19, 't': 21, 'v': 21, 'q': 24, 'c': 22, 'u': 24, 'e': 19,
's': 29, 'o': 23, 'b': 19, 'i': 13, 'z': 13, 'p': 16, 'k': 14, 'd': 20, 'w': 20, 'l':
21, 'r': 28, 'g': 21, 'h': 14, 'f': 21, 'y': 14, 'm': 17, 'x': 14, 'j': 22, 'n': 11}
>>>
```

说明如下。

(1) choice()函数返回列表、元组或者字符串中的一个随机项,本例中会随机生成 26 个小写字母中的 1 个赋给变量 r。

(2) dict1[r]=dict1.get(r,0)+1 是本例的核心语句,r 是一个随机的字母,对以 r 为键的字典 dict1 进行赋值(如果没有 r 键,则添加字典元组),dict1.get(r,0)会返回以 r 为键的值,如果 r 键不存在,则返回 0。假设 r 随机产生的字母序列为'a'、'b'、'a'、'c'、'a',…,则执行顺序如表 5.7 所示。

表 5.7　语句执行实例

字母 r	语　　句	结　　果
a	dict1['a']=dict1.get('a',0)+1	字典中无'a'键,'a'第一次出现,添加'a':1 元素
b	dict1['b']=dict1.get('b',0)+1	字典中无'b'键,'b'第一次出现,添加'b':1 元素

续表

字母 r	语　句	结　果
a	dict1['a']=dict1.get('a',0)+1	字典中已有'a'键，取出'a'的值 1 再加 1，元素更新为'a':2
c	dict1['c']=dict1.get('c',0)+1	字典中无'c'键，'c'第一次出现，添加'c':1 元素
a	dict1['a']=dict1.get('a',0)+1	字典中已有'a'键，取出'a'的值 2 再加 1，元素更新为'a':3
⋮	⋮	⋮

5.5.3　字典的其他操作

除了字典的创建以及访问、更新等基本操作之外，字典还支持很多其他操作。

(1) 字典可以通过 setdefault()函数设置键的默认值。

如果键不存在则添加键并将值设为默认值，如果键存在则返回键对应的值，setdefault()函数不能修改已有键对应的值。

```
>>>d5 = {'张丹': 98, '李丽': 89, '王宁': 92, '马华': 77}
>>>d5.setdefault("李宁",99)                #增加新的键，设置并返回默认值
99
>>>d5
{'张丹': 98, '李丽': 89, '王宁': 92, '马华': 77, '李宁': 99}
>>>d5.setdefault("孙键")                   #没给出新增键的默认值，默认值为 None
>>>d5
{'张丹': 98, '李丽': 89, '王宁': 92, '马华': 77, '李宁': 99, '孙键': None}
>>>d5.setdefault("李丽")                   #没给出已有键的新值，返回键对应的值
89
>>>d5.setdefault("李丽",100)               #不能修改已有键的值，返回键对应的原值
89
>>>d5
{'张丹': 98, '李丽': 89, '王宁': 92, '马华': 77, '李宁': 99, '孙键': None}
>>>
```

(2) 字典支持成员关系运算符 in，可以判断键、值以及键值对是否包含于字典中。

```
>>>d5
{'张丹': 98, '李丽': 89, '王宁': 92, '马华': 77, '李宁': 99}
>>>"王宁" in d5
```

```
True
>>>"王宁" in d5.keys()
True
>>>99 in d5.values()
True
>>>('李丽',89) in d5.items()
True
>>>
```

(3) 字典支持 list()函数,可以分别将字典的键、值以及键值对转换为列表。

```
>>>d5
{'张丹': 98, '李丽': 89, '王宁': 92, '马华': 77}
>>>list(d5)                          #将字典的键转换为列表
['张丹', '李丽', '王宁', '马华']
>>>list(d5.keys())                   #将字典的键转换为列表
['张丹', '李丽', '王宁', '马华']
>>>list(d5.values())                 #将字典的值转换为列表
[98, 89, 92, 77]
>>>list(d5.items())                  #将字典的键值对转换为列表,键值对为列表元素
[('张丹', 98), ('李丽', 89), ('王宁', 92), ('马华', 77)]
>>>
```

表 5.8 列出了字典常用的其他方法和函数。

表 5.8　常用字典操作

方法或函数	功　能
dict1.copy()	copy()函数复制整个字典 dict1
len(dict1)	len()函数返回字典 dict1 中的元素个数,即键值对的个数
max(dict1)或 max(dict1.keys())	返回字典 dict1 键的最大值,要求所有键数据类型相同
max(dict1.values())	返回字典 dict1 值的最大值,要求所有值数据类型相同
min(dict1) 或 min(dict1.keys())	返回字典 dict1 键的最小值,要求所有键数据类型相同
min(dict1.values())	返回字典 dict1 值的最小值,要求所有值数据类型相同

5.6 集合

集合是无序的可变序列，集合元素放在一对花括号中间（和字典一样），元素之间用逗号分隔。集合具有如下性质。

（1）集合元素具有唯一性。在一个集合中，元素不允许重复。

（2）集合具有可变性。集合中包含的元素是可变的。

（3）集合具有无序性。集合元素没有顺序，无法索引到某一个具体的集合元素。

（4）集合的元素类型只能是固定的数据类型，如整型、字符串、元组等。列表、字典等是可变数据类型，不能作为集合中的数据元素。下面是合法的集合示例：

```
{1,2,3,4,5,6,7,8,9}
{"A","B","C","D","E","F","G"}
{(0, 2), (1, 3), (2, 5), (3, 6), (4, 4), (1, 1)}
```

5.6.1 集合的创建

可以通过赋值语句、set()函数和集合推导式 3 种方式创建集合。不可变集合可以使用 frozenset()创建。

1. 通过赋值语句创建集合

```
>>>set1 = {1,2,3,4,5,7,5,8,1,3,2,3,2}          #创建集合对象时,重复元素自动去掉
>>>set1
{1, 2, 3, 4, 5, 7, 8}
>>>set2 = {(1,3),(2,5),(3,6),(9,12)}
>>>set2
{(9, 12), (2, 5), (1, 3), (3, 6)}
>>>set3 = {(1,3),[2,5],[3,6],(9,12)}           #不能将可变对象作为集合的元素
Traceback (most recent call last):
  File "<pyshell#4>", line 1, in <module>
    set3 = {(1,3),[2,5],[3,6],(9,12)}
TypeError: unhashable type: 'list'
set3 = {}                                      #{}创建的是空字典
>>>type(set3)
```

```
<class 'dict'>
>>>
```

注意，通过赋值语句不能创建空集合，花括号内没有参数时，创建的是字典。

2. 通过 set()函数创建集合

set()函数的参数为可迭代对象，如列表、元组、字典等，创建一个集合会自动去掉其中的重复元素。

```
>>>set3 = set()                               #创建空集合，只能通过 set()函数创建
>>>set3
set()
>>>set4 = set([1,2,3,4,3,2,1])                #将列表对象创建为集合
>>>set4
{1, 2, 3, 4}
>>>set5 = set((1,2,3,4,3,2,1))                #将元组对象创建为集合
>>>set5
{1, 2, 3, 4}
```

3. 通过集合推导式创建集合

集合推导式的语法格式如下所示：

```
{表达式 for <变量>in <可迭代对象>[if 条件表达式] }
```

集合推导式的格式与字典推导式非常相像，都是用一对花括号括起来，括号内的表达式如果是键值对，则创建的是字典；如果不是键值对，则创建的是集合。

```
>>>sq = {x* * 2 for x in range(10) if x %2 == 0}
>>>sq
{0, 64, 4, 36, 16}
>>>
```

4. 通过 frozenset()创建不可变集合

```
>>>set6 = frozenset([1,2,3,4,3,2,1])      #不可变集合，创建后不可更新
```

```
>>>set6
frozenset({1, 2, 3, 4})
>>>
```

5.6.2 集合的基本操作

1. 集合的访问

集合中的元素是无序的，而且也没有任何键与集合元素对应，所以无法访问集合中指定的某个元素，只能遍历整个集合访问其中的所有元素。例如：

```
>>>set1 = {2,7,2,6,5,4,3,7,5,1}
>>>for i in set1:
print(i,end = " ")

1 2 3 4 5 6 7
>>>
```

2. 集合的更新

集合的更新只有添加元素和删除元素两种操作，而且只有可变集合是可以更新的，不可变集合创建后不能更新。

1）添加元素

通过 add()函数和 update()函数可以向集合中添加元素，add()函数每次可以添加一个元素，而 update()函数可以向集合中添加多个元素。在向集合中添加元素时，如果新元素与集合中原有的元素重复，将不会被添加。例如：

```
>>>set1 = {"北京","上海","天津"}
>>>set1.add("重庆")                        #add()函数一次只能向集合中添加一个元素
>>>set1
{'北京', '天津', '重庆', '上海'}
>>>set1.update({"广州","深圳","杭州","成都"})      #update()函数将新集合合并到原集合
>>>set1
{'重庆', '杭州', '成都', '广州', '天津', '深圳', '北京', '上海'}
>>>
```

2）删除元素

删除一个集合中的元素可以使用 remove()函数、discard()函数、pop()函数或者 clear()函数。用 remove()函数删除集合元素时，如果要删除的元素不在集合中，会返回错误。用 discard()函数删除集合元素时，如果要删除的元素不在集合中，不会报错。pop()函数可以随机删除集合中的一个元素，clear()函数删除集合中的所有元素，集合变为空集合。例如：

```
>>>set1 ={'重庆', '杭州', '成都', '广州', '天津', '深圳', '北京', '上海'}
>>>set1.remove("广州")                #用 remove()函数删除集合元素“广州”
>>>set1
{'重庆', '深圳', '北京', '上海', '杭州', '成都', '天津'}
>>>set1.remove("哈尔滨")              #用 remove()函数删除不在集合中的元素，返回错误
Traceback (most recent call last):
  File "<pyshell#57>", line 1, in <module>
    set1.remove("哈尔滨")
KeyError: '哈尔滨'
>>>set1.discard("成都")               #用 discard()函数删除集合元素“成都”
>>>set1
{'重庆', '深圳', '北京', '上海', '杭州', '天津'}
>>>set1.discard("哈尔滨")             #用 discard()函数删除不在集合中的元素，不出错
>>>set1
{'重庆', '深圳', '北京', '上海', '杭州', '天津'}
>>>set1.pop()                         #用 pop()函数随机删除集合中的元素
'重庆'
>>>set1
{'深圳', '北京', '上海', '杭州', '天津'}
>>>set1.clear()                       #用 clear()函数删除集合中的所有元素
>>>set1
set()
>>>
```

5.6.3　集合的其他操作

与数学中的集合概念一样，Python 中的集合也支持集合的交集、并集、差集等各种运算。表 5.9 列出了常用集合运算。

表 5.9 常用集合运算

运算或函数	功能
set1<set2	若 set1 是 set2 的真子集，返回 True，否则返回 False
set1<=set2	若 set1 是 set2 的子集，返回 True，否则返回 False
set1==set2	若 set1 与 set2 元素个数和元素值完全相同，返回 True，否则返回 False
set1!=set2	若 set1 与 set2 不同，返回 True，否则返回 False
set1 & set2	求 set1 与 set2 的交集
set1 | set2	求 set1 与 set2 的并集
set1-set2	求 set1 与 set2 的差集，即求属于 set1 不属于 set2 的元素集合
set1^set2	求 set1 和 set2 的对称差集
x in set1	若元素 x 在 set1 中，返回 True，否则返回 False
x not in set1	若元素 x 不在 set1 中，返回 True，否则返回 False
len(set1)	求 set1 的元素个数

【例 5.9】 集合的其他操作举例。

程序代码如下：

```
>>>set1 = {10,20,30,40}
>>>set2 = {20,30,40,50}
>>>set1 & set2                                          #交集
{40, 20, 30}
>>>set1 | set2                                          #并集
{10, 20, 30, 40, 50}
>>>set1 - set2                                          #差集
{10}
>>>30 in set1
True
>>>40 not in set1
False
>>>set3 = {1,2,3}
>>>set4 = {1,2,3,4,5}
>>>set3 < set4                                          #真子集
True
```

```
>>>set3 <= set4                                                #子集
True
>>>len(set4)                                                   #集合包含的元素个数
5
>>>
```

* 5.7 Python 特殊的数据结构

5.7.1 迭代器和生成器

1. 可迭代对象

迭代指的是可重复,下一次重复基于上一次的结果。字符串、列表、元组、字典、集合都属于可迭代对象(iterable),可迭代对象都可以使用 for 循环进行遍历。通过调用 __iter__() 函数,可以将可迭代对象转换为迭代器,也可以通过系统自带的 iter()函数将可迭代对象变成迭代器。例如:

```
>>>list1 = ['Python', 'C', 'C++']                    #定义可迭代对象列表 list1
>>>list1.__iter__()                                  #将列表转换为迭代器
<list_iterator object at 0x000002482E03A080>
>>>iter(list1)                                       #将列表转换为迭代器
<list_iterator object at 0x000002482E02DEB8>
>>>tuple1 = ('Python', 'C', 'C++')                   #定义可迭代对象元组 tuple1
>>>tuple1.__iter__()                                 #将元组转换为迭代器
<tuple_iterator object at 0x000002482E03A1D0>
>>>iter(tuple1)                                      #将元组转换为迭代器
<tuple_iterator object at 0x000002482E02DEB8>
>>>
```

2. 迭代器

迭代器(itreator)是一个数据流对象,可以把这个数据流看作一个有序序列,但不知道序列的长度,通过调用__next__()函数或者把迭代器作为参数传给 next()函数,会返回数据流中的连续值。数据流中所有的值都取光后,再取值会抛出 StopIteration 错误。

可迭代对象与迭代器的区别主要有以下 3 点。

（1）迭代器包含__next__()函数，可以依次返回迭代器对象的值，可迭代对象不包含该函数。

（2）可迭代对象存储的是实际数据，迭代器存储的是算法，即运算规则，并没有存储需要的实际数据，当需要数据的时候，才通过for语句或者next()函数从迭代器中取出，所以迭代器的计算是惰性的。对于数据量比较大的情况，使用迭代器比较有优势。例如，创建一个包含1000个元素的列表，就需要实际分配1000个元素的内存空间。而如果使用迭代器，并不需要事先分配存储实际数据的空间，在需要时通过next()函数不断获得下一个数据即可，节省了内存空间。

（3）通过for语句或者next()函数从前到后依次访问迭代器元素，访问后元素就消失。

【例5.10】 迭代器的遍历。

```
list1 = list(range(10))                     #定义列表
iter1 = iter(list1)                         #将列表转换为迭代器
while True:
    try:
        print(next(iter1),end = " ")        #依次获得迭代器对象的连续值
    except StopIteration:                   #捕获 StopIteration 异常则跳出循环
        break
print()                                     #换行
print(list1)                                #遍历后原来的可迭代对象不变
```

程序运行结果如下：

```
>>>
==============RESTART: C:/ Python/Python36/Example5.9.py==============
0 1 2 3 4 5 6 7 8 9
>>>
```

需要注意的是，对同一个可迭代对象多次使用iter()函数进行调用时，每次返回的迭代器对象不是同一个对象，内存地址不同，例如：

```
>>>list1 = ['Python', 'C', 'C++']
>>>it1 = iter(list1)
>>>id(it1)
2509032841112
```

```
>>>it2 = iter(list2)
>>>id(it2)
2509032840664
>>>
```

3. 生成器

生成器(generator)对象是特殊的迭代器,具有迭代器一切的特点。创建生成器对象有以下两种方法。

(1)生成器表达式。这部分内容在5.4.1节元组的创建部分已经有过简单介绍,下面再进一步分析下面的例子:

```
>>>g=(x* * 2 for x in range(1,10))       #利用推导式产生生成器 g
>>>g                                     #访问 g 会提示在某地址有生成器
<generator object <genexpr>at 0x02D03900>
>>>next(g)                               #使用 next()函数访问生成器中第一个元素
1
>>>next(g)                               #使用 next()函数继续向下访问生成器中的元素
4
>>>next(g)
9
>>>tuple1 = tuple(g)                     #将生成器 g 中没有被访问的元素转换为元组
>>>tuple1
(16, 25, 36, 49, 64, 81)
>>>
```

与迭代器相同,生成器只是生成器推导式指定的算法,当访问生成器的时候才产生具体的元素,而不是一次性生成所有元素,所以生成器只占用很小的内存空间。

生成器推导产生的元素,只能从前到后依次访问,访问后即消失,上述例子中,当访问了生成器中的元素1、4、9以后,再将生成器g转化为元组,只能转化生成器中未访问的元素,即把16到81转化为元组。生成器使用过一次以后就被释放,用for循环遍历生成器,生成器也被释放,如需再次使用,只能再用生成器推导式重新产生,如:

```
>>>g = (x* * 2 for x in range(1,10))
>>>for i in g:
        print(i,end = " ")
```

```
1 4 9 16 25 36 49 64 81
>>>for i in g:
        print(i,end = " ")

>>>
```

第一个 for 语句循环遍历生成器 g 中的所有元素后，第二个 for 语句循环就没有任何结果了，因为生成器中的所有元素都已经被访问，不能回到生成器的第一个元素再次访问了，所以第二个循环没有任何显示。

（2）生成器函数。

如果一个函数定义中包含 yield 关键字，那么这个函数就是一个生成器函数，自定义生成器函数能够发挥生成器更大的作用。这方面的内容不是本书的重点，请感兴趣的读者自行查找相关资料。

5.7.2 可变对象和不可变对象

在 Python 中，一切皆为对象。对象又分为可变对象和不可变对象。

1. 可变对象

在 Python 中，列表、集合、字典都是可变类型对象，允许同一对象的内容（值）发生变化，但是对象的地址是不变的。例如：

```
>>>a = [1,2,3]                    #定义变量 a,引用列表对象[1,2,3]
>>>id(a)
2629747602632
>>>a = [1,2,3]
>>>id(a)                          #两次 a 引用的地址不同,创建了两个不同的对象
2629747604104
>>>a.append(2)
>>>id(a)                          #改变 a 引用对象的值,a 引用的地址不变
2629747604104
>>>a += [2]
>>>id(a)                          #改变 a 引用对象的值,a 引用的地址不变
2629747604104
>>>a
```

```
[1, 2, 3, 2, 2]
>>>
```

对于可变数据类型来说，具有同样值的对象是不同的对象，即在内存中可以保存多个同样值的对象，但地址值不同。

需要注意的是，对可变对象的操作指的是类似 append()、+= 等操作，不能是新的赋值操作，例如 a = [1, 2, 3, 4, 5, 6, 7]这样的操作，不是改变原对象的值，而是建了一个新对象。

2. 不可变对象

数值型(整型，浮点型)、布尔型、字符串、元组都属于不可变对象，本身不允许被修改。如果指向不可变对象的变量的数值被修改，实际上是让该变量指向了一个新的对象。例如：

```
>>>x,y = 10,10
>>>id(x),id(y)                  #x 和 y 指向同一个地址，即 x 和 y 引用了同一个对象 10
(1702081888, 1702081888)
>>>x,y = 2,2
>>>id(x),id(y)                  #x 和 y 指向新的同一个地址，x 和 y 引用了同一个对象 2
(1702081632, 1702081632)
>>>z = y                        #z 与 x 和 y 指向同一个地址
>>>id(z)
1702081632
>>>x += 2                       #创建新的对象 4，x 指向这个对象的地址
>>>id(x)
1702081696
>>>
```

在上面的例子中，当 x 和 y 都被赋值 2 后，10 这个对象已经没有被引用了，所以 10 这个对象占用的内存，即 1702081888 地址会被回收，即 10 这个对象在内存中已经不存在了。

不可变对象的“不可变”可以理解为 x 引用地址处的值是不能被改变的，也就是 1702081888 地址处的值在没有被回收之前一直都是 10，不能改变。如果要把 x 赋值为 2，那么只能将 x 引用的地址从 1702081888 变为 1702081632，相当于 x = 2 这个赋值又创建了 2 这个对象，然后 x、y、z 都引用了这个对象。因此，整型数据是不可变的，如果对

整型变量再次赋值，相当于在内存中又创建了一个新的对象，而不再是之前的对象。

习题 5

一、填空题

1. 表达式 len('Python 语言程序设计')的值为________。
2. 已知 x ='I like Python! '，则表达式 x[5:] + x[:5] 的值为________。
3. 已知 x ='I like Python! '，则表达式 'like' in x 的值为________。
4. 已知 x ='I like Python! '，则表达式 'python' in x 的值为________。
5. 表达式 chr(ord('a')+5) 的值为________。
6. 表达式 'Hello Python!'.count('o') 的值为________。
7. 表达式'www.baidu.com'.split('.') 的值为________。
8. st= 'Hello Python!'，则表达式 st[-6]的值为________。
9. st= 'Hello Python!'，则表达式 st[-5::1]的值为________。
10. st='Hello Python，Hello World!'，则表达式 st.replace('Hello','Love')的值为________。
11. st='Hello Python，Hello World!'，则表达式 st.replace('Hello','Love',1)的值为________。
12. 假设列表对象 list1 的值为[3，4，5，6，7，9，11，13，15，17]，那么切片 list1[3:7] 得到的值是________。
13. 使用列表推导式生成包含 100 以内奇数的列表，语句可以写为________。
14. 任意长度的 Python 列表、元组和字符串中最后一个元素的下标为________。
15. 字典中多个元素之间使用________分隔，每个元素的“键”与“值”之间使用________分隔。
16. 字典对象的________方法返回字典的键列表，________返回字典的值列表，________方法返回字典的元素列表。
17. 已知字典 x = {i:(i+3) * * 2 for i in range(5)}，那么表达式 sum(x.values())的值为________。
18. 表达式 set([3,2,3,1]) == {1, 2, 3} 的值为________。

二、判断题

1. 字符串方法 s.isalnum()判断 s 是否为全数字，且至少一个字符。（ ）

2. 列表、元组、字符串是 Python 的有序序列。　（　）

3. 元组、列表、字典都是有序的数据结构。　（　）

4. Python 集合中的元素不允许重复。　（　）

5. 在 Python 中,运算符＋不仅可以实现数值的相加、字符串连接,还可以实现集合的并集运算。　（　）

6. 已知 A 和 B 是两个集合,并且表达式 A＜B 的值为 False,那么表达式 A＞B 的值一定为 True。　（　）

7. 无法删除集合中指定位置的元素,只能删除取特定值的元素。　（　）

第 6 章

Python 函数和模块

学习目标

- 掌握函数的定义和调用方法。
- 理解函数参数的传递方式。
- 理解位置参数、关键字参数、默认值参数和可变参数。
- 了解函数返回值的含义。
- 了解函数嵌套的原理。
- 理解函数递归调用的方法。
- 掌握安装第三方模块的方法。
- 掌握 jieba、wordcloud 和 pyinstaller 等第三方模块的基本使用方法。

6.1 函数的定义

在软件开发的过程中，经常有很多操作是完全相同的或者相似的，如果重复使用相同或者相似的代码实现功能，使代码阅读、理解和维护的难度增加，同时也不利于程序的调试和纠错，因此应当尽量减少这种用法。在各种程序设计语言中，通常都可以采用函数解决这一问题。函数是将可以被反复使用的、用来实现单一或相关联功能的代码段封装或组织在一起，形成一个独立的程序单位，并为该程序单位定义一个相应的名称，这样的程序单位称为函数，该名称为函数名。利用函数可以提高应用程序的模块性和代码的重复利用率。2.4 节介绍的 Python 常用内置函数就是由系统事先定义好的、可以被用户直接且重复使用的程序单位，称为系统函数。但这还远远不够，为了实现在各种复杂情况下的个性化代码复用，Python 还可以由用户建立自定义函数。本节首先介绍自定义函数段的定义方法。

在 Python 中,定义函数的语法如下:

```
def <函数名>([参数列表]):
        <函数体>
```

其中,def 关键字用来定义函数,函数名是由用户定义的任何有效的标识符,函数名后面的圆括号必须有,其中的参数列表中的参数由变量充当,可以有多个参数,参数之间用逗号分隔。函数体内该参数没有确定的值,只有在调用程序调用函数时才向函数传递值,因此该参数被称为形式参数,简称形参。函数定义时,括号后面的冒号是必不可少的,同时,函数体是至少有一条语句的代码段,必须保持与 def 关键字有一定的空格缩进,函数体中的代码段在函数被调用时执行。

【例 6.1】 函数的定义。

程序代码如下:

```
#example6.1
def MyFirstFunction():                      #定义函数 MyFirstFunction()
    print("这是第一个函数")
    print("我非常喜欢学习 Python")
MyFirstFunction()                           #调用函数 MyFirstFunction()
```

程序运行结果如下:

```
>>>
====================RESTART:C:\Python\example6.1.py====================
这是第一个函数
我非常喜欢学习 Python
>>>
```

说明:

(1) 用 def 定义函数 MyFirstFunction()要注意区分函数名字母的大小写,函数名后面的括号不可省略;

(2) 在主程序中直接通过函数名调用函数,函数名后面也必须有括号,调用函数的过程就是执行函数中语句的过程。

6.2 函数的调用和返回值

6.2.1 函数的调用

在 Python 中，函数调用要在函数定义之后进行，具体格式如下：

```
<函数名>(<参数列表>)
```

其中，函数名为前面 def 语句定义的函数名，参数列表中的参数必须有确定的值，称为实际参数，简称实参，实参可以是常量、变量或者表达式。实参也可以由多个参数组成，中间用逗号分隔。在调用函数时，实参的值必须是确定的，该值将传递给函数定义语句中的形参。

在具体的程序语句中，调用函数可以采用如下 3 种方式。

(1) 直接调用函数名，此时将函数语句完整执行一遍，调用程序往往不需要函数的返回值；

(2) 函数作为表达式的一部分出现，此时调用程序将使用函数的返回值，并参与表达式的数据计算；

(3) 函数被嵌套在另一个函数中，函数的返回值被当作另外函数的实参使用。

【例 6.2】 设计一个求阶乘的函数，在主程序中输入一个值，调用该函数，求得该值的阶乘并输出。

程序代码如下：

```
#example6.2
def factorial(x):
    n = 1
    for i in range(1,x+1):
        n = n * i
    return n
y = int(input("请输入一个正整数："))
if y < 0:
    print("抱歉,输入错误!")
else:
    print(y,"的阶乘是：",factorial(y))
```

运行程序 3 次，分别输入不同的数据，结果如下：

```
>>>
=====================RESTART:C:\Python\example6.2.py=====================
请输入一个正整数：6
6 的阶乘是：720
>>>
=====================RESTART:C:\Python\example6.2.py=====================
请输入一个正整数：5
5 的阶乘是：120
>>>
=====================RESTART:C:\Python\example6.2.py=====================
请输入一个正整数：-6
抱歉，输入错误！
>>>
```

说明：

(1) 定义自定义函数 factorial()，其中，x 为形参，用来接收函数调用时传递过来的实参；

(2) 定义函数后，在主程序中调用该函数，将实参 y 的值传递给形参 x。

【例 6.3】 编写一个根据圆的半径求圆面积的函数，并利用该函数计算圆的面积。

程序代码如下：

```
#example6.3
def area(x):
    s = 3.14159 * x * x
    return s
r = eval(input("请输入圆的半径："))
print("圆的面积为：",area(r))
```

运行程序，并输入不同的圆半径，检验函数的功能，结果如下：

```
>>>
=====================RESTART:C:\Python\example6.3.py=====================
请输入圆的半径：2.5
圆的面积为：19.6349375
>>>
```

说明：

（1）定义自定义函数 area()，其中，x 为形参，用来接收函数调用时传递过来的实参；

（2）定义函数后，在主程序中调用该函数，将实参 r 的值传递给形参 x。

6.2.2 函数的返回值

函数的返回值指函数返回给主调用程序的结果，通过函数中的关键字 return 实现，return 后面的值就是函数的返回值。格式如下：

```
return <表达式列表>
```

return 后面可以返回多个表达式的值，执行完 return 语句后函数结束。

【例 6.4】 包含单个 return 语句的函数。

程序代码如下：

```
#example6.4
def cal(x,y):
    s =x + y
    a =x * y
    p =x * * y
    return s,a,p
print(cal(2,3))
```

程序运行结果为：

```
>>>
=====================RESTART:C:/Python/example6.4.py=====================
(5, 6, 8)
>>>
```

说明：

（1）函数中的 return 语句返回 3 个变量的值；

（2）函数内部没有输出语句，调用函数时必须用 print()语句才能输出函数的返回值，故调用函数的语句不能写成 cal(2,3)。

【例 6.5】 包含多个 return 语句的函数。

程序代码如下：

```
#example6.5
def min(x,y):
    if x < y:
        return x
    else:
        return y
print(min(13,25))
print(min(98,12))
```

程序运行结果如下：

```
>>>
=====================RESTART:C:/Python/example6.5.py=====================
13
12
>>>
```

说明：

(1) 一个函数可以有多条 return 语句，但执行到第一条 return 语句时函数就结束；

(2) 一个函数也可以没有 return 语句，此时函数没有返回值，或者使用 return None。

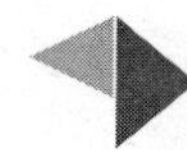

6.3 函数的参数

6.3.1 参数传递的方式

Python 中主程序调用函数时，实参的值传递给形参，实际上是将实参所指向的对象的地址传递给了形参。因此，如果传递的对象是不可变对象，如数值、字符、元组等，函数体中形参值的变化就不会影响实参。如果传递的对象是可变对象，如列表、字典等，在函数中可变对象值的变化就会影响实参。

【例 6.6】 传递不可变对象，形参的变化不会影响实参。

程序代码如下：

```
#example6.6
def add(x):
    print("形参 x 的初始值是：",x)
    x += 1
```

```
    print("形参 x 的最终值是：",x)
y = 4
add(y)
print("实参 y 的值是：",y)
```

程序运行结果如下：

```
>>>
=====================RESTART:C:\Python\example6.6.py=====================
形参 x 的初始值是：4
形参 x 的最终值是：5
实参 y 的值是：4
>>>
```

说明：

(1) 主程序中定义了一个变量 y，初值为 4，即 y 指向数值 4；

(2) 主程序中调用 add()函数，变量 y 作为实参传递给形参 x，此时 x 也指向数值 4；

(3) 在函数体内，给 x 赋值为数值 5，因为数值是不可变对象，所以 x 指向了新的对象——数值 5；此时，作为实参的变量 y 仍然指向数值 4，即 y 的值不变。

【例 6.7】 传递可变对象，形参的变化会影响到实参。

程序代码如下：

```
#example6.7
def change(v):
    v.append(3)
    print(v)
m = [1]
change(m)
print(m)
```

程序运行结果如下：

```
>>>
=====================RESTART:C:\Python\example6.7.py=====================
[1,3]
[1,3]
>>>
```

说明：

(1) 主程序中定义了一个变量 m，m 指向列表[1]；

(2) 主程序中调用 change()函数，变量 m 作为实参传递给形参 v，此时 m 和 v 都指向列表[1]；

(3) 在函数体内，给形参 v 执行 append()操作，因为列表是可变对象，所以该操作直接作用在原来的列表上，原列表变为[1,3]，此时并不会生成新的对象，m 和 v 都指向列表[1,3]。

【例 6.8】 字典作为形参，形参的变化会影响实参。

程序代码如下：

```
#example6.8
def change(d):
    d['姓名'] = '诸葛亮'
    d['年龄'] = 59
    d['性别'] = '男'
a = {'姓名':'林黛玉','性别':'女','年龄':20}
print(a)
change(a)
print(a)
```

程序运行结果如下：

```
>>>
====================RESTART:C:\Python\example6.8.py====================
{'姓名': '林黛玉', '性别': '女', '年龄': 20}
{'姓名': '诸葛亮', '性别': '男', '年龄': 59}
>>>
```

说明：

(1) 调用函数 change()时，字典变量 a 作为实参传递给形参 d，因为字典变量是可变对象，形参的变化会直接影响到实参；

(2) 调用函数 change()后，字典变量 a 的值发生了变化，与形参 d 指向同一个值。

6.3.2　位置参数和关键字参数

1. 位置参数

默认情况下，Python 要求调用函数时参数的个数、位置和顺序要与函数定义中的形参一致，这种参数也被称为位置参数。

【例 6.9】 位置参数的使用。

程序代码如下：

```
#example6.9
def posi_args(a,b):
    print("第一个参数的值是：",a)
    print("第二个参数的值是：",b)
posi_args(100,200)
posi_args(200,100)
```

程序运行结果如下：

```
>>>
=====================RESTART:C:/Python/example6.9.py=====================
第一个参数的值是：100
第二个参数的值是：200
第一个参数的值是：200
第二个参数的值是：100
>>>
```

说明：调用函数 posi_args()时，实参的值按照形参的位置一一对应地传递给形参，所以调用时输入的实参顺序不同，得到的结果也不同。

【例 6.10】 修改例 6.9 中的函数调用语句，查看程序运行结果。

(1) 调用 posi_agrs()函数时，实参数量少于形参数量。

程序代码如下：

```
#example6.10-a
def posi_args(a,b):
    print("第一个参数的值是：",a)
    print("第二个参数的值是：",b)
posi_args(100)
```

(2) 调用 posi_agrs()函数时，实参数量多于形参数量。

程序代码如下：

```
#example6.10-b
def posi_args(a,b):
```

```
    print("第一个参数的值是：",a)
    print("第二个参数的值是：",b)
posi_args(200,300,400)
```

运行以上两个程序，都会产生错误，第一个程序产生的错误如下：

```
>>>
====================RESTART:C:/Python/example6.10-a.py====================
Traceback (most recent call last):
  File "C:/Python/example6.9-2.py", line 5, in <module>
    posi_args(100)
TypeError: posi_args() missing 1 required positional argument: 'b'
>>>
```

第二个程序产生的错误如下：

```
>>>
====================RESTART:C:/Python/example6.10-b.py====================
Traceback (most recent call last):
  File "C:/Python/example6.9-2.py", line 5, in <module>
    posi_args(200,300,400)
TypeError: posi_args() takes 2 positional arguments but 3 were given
>>>
```

说明：函数中定义两个位置参数 a 和 b，调用时实参的数量与形参的数量必须相同，无论实参的数量少于形参还是实参的数量多于形参，Python 都会报错。

2. 关键字参数

在调用函数的时候，可以明确指定参数值传递给哪个形参，这样的参数被称为关键字参数。使用了关键字参数，可以不考虑形参与实参的位置和顺序一一对应。

【例 6.11】 关键字参数，参数位置不必一一对应。

程序代码如下：

```
#example6.11
def keywords(a,b):
    print("传递给参数 a 的值为",a)
    print("传递给参数 b 的值为",b)
```

```
keywords(100,200)
keywords(b = 200,a = 100)
keywords(a = 100,b = 200)
```

程序运行结果如下：

```
>>>
=====================RESTART:C:\Python\example6.11.py=====================
传递给参数 a 的值为 100
传递给参数 b 的值为 200
传递给参数 a 的值为 100
传递给参数 b 的值为 200
传递给参数 a 的值为 100
传递给参数 b 的值为 200
>>>
```

说明：

（1）主程序定义函数 keywords()，然后三次调用该函数，三次调用的结果都相同；

（2）第一次调用为普通调用方式，按照顺序和位置传递参数，100 传递给形参 a，200 传递给形参 b；

（3）后两种调用方式 keywords(b=200,a=100)和 keywords(a=100,b=200)使用了关键字参数，虽然参数书写的顺序不同，但两条语句都明确把 100 传递给了形参 a，把 200 传递给了形参 b，故得到的结果是相同的。也就是说，使用关键字参数调用函数时可以打乱参数传递的顺序。

6.3.3 默认值参数

如前所述，一般情况下，实参的个数与形参的个数相等，且位置一一对应。但在某些特殊情况下，实参也可以少于形参，如设置了默认值参数时。Python 允许创建函数时为形参指定默认值。调用函数时，可以不为设置了默认值的形参传递值，此时将使用函数定义时形参的默认值，也可以通过显式赋值方式改变默认值。因此，指定了默认值的形参也称为可选参数，没有指定默认值的形参称为必选参数。带有默认值参数的函数按如下格式定义：

```
def <函数名>(…<形参=默认值>…)
    <函数体>
```

【例6.12】 定义求 x^n 的函数,通过函数默认值,设定该函数在默认情况下求 x^2。

程序代码如下:

```
#example6.12
def power(x,n=2):                          #定义默认值参数n
    s=1
    for i in range(1,n+1):
        s=s * x
    return s
print(power(5))                            #形参n的默认值为2,求5的平方
print(power(6))                            #形参n的默认值为2,求6的平方
print(power(5,3))                          #改变默认值参数n的值,求5的3次方
print(power(3,4))                          #改变默认值参数n的值,求3的4次方
```

程序运行结果如下:

```
>>>
=====================RESTART:C:\Python\example6.12.py====================
25
36
125
81
>>>
```

说明:

(1) 本例的函数power()中,定义了两个参数x和n;

(2) 形参n的默认值为2,调用函数时,可以不为n传递值,将求任意数的平方,如power(5);

(3) 调用函数时也可以为形参n传递不同的值,从而改变默认值参数,此时函数的功能为求任意数的n次方,如power(5,3)为求5的3次方。

【例6.13】 多个默认值参数的使用。

程序代码如下:

```
#example6.13
def add_three(x,y=4,z=5):       #指定两个默认值参数y和z
    s=x+y+z
    return s
```

```
print(add_three(3))          #只给必选参数 x 传递值,可选参数 y 和 z 使用默认值
print(add_three(7,8,9))      #给必选参数 x、可选参数 y 和 z 都传递值
```

程序运行结果如下：

```
>>>
=====================RESTART: C:\Python\example6.13.py=====================
12
24
>>>
```

说明：

(1) 函数 add_three()中,x 为必选参数,y 和 z 都为默认值参数;

(2) 第一次调用函数时,只给必选参数 x 传递数值 3,y 和 z 都使用默认值。第二次调用函数时,按照位置参数的对应关系,将数值 7 传递给必选参数 x,同时给默认值参数 y 和 z 也传递新值 8 和 9,从而改变了其原来的默认值;

(3) 需要强调的是,定义函数时必须保证必选参数在前,默认值参数在后;

(4) 默认值参数必须指向不可变对象,可变对象不能作为默认值参数的值,以避免造成程序错误,如不能将列表作为参数的默认值。

6.3.4 可变参数

前面定义的函数必须预先定义形参的个数,但在实际应用中,有时并不能事先确定函数到底需要多少个参数,或者参数的数量根据调用时的具体情况有所变化,此时就不应该将形参的个数固定。为了解决这一问题,可以定义可变参数,不事先指定参数的数量,调用函数时,可变参数可以接收任意多个参数。

1. 单星号参数——接收元组

可以通过带星号(*)的参数定义接收可变数量的参数,可变参数在函数调用时自动组装为一个元组。

【例 6.14】 可变参数调用。

程序代码如下：

```
#example6.14
def square_sum(*number):
  print(type(number))
```

```
    print("可变参数 number 的值为：",number)
    sum = 0
    for i in number:
        sum = sum + i * i
    print("平方和为：",sum)
    return sum
square_sum(1,2,3)
square_sum(2,3,4,5)
square_sum()
```

程序运行结果如下：

```
>>>====================RESTART:C:\Python\example6.14.py==================
<class 'tuple'>
可变参数 number 的值为：(1, 2, 3)
平方和为：14
<class 'tuple'>
可变参数 number 的值为：(2, 3, 4, 5)
平方和为：54
<class 'tuple'>
可变参数 number 的值为：()
平方和为：0
>>>
```

说明：

(1) 函数 square_sum()内部的参数 number 的前面带有星号(*)，说明 number 为可变参数，被调用时可以接收任意多个参数；

(2) 第一次调用时，将 3 个数值传递给参数 number，number 在函数内被组装为包含 3 个元素的元组；

(3) 第二次调用时，将 4 个数值传递给参数 number，number 在函数内被组装为包含 4 个元素的元组；

(4) 第三次调用时，将 0 个参数传递给 number，number 在函数内被组装为包含 0 个元素的元组。

(5) 如果函数包含位置参数，默认值参数必须放在位置参数之后，如语句“def square_sum(x, * number):”不能写成“def square_sum(* number,x):”。

2. 双星号参数——接收字典

定义函数时，通过在参数前面添加两个星号（* *），指定调用时关键字参数被放置在一个字典中传递给函数。如果一个函数定义中的最后一个形参有双星号（* *）前缀，所有正常形参之外的其他的关键字参数都将被放置在一个字典中传递给该参数。

【例 6.15】 双星号参数。

程序代码如下：

```
#example6.15
def score(x, * * y):
    print(x,y)
score("张丹：",数据结构 =90,C 语言 =86,Java =88,数据库原理 =75)
score("李宁：",数据结构 =95,C 语言 =96,Java =87,数据库原理 =95)
score("孙建：",数据结构 =56,C 语言 =63,Java =74,数据库原理 =65)
```

程序运行结果如下：

```
>>>
=====================RESTART:C:\Python\example6.15.py====================
张丹：{'数据结构': 90, 'C 语言': 86, 'Java': 88, '数据库原理': 75}
李宁：{'数据结构': 95, 'C 语言': 96, 'Java': 87, '数据库原理': 95}
孙建：{'数据结构': 56, 'C 语言': 63, 'Java': 74, '数据库原理': 65}
>>>
```

说明：

（1）函数 score()中定义的参数 y 前面带有两个星号（* *），说明 y 为可变参数，可以接收任意多个参数，且 y 将接收到的参数组装为一个字典；

（2）调用 score()时，将第一个参数传递给位置参数 x，其他 4 个关键字参数被组装为一个字典，传递给参数 y。

由于定义函数时采用了可变参数（形参前加了 * 或 * *），在函数调用时除了位置参数之外的其他参数都将自动组装为一个元组或字典传递给形参，此时有一种特殊情况，即实参本身就是一个序列（元组、列表、字典、集合），这时参数又该如何传递呢？下面的例子将说明这一问题。

【例 6.16】 实参为序列类型的可变参数传递。

程序代码如下：

```
#example6.16
def square_sum(*number):
    print(number)
    sum = 0
    for i in number:
        sum = sum+i*i
    return sum
nums = [1,2,3]
print(square_sum(nums))
```

运行该程序,会产生如下错误:

```
>>>
======================RESTART:C:\Python\example6.16.py====================
([1, 2, 3],)
Traceback (most recent call last):
  File "C:\Python\example6.16.py", line 9, in <module>
    print(square_sum(nums))
  File "C:\Python\example6.16.py", line 6, in square_sum
    sum = sum + i * i
TypeError: can't multiply sequence by non-int of type 'list'
>>>
```

说明:

(1) 形参number前面带有星号,为可变参数;

(2) 实参nums为列表[1,2,3],调用函数时会将nums参数整体组装为一个元组传递给形参number,故输出number的值为元组([1,2,3]);

(3) 程序继续执行到sum=sum+i*i,即sum=0+[1,2,3]*[1,2,3],语句出错。

其实,对于上面的例子,可以采用最常规的方法调用square_sum()函数,实现方法如下。

【例6.17】 修改例6.16为正确的调用形式。

程序代码如下:

```
#example6.17
def square_sum(*number):
    print(number)
    sum = 0
```

```
    for i in number:
        sum = sum+i * i
    return sum
nums = [1,2,3]
print(square_sum(nums[0],nums[1],nums[2]))
```

程序运行结果如下：

```
>>>
=====================RESTART:C:/Python/example6.17.py====================
(1, 2, 3)
14
>>>
```

说明：调用 square_sum()函数时，传递给可变参数 number 的是 3 个列表元素的值，在函数内部将这 3 个值组装为一个元组。

3. 参数传递时的序列解包

例 6.17 的方法虽然能够正确执行，但书写比较烦琐。对于序列类型的实参，可以在前面添加一个星号（ * ），将实参的序列进行解包，然后在调用函数时传递给可变参数。

【例 6.18】 将序列解包后传递给可变参数。

程序代码如下：

```
#example6.18
def square_sum( * number):
    print(number)
    sum = 0
    for i in number:
        sum = sum+i * i
    return sum
nums = [1,2,3]
print(square_sum( * nums))
```

程序运行结果如下：

```
>>>
=====================RESTART:C:/Python/example6.18.py====================
```

```
(1, 2, 3)
14
>>>
```

说明：

(1) 调用函数 square_sum()时，实参 nums 前面添加了星号，将对其进行序列解包；

(2) 将列表 nums 解包为 3 个数值对象传递给可变参数 number，在函数内部再对这些参数进行组装，形成一个元组，从而使程序可以正确执行；

(3) 只要函数含有多个单变量参数，而实参又是列表、元组、字典、集合等可迭代对象，这种在实参前添加星号(*)进行序列解包，然后再传递给形参的方法都可以使用，Python 会将这些实参自动解包传递给包含多个单变量的形参。

【例 6.19】 将实参序列解包后传递给多个普通形参。

程序代码如下：

```
#example6.19
def add_three(x,y,z):
    s =x+y+z
    print(s)
lis = [1,2,3]
add_three( * lis)
tup = (1,2,3)
add_three( * tup)
dic = {1:'x',2:'y',3:'z'}
add_three( * dic)
set_1 = {1,2,3}
add_three( * set_1)
```

程序运行结果如下：

```
>>>
====================RESTART:C:\Python\example6.19.py====================
6
6
6
6
>>>
```

说明：

(1) 函数 add_three()包含 3 个普通参数，注意不是可变参数；

(2) 实参为可迭代对象（元组、列表、字典、集合），可将实参解包后进行参数传递；

(3) 若不将实参进行序列解包而直接传递，实参与形参个数不相等，程序将会出错。

6.4 变量的作用域

变量的作用域指变量的作用范围，如果作用域不相同，即使变量名相同，变量之间也不会相互影响。根据变量作用域的不同，可以将变量分为全局变量（global variables）和局部变量（local variables）。全局变量的作用域是整个程序，这种变量在整个程序范围内都可以被引用；局部变量定义在函数体内部，它的作用域只在函数内，只能在函数内被引用，一旦程序执行离开函数，变量将失效，不可引用。

有些程序中，可能会有嵌套函数，即在函数体内部又定义了下一层函数，无论变量被定义在哪一层函数体内，其作用范围都在定义该变量的函数体内部，这些都是局部变量，只有作用域在整个程序范围内的变量才是全局变量。需要注意的是，在 Python 中，非函数和类中写的变量都是全局变量。具体而言，Python 中区分全局变量和局部变量的规则如下。

(1) 全局变量。

① 在主程序中定义的变量是全局变量，确切地说，在主程序中出现在赋值语句等号左侧的变量是全局变量。

② 用 global 声明的变量是全局变量，global 语句可以声明多个变量为全局变量，变量中间用逗号隔开。

③ 没有用 global 语句声明，但出现在函数内赋值号右侧且不是函数参数的变量是全局变量。或者说，如果在函数体内只是引用了某个变量的值而没有为其赋新值，则该变量为全局变量。

(2) 局部变量。

① 函数的形式参数是局部变量。

② 在函数体内部赋值号左侧出现的变量是局部变量，作用域在该函数体内部。或者说，只要在函数体内部有为变量赋值的操作，则该变量为局部变量。

【例 6.20】 变量的作用域实例 1。

程序代码如下：

```
#example6.20
```

```
a,b = 3,6                               #a、b 定义在主程序中,为全局变量
def func_scope():
    c = a * b                           #c 出现在函数体内赋值语句等号左侧,是局部变量
    d = c * 2                           #d 也是局部变量
    print(c,d)                          #在函数体内部,输出局部变量 c、d 的值
func_scope()                            #在主程序中调用函数
print(a,b)                              #在主程序中输出全局变量 a、b 的值
```

程序运行结果如下:

```
>>>
====================RESTART:C:/Python/example6.20.py====================
18 36
3 6
>>>
```

说明:

(1) 在函数 func_scope()中,变量 c 和 d 没有被 global 声明为全局变量,且 c 和 d 都出现在了赋值号的左侧,它们都是局部变量,只能在函数 func_scope()内部被引用;

(2) 变量 a 和 b 出现在主程序中的赋值号左侧,虽然没有用 global 语句声明,但仍然为全局变量,主程序调用 func_scope()函数后,执行 print()语句输出变量 a 和 b 的值,仍然为全局变量原来的值。

下面对该例稍作改动,观察变量的作用域是否发生变化。

【例 6.21】 变量的作用域实例 2。

程序代码如下:

```
#example6.21
a,b = 3,6                  #a、b 定义在主程序中,为全局变量
def func_scope():
    a = 10                 #a 定义在函数体内部的赋值语句等号左侧,为局部变量
    b = 20                 #b 也是局部变量,函数体内部的 a、b 不同于主程序中的 a、b
    c = a * b              #c 出现在函数体内赋值语句等号左侧,是局部变量
    print(a,b,c)
func_scope()
print(a,b)                 #输出全局变量 a、b 的值
```

程序运行结果如下:

```
>>>
=====================RESTART:C:/Python/example6.21.py=====================
10 20 200
3 6
>>>
```

说明：

（1）主程序中的变量 a、b 为全局变量；

（2）函数 func_scope()内部的变量 a、b 虽然与主程序中的变量 a、b 同名，但由于函数中的 a、b 出现在了赋值语句等号的左侧，说明这两个变量都是局部变量，作用范围只局限在 func_scope()函数内部，与主程序中的 a、b 不是同一变量。

再通过下面的例子，进一步厘清局部变量和全局变量的区别。

【例 6.22】 变量的作用域实例 3。

程序代码如下：

```
#example6.22
a,b = 3,6          #a、b 定义在主程序中，为全局变量
def func_scope():
    global a       #声明变量 a 为全局变量
    a = 10         #这里的变量 a 与主程序中的变量 a 为同一变量
    b = 20         #b 定义在函数体内部的赋值语句等号左侧，为局部变量
    c = a * b      #c 出现在函数体内赋值语句等号左侧，是局部变量
    print(a,b,c)
func_scope()
print(a,b)         #输出全局变量 a、b 的值
```

程序运行结果如下：

```
>>>
=====================RESTART:C:/Python/example6.22.py=====================
10 20 200
10 6
>>>
```

说明：

（1）主程序中定义的变量 a、b 为全局变量；

（2）函数体内部将变量 a 用 global 语句声明为全局变量，其作用范围为整个程序，因

此函数体内部的变量 a 与主程序中的变量 a 为同一变量；

(3) 在函数体内部通过赋值语句改变了全局变量 a 的值，因此在函数体外的主程序中，执行输出语句 print(a,b)时，变量 a 的值发生了变化(由 3 变为 10)；

(4) 函数体内的变量 b 仍为局部变量，与主程序中的变量 b 不是同一变量，故主程序中的输出语句 print(a,b)执行时，b 的值仍为初值 6。

6.5 函数的嵌套

6.5.1 函数的嵌套定义

Python 支持嵌套函数，即在函数定义时，函数体内部又包含另外一个函数的完整定义，并且可以多层嵌套。相对而言，被定义在其他函数体内部的函数称为内部函数，内部函数所在的函数称为外部函数。

【例 6.23】 嵌套函数实例 1。

程序代码如下：

```
#example6.23
def First():                          #定义函数 First()
    a = 3
    def Second():                     #在函数 First()内部定义函数 Second()
        b = 4
        print(a+b)
    Second()                          #在 First()函数内调用 Second()函数
    print(a)
First()                               #在主程序内调用函数 First()
```

程序运行结果如下：

```
>>>
=====================RESTART:C:/Python/example6.23.py====================
7
3
>>>
```

说明：

(1) 在函数嵌套定义时，局部变量的作用域为该函数体内部，包括在该函数体内部定义的子函数，在外部函数中定义的局部变量，相对于内部函数具有隐含的全局变量的意义；

(2) 在外部函数 First()中定义的变量 a 是局部变量，但其作用范围也包含内部函数 Second()，因此在 Second()中可以调用 print()函数直接引用该变量，此时对于 Second()函数，变量 a 相当于全局变量。

但是，如果在内部函数中变量 a 出现在了赋值号的左侧，则情况又不一样了，如例 6.24 所示。

【例 6.24】 嵌套函数实例 2。

程序代码如下：

```
#example6.24
def First():                            #定义函数 First()
    a = 3
    def Second():                       #在函数 First()内部定义函数 Second()
        a = 5
        b = 4
        print(a+b)
    Second()                            #在 First()函数内调用 Second()函数
    print(a)
First()
```

程序运行结果如下：

```
>>>
====================RESTART:C:/Python/example6.24.py====================
9
3
>>>
```

说明：

(1) 相对于 Second()函数而言，First()函数内部定义的变量 a 是全局变量，其作用范围包含 Second()函数内部；

(2) 在内部函数 Second()中，变量 a 出现在了赋值号的左侧，所以该变量为函数 Second()内部的局部变量，与外部函数 First()中定义的变量 a 为不同变量。

定义多层嵌套函数时，变量的作用域将变得更为复杂，为加深理解，请参考例 6.25。

【例 6.25】 函数多层嵌套实例。

程序代码如下：

```
#example6.25
def first():                     #定义函数 first()
    x1 = "Dream1"                #定义函数 first()内的局部变量 x1
    print(x1)
    def second():                #在函数 first()内部定义函数 second()
        x1 = "second_Dream1"     #定义函数 second()内局部变量 x1,不同于 first()内的 x1
        global x2                #声明 x2 为全局变量
        x2 = "Dream2"
        print(x1,x2)
        def third():             #在函数 second()内部定义函数 third()
            x3 = "Dream3"        #定义函数 third()内的局部变量 x3
            print(x1,x2,x3)
        return third()           #second()的返回值为函数 third(),相当于调用 third()
    second()                     #调用函数 second()
    print(x1,x2)                 #返回到 first()函数,x1 为前面定义的局部变量
first()                          #调用函数 first()
```

程序运行结果如下：

```
>>>
====================RESTART:C:/Python/example6.25.py====================
Dream1
second_Dream1 Dream2
second_Dream1 Dream2 Dream3
Dream1 Dream2
>>>
```

说明如下。

(1) 函数 first()内的变量 x1 是局部变量，作用范围为整个函数 first()内部，即一直到函数结束调用 first()语句之前，在函数 second()内部的变量 x1 出现在了赋值号的左侧，所以其为 second()函数内的局部变量，与上一层函数 first()内的 x1 不是同一变量。

(2) 在函数 second()内的变量 x2 用 global 语句声明，为全局变量，作用范围为整个程序。

(3) 需要进一步说明的是，如果在函数 third()内部再定义一个变量 x2，即使用一条赋值语句给 x2 赋值，这里的 x2 则是函数 third()内部的局部变量，读者可以尝试修改上

面的程序,查看函数输出结果的变化。

6.5.2 lambda 函数

lambda 函数又被称为匿名函数,代表临时使用的简单小函数。

lambda 函数语法格式如下:

```
<函数名>=lambda <参数列表>:<表达式>
```

参数列表即为 lambda 函数包含的形式参数列表,通过对表达式的计算,将函数的返回结果赋值给函数名,因此,lambda 函数相当于下面的普通函数定义格式:

```
def <函数名>(参数列表):
    return <表达式>
```

lambda 函数中的表达式只能为单个表达式,不允许包含复杂语句,但在表达式中可以包含函数,并支持默认值参数和关键字参数,表达式的计算结果相当于普通函数的返回值。下面的示例演示了 lambda 函数的用法:

```
>>>f = lambda x,y,z:x+y+z
>>>f(10,20,30)
60
>>>lm = lambda x,y = 3,z = 5:x+y+z
>>>lm(4)
12
>>>lm(6,z = 5,y = 4)
15
```

6.6 函数的递归

由前述可知,在一个函数内部可以调用其他函数。而在函数内部也可以调用函数自身,这种函数的调用方式被称为递归(recursion)。利用递归,可以把一个大型的复杂问题层层转化为一个与原问题相似的规模较小的问题来求解。递归方法只需少量的程序代码就可描述出解题过程所需要的多次重复计算,大幅减少了程序的代码量。

递归的核心思想是把原问题分解成规模更小的、具有与原问题有着相同解法的问题。

但也并不是所有类似的问题都适合用递归方法解决，应用递归函数解决实际问题必须满足以下两个条件：

(1) 可以通过递归调用来缩小问题规模，但新问题必须与原问题有相同的形式；

(2) 必须存在一种使递归终止的条件，当达到该条件时结束递归。

常用的二分查找算法就是不断地把问题的规模变小（变成原问题的一半），而新问题与原问题有着相同的解法。再比如求 n 的阶乘问题，斐波那契数列问题等，都可以利用递归的方法实现，下面就利用两个非常典型的实例进一步分析递归的原理，理解函数的递归调用过程。

求阶乘运算通常的方法是通过循环语句实现，利用函数的递归调用，同样可以实现求解，而且代码会更简洁。

【例 6.26】 利用递归函数求 n!。

分析：首先，n!=n*(n−1)*(n−2)*…*3*2*1，可以看作 n!=n*(n−1)!，由此，将原来求 n!的问题规模变小，变为求(n−1)!的问题。同理，继续递推，(n−1)!=(n−1)*(n−2)!，进一步缩小问题的规模，变为求(n−2)!的问题，因此，n!=n*(n−1)*(n−2)!；以此类推，这一过程一直进行下去，直到问题的规模最后变为求 2!、1!的问题。具体过程如下所示：

```
n!=n*(n-1)!
  =n*(n-1)* (n-2)!
  ⋮
  =n*(n-1)*(n-2)*…*3*2!
  =n*(n-1)*(n-2)*…*3*2*1!
```

根据阶乘的定义，1!=1，这是本题递归的终止条件，此时，递归结束，根据 1!=1，再反过来依次求得 2!，3!，最终求得 n!。

根据以上分析，求 n!满足递归函数解决问题的两个条件是：

(1) 要解决的问题：求 n!，问题的规模逐步缩小：n!→(n−1)!→(n−2)!…2!→1!；

(2) 存在递归的终止条件：当 n=1 时，1!=1。

因此，可以利用函数的递归调用实现求 n!，代码如下：

```
#example6.26
def Fact(n):
    if n == 1:                              #判断是否到达递归的终止条件
        return 1
```

```
    else:
        return n * Fact(n-1)          #递归调用函数自身,变为更小规模的原问题
print(Fact(5))                        #计算 5 的阶乘
print(Fact(3))                        #计算 3 的阶乘
```

执行程序，计算 5 的阶乘和 3 的阶乘，输出结果如下：

```
>>>
=====================RESTART:C:/Python/example6.26.py====================
120
6
>>>
```

说明：

（1）本例中，函数 Fact(n)的功能是计算 n!，因为 n!=n*(n−1)*(n−2)*…*3*2*1，所以可以将函数 Fact(n)按如下形式简化：

Fact(n)=n* Fact(n−1)

Fact(n)=n* (n−1)*Fact(n−2)

Fact(n)=n* (n−1)* (n−2)*Fact(n−3)

⋮

Fact(n)=n* (n−1)* (n−2)*…*3*Fact(2)

Fact(n)=n* (n−1)* (n−2)*…*3*2*Fact(1)

Fact(n)=n* (n−1)* (n−2)*…*3*2*1

（2）在这一计算过程中，每次都需要调用同一个函数 Fact()，欲求 n!，需要先利用 Fact()函数求(n−1)!；欲求(n−1)!，需要再次利用 Fact()函数求(n−2)!，以此递推，直到最后求 1!，而 1!=1。在以上过程中，只要 n>1，每次计算都需要调用函数 Fact()自身求(n−1)!，在程序语句中，这一过程都可以用 n*Fact(n−1)来表示。函数 Fact()的参数由 n、n−1、…、3、2、1 逐渐减小，直到 n=1 时，不再调用函数 Fact()，给出函数返回值 1。

从例题分析可知，递归的过程分为两个阶段："递"和"归"，"递"即递推，在递推阶段，把较复杂的问题（规模为 n）的求解推到比原问题简单一些的问题（规模小于 n），函数自上而下不断调用自身，参数依次变化，最终到达递归终止条件；"归"即回归，在回归阶段，从

递归终止条件开始，获得问题最简单情况的解，然后逐级返回，函数按照递推相反的顺序自下而上逐层返回函数值，依次得到稍复杂问题的解，最终求得原始问题的解。上面例题中的递归函数 Fact()，当 n=5 时，递归执行 Fact(5)的过程如图 6.1 所示。

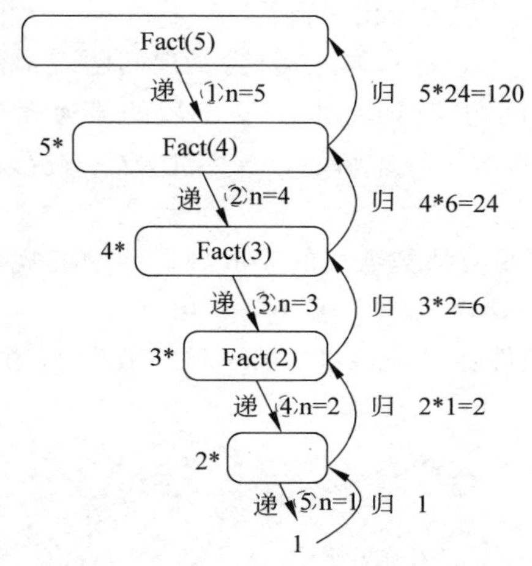

图 6.1 求 Fact(5)的递归过程

“递”的过程如下。

第 1 层递推：n=5，调用函数 Fact()，Fact(5)=5 * Fact(4)。

第 2 层递推：n=4，调用函数 Fact()，Fact(4)=4 * Fact(3)。

第 3 层递推：n=3，调用函数 Fact()，Fact(3)=3 * Fact(2)。

第 4 层递推：n=2，调用函数 Fact()，Fact(2)=2 * Fact(1)。

第 5 层递推：n=1，调用函数 Fact()，Fact(1)=1。

此时到达递归的终止条件，得到明确的函数返回值，进入递归调用的第二阶段。

“归”的过程如下。

第 1 层回归：Fact(1)=1，返回 1。

第 2 层回归：Fact(2)=2 * Fact(1)=2 * 1=2，返回 2。

第 3 层回归：Fact(3)=3 * Fact(2)=3 * 2=6，返回 6。

第 4 层回归：Fact(4)=4 * Fact(3)=4 * 6=24，返回 24。

第 5 层回归：Fact(5)=5 * Fact(4)=5 * 24=120，返回 120。

此时回到递归调用的第 1 层，返回原始问题 Fact(5)的解，程序运行结束。

【例 6.27】 利用递归函数求斐波那契数列(Fibonacci sequence)第 n 项。

斐波那契数列以中世纪意大利数学家莱昂纳多·斐波那契(Leonardoda Fibonacci)的名字命名，又称黄金分割数列、费氏数列，指的是这样一个数列：0,1,1,2,3,5,8,13,

21,…,数列的第0项是0,第1项是1,第2项是1,从第2项开始,以后的每一项都是其前两项的和。

分析：当n大于或等于2时,求第n项斐波那契数列,可以归结为求第n－1项和第n－2项的斐波那契数,将原问题规模由n降到n－1和n－2。同理,求第n－1项可以归结为求第n－2项和第n－3项,……,如此递推,实现问题规模的缩小且新问题与原问题相同,都为求斐波那契数列问题。当n＝2时,第2项的值为第0项和第1项数的和,第0项和第1项的值分别为0和1,此时递归终止。因此,这一过程满足递归函数解决问题的两个条件。

(1) 要解决的问题：求斐波那契数列的第n项。问题的规模逐步缩小为第n项→第(n－1)项→第(n－2)项…第2项→第1项→第0项。

(2) 存在递归的终止条件：当n＜2时,第1项的值为1,第0项的值为0。

程序代码如下：

```
#example6.27
def Fib(n):
    if n < 2:
        return n
    else:
        return Fib(n-1)+Fib(n-2)
print(Fib(5))
print(Fib(8))
```

运行程序,输出斐波那契数列第5项和第8项的结果如下：

```
>>>
=====================RESTART:C:/Python/example6.27.py====================
5
21
```

说明：在本例中,求解Fib(n)的问题,可递推到求解Fib(n－1)和Fib(n－2)的问题,即求Fib(n)必须先求Fib(n－1)和Fib(n－2),而求Fib(n－1)和Fib(n－2)又必须先求Fib(n－3)和Fib(n－4)。以此类推,直至计算Fib(1)和Fib(0),而Fib(1)＝1,Fib(0)＝0,这是递归的终止条件。在回归阶段,当获得最简单情况的Fib(1)和Fib(0)的解后,再逐级返回,依次得到稍复杂问题的解,由Fib(1)和Fib(0)的解,返回得到Fib(2)的结果,由Fib(2)和Fib(1)的解,得到Fib(3)的结果……在得到了Fib(n－1)和Fib(n－2)的结果后,最后返回得到Fib(n)的结果。求Fib(5)的递归过程如图6.2所示。

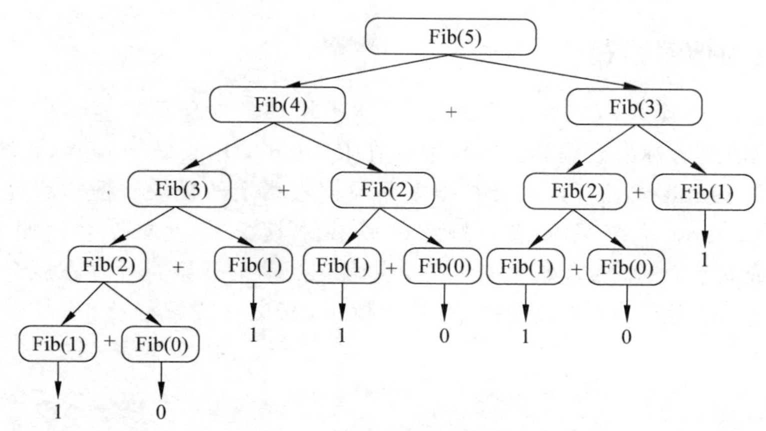

图 6.2　Fib(5)的递归过程

采用递归调用的优势是代码简洁、结构清晰。但递归的使用也有其劣势，因为递归要进行多层函数调用，所以会消耗很多堆栈空间和函数调用时间，还有可能出现堆栈溢出的情况。从上面 Fib(5)的调用过程可以看出，Fib(1)调用了 5 次，Fib(2)调用了 3 次，Fib(3)调用了 2 次，随着规模的增加，函数调用的次数会进一步增加，这个算法的复杂度是指数级的，因此递归调用的程序往往执行效率比较低。但是，对于某些特殊问题，如果不使用递归实现，代码将会非常复杂。

6.7　常用第三方模块

模块(module)是用来组织 Python 程序代码的一种方法。为了更好地管理大规模的、反复被重用的大段程序代码，Python 引入了模块的概念，将大段程序或多个函数段封装为一个文件，可以反复使用。前面几个章节中基本上是用 Python 解释器来编程的，当从 Python 解释器退出再次进入时，原先定义的所有的方法和变量就都消失了，代码不能复用，程序的效率很低。并且，随着程序开发过程中代码越写越多，在一个文件里的代码也会越来越长，越来越难以维护。为了解决以上两方面的问题，提高代码的重用性和可维护性，Python 提供了一个方法，可以把原来的代码存放在一个文件中，也可以把很多函数分组，分别放到不同的文件中，这样，每个文件包含的代码就相对较少，容易维护。这个包含所有定义的函数和变量的文件被称为模块(module)。在 Python 中，一个.py 文件被称为一个模块。模块可以被别的程序引入，以使用该模块中的函数等功能，这也是使用 Python 标准模块的方法。

6.7.1 模块的搜索路径

默认情况下，Python 仅安装基本模块，基本模块内的对象可以直接使用。在需要时可以加载其他需要的标准模块和扩展模块。在 Python 中用关键字 import 来引入某个模块，当解释器遇到 import 语句，就会在搜索路径搜索指定的模块。搜索路径是一个特定目录的集合，Python 系统只在这些特定的路径中搜索模块文件名。搜索路径是在 Python 编译或安装时确定的，如果模块的文件名在当前的搜索路径存在就会被导入。默认的搜索路径被存储在 sys 模块中的 path 变量中，在交互式解释器中，可以输入以下代码查看搜索路径：

```
>>>import sys
>>>sys.path
['', 'C:\\Users\\syc\\AppData\\Local\\Programs\\Python\\Python36\\Lib\\
idlelib', 'C:\\Users\\syc\\AppData\\Local\\Programs\\Python\\Python36\\
python36.zip', 'C:\\Users\\syc\\AppData\\Local\\Programs\\Python\\Python36\\
DLLs', 'C:\\Users\\syc\\AppData\\Local\\Programs\\Python\\Python36\\lib',
'C:\\Users\\syc\\AppData\\Local\\Programs\\Python\\Python36', 'C:\\Users\\syc
\\AppData\\Local\\Programs\\Python\\Python36\\lib\\site-packages']
```

sys.path 语句输出了一个列表，其中第一项是空串('')，代表当前目录，就是执行 Python 解释器的目录。也可以通过调用列表的 append()方法向 sys.path 中增加目录，例如：

```
>>>import sys
>>>sys.path.append('要增加的目录路径')
```

6.7.2 自定义模块和包

1. 自定义模块

在 Python 中，每个 Python 文件就是一个模块，文件的名字就是模块的名字。因此，可以创建 Python 文件(扩展名为 py)，作为模块被导入并使用模块内部的函数(对象)。

下面定义了一个文件 maths.py，在 maths.py 中定义了函数 add()：

```
#maths.py
def add(a,b):
```

```
    return a+b
```

在Python交互环境下或其他程序中就可以调用maths.py模块并使用其中的函数add()。如下所示：

```
>>>import maths
>>>maths.add(5,8)
13
```

任何一个Python文件既可以在Python交互环境下独立运行，也可以作为模块被导入。通过__name__可以识别Python文件的使用方式，如果Python文件在交互环境下独立运行，则Python解释器把__name__属性置为__main__；如果Python文件作为模块被导入，则Python解释器把__name__属性置为模块名(不包含扩展名)。利用这一功能可以让一个模块通过交互环境运行时执行一些额外的代码，或者在不同的使用方式下执行不同的代码。

【例6.28】 Python程序文件的两种使用方式。

程序代码如下：

```
#example6.28
#因为import导入的文件名不包含扩展名,即不能有句点,故将程序文件保存为example628.py
def test_module():
    if __name__ == '__main__':
        print("程序独立运行!")
    elif __name__ == 'example628':        #此处不能写成'example628.py'
        print("程序作为模块被调用!")
test_module()
```

直接运行该程序，得到的结果如下：

```
>>>
=====================RESTART:C:/Python/example628.py====================
程序独立运行!
```

在Python的IDLE交互模式下使用import语句将该程序作为模块导入时，得到的结果如下(注意：程序文件必须保存在sys.path包含的任意一个目录下，否则无法导入)：

```
>>>import example628
```

```
程序作为模块被调用!
>>>
```

2. 模块的组织——包

为了避免不同人编写的模块名冲突，Python 引入了按目录来组织模块的方法，称为包(Package)。包可以看作包含大量 Python 程序模块的文件夹，在包的每个目录中都必须包含一个__init__.py 的文件，用来声明当前文件夹是一个包，__init__.py 可以是空文件，也可以有 Python 代码。如果没有这个文件，Python 就把这个目录当成普通目录，而不是一个包。例如，已有一个名字叫 test 的模块文件 test.py，如果再定义一个 test 模块，就会与原模块产生冲突，此时可以通过包来组织模块，避免冲突。方法是选择一个顶层包名，如 myprogram，按照如下目录存放：

```
myprogram/
        __init__.py
        test.py
```

引入了包的组织形式后，引用模块的名字就需要在模块名前面加上包的名字。现在，引用 test.py 模块的名字就变成了 myprogram.test。只要顶层的包名不产生冲突，不同包内的模块即使重名也不会产生冲突。一个包内可以包含多个模块，类似地，一个包内也可以包含多个包，组成多级目录，形成多级层次的包结构。例如，可能有类似下面结构的包，顶层包 sounds 内包含 3 个子包 formats、effects 和 filters，每个子包内都用文件__init__.py 声明该目录是一个包而不是普通文件夹，在每个子包内又包含多个 .py 文件，每个.py 文件都是一个模块，不同包内的模块可以重名，但不会产生冲突。

```
sounds/                        #顶层包 sounds
     __init__.py               #声明 sounds 目录是一个包
     formats/                  #formats 子包
           __init__.py         #声明 formats 目录是一个包
           wavread.py
           wavwrite.py
           aiffread.py
           aiffwrite.py
           auread.py
           auwrite.py
            ⋮
```

```
        effects/                    #effects子包
                __init__.py         #声明effects目录是一个包
                echo.py
                surround.py
                reverse.py
                ⋮
        filters/                    #filters子包
                __init__.py         #声明filters目录是一个包
                equalizer.py
                vocoder.py
                karaoke.py
                ⋮
```

6.7.3 第三方模块的安装

Python流行的一个很重要的原因是其支持数量众多、涉及各领域开发、功能强大的第三方模块(扩展库)。安装第三方模块有多种不同的方法和工具,其中,采用包管理工具pip是目前的主流方法。采用pip方法,首先要求计算机必须联网,通过简单命令即可实现对第三方模块的安装和卸载等操作。常用的pip命令的使用方法如表6.1所示。

表6.1 常用pip命令使用方法

pip命令示例	说明
pip list	列出当前已安装的所有模块
pip install	安装模块
pip uninstall	卸载模块
pip install-upgrade	升级模块
pip download	下载模块
pip show	显示模块信息
pip search	查找模块

一般来说,第三方模块都会在Python官方的pypi.python.org网站注册,想要安装一个第三方模块,可以先在pypi上搜索,截至本书编写完成时,该网站已经收录了20余万个涉及各领域的第三方模块,并且还在以每天几十个的速度增加。

下面以安装第三方模块Pillow为例,介绍利用pip命令安装第三方模块的过程。

Pillow 是一个 Python 图像处理的第三方模块，包含改变图像大小、旋转图像、图像格式转换、色场空间转换、图像增强等基本图像处理功能的函数（方法）。

首先，使用 pip 命令安装 Python 第三方模块必须在命令提示符环境中进行，并且要切换到 pip 命令所在的目录。然后，执行如下命令安装 Pillow 第三方模块：

```
:\>pip install Pillow
```

该命令执行后会通过网络下载 Pillow 并安装，执行过程如图 6.3 所示。

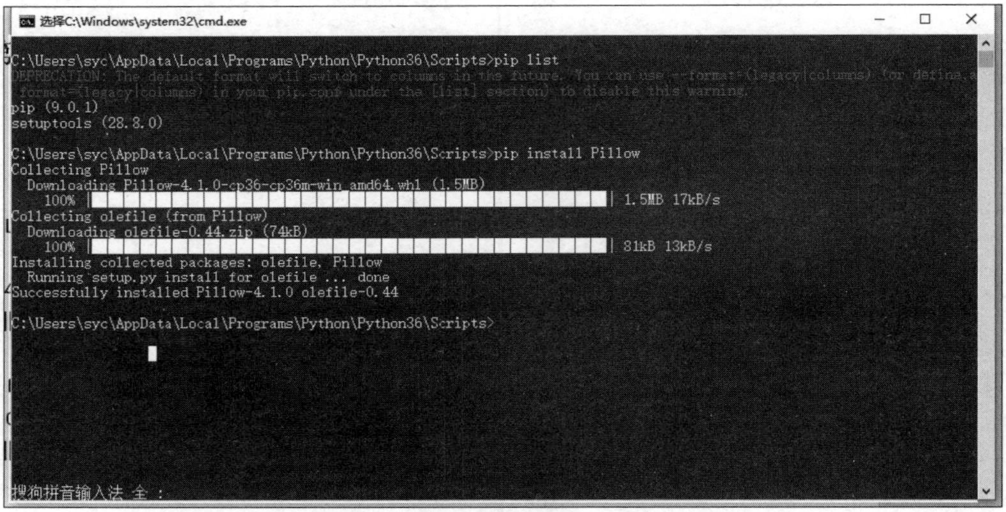

```
选择C:\Windows\system32\cmd.exe
C:\Users\syc\AppData\Local\Programs\Python\Python36\Scripts>pip list
DEPRECATION: The default format will switch to columns in the future. You can use --format=(legacy|columns) (or define a
format=(legacy|columns) in your pip.conf under the [list] section) to disable this warning.
pip (9.0.1)
setuptools (28.8.0)

C:\Users\syc\AppData\Local\Programs\Python\Python36\Scripts>pip install Pillow
Collecting Pillow
  Downloading Pillow-4.1.0-cp36-cp36m-win_amd64.whl (1.5MB)
    100% |████████████████████████████████| 1.5MB 17kB/s
Collecting olefile (from Pillow)
  Downloading olefile-0.44.zip (74kB)
    100% |████████████████████████████████| 81kB 13kB/s
Installing collected packages: olefile, Pillow
  Running setup.py install for olefile ... done
Successfully installed Pillow-4.1.0 olefile-0.44

C:\Users\syc\AppData\Local\Programs\Python\Python36\Scripts>

搜狗拼音输入法 全 :
```

图 6.3 用 pip 命令安装 Pillow 模块

Pillow 第三方模块安装成功后，就可以在 Python 开发环境中导入该模块并使用其中的函数。例如，安装 Pillow 后，可以执行类似下面的代码使用它：

```
>>>from PIL import Image                    #导入第三方模块 Pillow 的 Image 类
>>>im = Image.open('flower.jpg')            #打开图片文件 flower.jpg
>>>print(im.size)                           #输出图片的分辨率大小(宽,高)
(1836, 3264)
```

受限于网络等因素，直接使用 pip 安装有时会非常慢，且容易失败。此时可以使用镜像安装，这方面内容读者可以查阅相关资料，本书不进行介绍。

卸载一个模块使用 pip uninstall 命令，如卸载 Pillow 模块：

```
:\>pip uninstall Pillow
```

也可以通过 pip list 命令查看系统中已经安装的所有第三方模块，如：

```
:\>pip list
beautifulsoup4(4.5.3)
olefile(0.44)
Pillow(4.1.0)
pip(9.0.1)
requests(2.13.0)
setuptools(28.8.0)
⋮
```

使用模块可以大幅度提高代码的可维护性，同时，编写代码不必从零开始。当一个模块编写完毕，就可以在其他场合被引用。编写模块时，也不必考虑变量或函数的名字是否会与其他模块冲突，相同名字的函数和变量完全可以分别存储在不同的模块中。

6.7.4　中文分词模块 jieba

中文分词(Chinese Word Segmentation)指将一个汉字序列切分成一个个单独的词。众所周知，在英文的行文中，单词之间是以空格作为自然分界符的，而中文的词没有形式上的分界符，因此中文分词比英文要复杂得多、困难得多。jieba 是 Python 中一个支持中文分词的第三方模块，具有强大的中文分词功能。作为第三方模块，首先应该使用 pip 命令安装 jieba，然后才能使用，具体命令如下：

```
:\>pip install jieba
```

jieba 模块支持 3 种分词模式。

(1) 精确模式：将句子最精确地切开，适合文本分析。

(2) 全模式：把句子中所有的可以成词的词语都扫描出来，速度非常快，但是不能解决歧义。

(3) 搜索引擎模式：在精确模式的基础上，对长词再次切分，提高召回率，适合用于搜索引擎分词。

除此之外，jieba 还支持繁体字分词和自定义词典。jieba 包含的主要函数如表 6.2 所示。

表 6.2 jieba 包含的主要函数

函数名称	功　　能
jieba.cut(s)	精确模式，返回可迭代类型 generator
jieba.lcut(s)	精确模式，返回列表类型
jieba.cut(s,cut_all=True)	全模式，输出文本 s 中所有可能的值，返回可迭代类型 generator
jieba.lcut(s,cut_all=True)	全模式，返回列表类型
jieba.cut_for_search(s)	搜索引擎模式，适合搜索引擎建立索引的分词结果，粒度比较细
jieba.lcut_for_search(s)	搜索引擎模式，返回一个列表类型
jieba.add_word(w)	向分词词典中增加新词 w

上面几个函数主要实现分词以及向词典中添加新词的功能，除了这些之外，jieba 模块还有一些函数支持关键词提取、词性标注等功能，在此不做深入介绍。单纯从分词的角度，这几个函数已经足够用了。下面通过几个语句演示以上函数的功能。

精确模式：

```
>>>word = jieba.cut("今天天气真好,我们一起去远足吧!")
>>>list(word)
['今天天气', '真', '好', ',', '我们', '一起', '去', '远足', '吧', '!']
>>>jieba.lcut("今天天气真好,我们一起去远足吧!")
['今天天气', '真', '好', ',', '我们', '一起', '去', '远足', '吧', '!']
>>>
```

全模式：

```
>>>word = jieba.cut("今天天气真好,我们一起去远足吧!",cut_all = True)
>>>list(word)
['今天', '今天天气', '天天', '天气', '真好', '', '', '我们', '一起', '去', '远足',
'吧', '', '']
>>>jieba.lcut("今天天气真好,我们一起去远足吧!",cut_all = True)
['今天', '今天天气', '天天', '天气', '真好', '', '', '我们', '一起', '去', '远足',
'吧', '', '']
>>>
```

搜索引擎模式：

```
>>>word = jieba.cut_for_search("今天天气真好,我们一起去远足吧!")
>>>list(word)
['今天', '天天', '天气', '今天天气', '真', '好', ',', '我们', '一起', '去', '远足',
'吧', '!']
>>>jieba.lcut_for_search("今天天气真好,我们一起去远足吧!")
['今天', '天天', '天气', '今天天气', '真', '好', ',', '我们', '一起', '去', '远足',
'吧', '!']
>>>
```

向词典中增加新词：

```
>>>jieba.lcut("你段誉到底是真的不会,还是装傻?")
['你', '段', '誉', '到底', '是', '真的', '不会', ',', '还是', '装傻', '?']
>>>jieba.add_word("段誉")              #段誉为《天龙八部》中的人物
>>>jieba.lcut("你段誉到底是真的不会,还是装傻?")
['你', '段誉', '到底', '是', '真的', '不会', ',', '还是', '装傻', '?']
```

说明如下：

(1) 无论是哪种模式，cut()函数与 lcut()函数分词的结果是相同的，区别是返回值的类型不同。由于 lcut()函数返回的列表类型比较灵活，因此经常被使用。

(2) 精确模式的结果是完整的，而且没有多余；全模式返回的结果包含所有可能的中文词语，比较全面，但冗余也最大；搜索引擎模式首先执行精确模式，然后再对结果中的长词进一步切分。

【例 6.29】 统计《天龙八部》中出场次数前 10 位的人物。

程序代码如下：

```
#example6.29
import jieba
txt = open("天龙八部.txt", "r", encoding = 'utf-8').read() #打开文本文件
words = jieba.lcut(txt)                          #精确分词,返回一个列表
counts = {}                                      #用字典类型存储人物及出现的次数
for word in words:
    if len(word) != 1:                           #不统计单个汉字的词汇
counts[word] = counts.get(word,0) + 1
listitem = list(counts.items())                  #将字典转换为列表
#按列表中每个元组第二个位置元素的值(即人数)降序排序
```

```
#key 指明排序前被调用的函数，reverse 指定降序排序
listitem.sort(key = lambda x:x[1], reverse = True)
print("{0:<10}{1:>8}".format("人物","出场次数"))
for i in range(10):                              #输出排序后的列表前 10 项
    word, count = listitem[i]
    print ("{0:-<10}{1:->10}".format(word, count))
```

程序运行结果如下：

```
>>>
====================RESTART:C:\Python\example6.29.py====================
Building prefix dict from the default dictionary ...
Loading model from cache C:\Users\syc\AppData\Local\Temp\jieba.cache
Loading model cost 1.184 seconds.
Prefix dict has been built succesfully.
人物                出场次数
说道--------------2016
段誉--------------1881
自己--------------1575
虚竹--------------1467
一个--------------1380
什么--------------1265
萧峰--------------1231
不是--------------1050
武功--------------1020
甚么---------------997
>>>
```

说明如下。

（1）实际上，这段程序实现的功能是统计文件中所有中文词汇出现的次数，与真正想求的人物出现的次数并不完全一致。程序第 2 条语句利用 open()函数打开文本文件“天龙八部.txt”，要求文本文件与程序文件位于同一个目录下，因为提供的文件是用 UTF-8 编码的，所以打开文件时需要用 encoding 参数指明编码方式为 UTF-8，关于这部分更多知识请参考本书第 7 章。

（2）输出结果中包含多个与人名无关的词汇，如，“自己”“一个”“什么”等，应将这些词汇排除。根据结果中的这些词汇可以建立排除词库，经过多次运行程序，不断发现结果中那些与人名无关的词汇，逐步将它们添加到排除词库中，经过多次修改，最后的程序代

码如例 6.30 所示。

【例 6.30】 例 6.29 改进版。

程序代码如下：

```
#example6.30
import jieba
excludes = {"说道","自己","一个","什么","不是","武功",
            "甚么","一声","咱们","不知","师父","心中",
            "知道","出来","如何","姑娘","便是","突然",
            "如此","他们","之中","只见","不能","大理",
            "丐帮","只是","不敢","弟子"}  #排除词库
txt = open("天龙八部.txt", "r", encoding = 'utf-8').read()
words = jieba.lcut(txt)
counts = {}                              #用字典类型存储人物及出现的次数
for word in words:
    if len(word) != 1:                   #单个汉字的词汇不做统计
        counts[word] = counts.get(word,0) + 1
for word in excludes:
    del(counts[word])                    #删除与人名无关的词汇
listitem = list(counts.items())          #因为字典类型不能排序,将字典转换为列表
#按列表中每个元组第二个位置元素的值(即人数)降序排序
#key 指明排序前被调用的函数,reverse 指定降序排序
listitem.sort(key = lambda x:x[1], reverse = True)
print("{0:<10}{1:>8}".format("人物","出场次数"))
for i in range(10):                      #输出排序后的列表前 10 项
    word, count = listitem[i]
    print ("{0:-<10}{1:->10}".format(word, count))
```

程序运行结果如下：

```
>>>
====================RESTART:C:\Python\example6.30.py====================
Building prefix dict from the default dictionary ...
Loading model from cache C:\Users\syc\AppData\Local\Temp\jieba.cache
Loading model cost 1.189 seconds.
Prefix dict has been built succesfully.
人物                出场次数
段誉--------------1881
```

```
虚竹--------------1467
萧峰--------------1231
乔峰---------------832
王语嫣-------------814
慕容复-------------781
段正淳-------------706
木婉清-------------688
鸠摩智-------------528
游坦之-------------508
>>>
```

说明：

（1）观察得到的结果，萧峰与乔峰为小说中同一个人物，应将这两组数据整合到一组；

（2）小说中两个非常重要的人物“阿朱”和“阿紫”没有在结果中出现，似乎不合常理，这可能是由于中文语义的复杂性造成的，同时，为了人物统计的正确性，可以将以上统计出的人物都添加到 jieba 的词典中。

修改后的程序如例 6.31 所示。

【例 6.31】 例 6.30 改进版。

程序代码如下：

```
#example6.31
import jieba
excludes = {"说道","自己","一个","什么","不是","武功",\
            "甚么","一声","咱们","不知","师父","心中",\
            "知道","出来","如何","姑娘","便是","突然",\
            "如此","他们","之中","只见","不能","大理",\
            "丐帮","只是","不敢","弟子","见到","声音",\
            "众人","内力","我们","南海","心想","倘若"}
txt = open("天龙八部.txt", "r", encoding = 'utf-8').read()
list1 = ["段誉","虚竹","萧峰","乔峰","王语嫣","慕容复",\
        "段正淳","木婉清","鸠摩智","游坦之","阿朱","阿紫"]
for i in list1:                                #将人物添加到 jieba 词典
    jieba.add_word(i)
words = jieba.lcut(txt)
counts = {}                                    #用字典类型存储人物及出现的次数
```

```
for word in words:
    if len(word) ==1:                    #不统计单个汉字的词汇
        continue
    elif word =="萧峰":
        rword ="乔峰"
    else:
        rword =word
    counts[rword] =counts.get(rword,0) +1
for word in excludes:
    del(counts[word])
listitem =list(counts.items())           #将字典转换为列表
#按列表中每个元组第二个位置元素的值(即人数)降序排序
#key 指明排序前被调用的函数,reverse 指定降序排序
listitem.sort(key =lambda x:x[1], reverse =True)
print("{0:<10}{1:>8}".format("人物","出场次数"))
for i in range(10):                      #输出排序后的列表前 10 项
    word, count =listitem[i]
    print ("{0:-<10}{1:->10}".format(word, count))
```

程序运行结果如下：

```
>>>
=====================RESTART:C:\Python\example6.31.py====================
Building prefix dict from the default dictionary ...
Loading model from cache C:\Users\syc\AppData\Local\Temp\jieba.cache
Loading model cost 1.209 seconds.
Prefix dict has been built succesfully.
人物              出场次数
段誉--------------2380
乔峰--------------2130
虚竹--------------1467
阿紫---------------898
阿朱---------------882
王语嫣--------------814
慕容复--------------781
段正淳--------------706
木婉清--------------688
```

```
鸠摩智--------------528
>>>
```

6.7.5 词云模块 wordcloud

wordcloud 模块是实现词云展示的第三方模块。词云是以词语为基本单位，按照词语的词频显示图片的方法，高频词在图片中的占比较大，低频词占比较小。安装 wordcloud 模块的命令如下：

```
pip install wordcloud
```

1. wordcloud 库的基本使用

使用 wordcloud 模块生成词云的步骤如下。

（1）配置图片对象。

对象名＝wordcloud.WordCloud([参数])，对象为一个文本对应的词云，通过参数可以设置词云的形状、尺寸和颜色等属性，如表 6.3 所示。

表 6.3 图片对象参数设置

参　　数	描　　述
width	指定词云对象生成图片的宽度，默认为 400 像素
height	指定词云对象生成图片的高度，默认为 200 像素
min_font_size	指定词云中字体的最小字号，默认为 4 号
max_font_size	指定词云中字体的最大字号，根据高度自动调节
font_step	指定词云中字体字号的步进间隔，默认为 1
font_path	指定字体文件的路径，默认为 None
max_words	指定词云显示的最大单词数量，默认为 200
stop_words	指定词云的排除词列表，即不显示的单词列表
mask	指定词云形状，默认为长方形，需要引用 imread()函数
background_color	指定词云图片的背景颜色，默认为黑色

（2）加载词云文本。

方法 1：对象名.generate(txt)，根据文本生成词云，txt 的内容以空格来分隔单词，对于英文单词而言，如果单词长度为 1～2，系统会自动过滤。

方法 2：对象名.generate_from_frequencies(frequencies[, …])，根据词频生成词云，frequencies 为可以表示词频的数据结构，例如字典。

(3) 输出词云文件：对象名. to_file(<文件名>)，将词云输出为.png 或.jpg 格式的图像文件。

2. wordcloud 库实例

【例 6.32】 修改例 6.31，用 generate_from_frequencies()函数生成《天龙八部》词云。

分析：例 6.31 已经求得《天龙八部》中每个词语出现的频次，所以只需修改原程序的输出语句部分，使用图片对象的 generate_from_frequencies()函数生成词云。

程序代码如下：

```
#example6.32
import jieba
from wordcloud import WordCloud             #导入词云库
excludes = {"说道","自己","一个","什么","不是","武功",
            "甚么","一声","咱们","不知","师父","心中",
            "知道","出来","如何","姑娘","便是","突然",
            "如此","他们","之中","只见","不能","大理",
            "丐帮","只是","不敢","弟子","见到","声音",
            "众人","内力","我们","南海","心想","倘若"}
txt = open("天龙八部.txt", "r", encoding = 'utf-8').read()
list1 = ["段誉","虚竹","萧峰","乔峰","王语嫣","慕容复",
        "段正淳","木婉清","鸠摩智","游坦之","阿朱","阿紫"]
for i in list1:                             #将人物添加到 jieba 词典
    jieba.add_word(i)
words = jieba.lcut(txt)
counts = {}                                 #用字典类型存储人物及出现的次数
for word in words:
    if len(word) == 1:                      #不统计单个汉字的词汇
        continue
    elif word == "萧峰":
        rword = "乔峰"
    else:
        rword = word
    counts[rword] = counts.get(rword, 0) + 1
```

```
for word in excludes:
    del(counts[word])
my_wordclud = WordCloud(max_words = 100,width = 2600,height = 1600,\
                        background_color = 'white',\
                        font_path = 'msyhbd.ttf') #微软雅黑字体,字体文件在当前目录
my_wordclud.generate_from_frequencies(counts)
my_wordclud.to_file("天龙八部.png")
```

运行程序，在当前目录下生成图片文件“天龙八部.png”，如图 6.4 所示。

图 6.4 例 6.32 生成的词云图片

说明：font_path = 'msyhbd.ttf'指定词云中显示的汉字字体为微软雅黑字体，msyhbd.ttf 为字体文件，与程序文件存储在同一个目录下。如果使用词语图片对象的 generate(txt)函数，不需要求得每个词语的词频，但 txt 必须是以空格分隔的字符串。

【例 6.33】 修改例 6.31，用 generate()函数生成《天龙八部》中所有词语的词云。

程序代码如下：

```
#example6.33
import jieba
from wordcloud import WordCloud          #导入词云库
txt = open("天龙八部.txt", "r", encoding = 'utf-8').read()
list1 = ["段誉","虚竹","萧峰","乔峰","王语嫣","慕容复",
         "段正淳","木婉清","鸠摩智","游坦之","阿朱","阿紫"]
for i in list1:                          #将人物添加到 jieba 词典
    jieba.add_word(i)
```

```
words = " ".join(jieba.lcut(txt))
my_wordclud = WordCloud(max_words = 100,width = 2600,height = 1600,\
                    background_color = 'white',\
                    font_path = 'msyhbd.ttf') #微软雅黑字体,字体文件在当前目录
my_wordclud.generate(words)
my_wordclud.to_file("天龙八部 b.png")
```

运行程序,在当前目录下生成图片文件“天龙八部 b.png”,如图 6.5 所示。

图 6.5　例 6.33 生成的词云图片

说明:

(1) 程序生成所有词语的词云,不要排除特殊词汇;

(2) 关键语句是程序第 9 行: words= " ".join(jieba.lcut(txt)),将《天龙八部》文本分词后用空格分隔赋值给字符串变量 words,图片对象的 generate(words)方法生成词云。

如果文本是英文,则相对简单,因为英文单词之间默认是用空格和标点符号分隔的,不需要分词,但要注意排除标点符号等特殊符号。

【例 6.34】　生成“Python 之禅”词云。

在 IDLE 交互环境下,输入 import this 命令,会得到一篇被称为《Python 之禅》(*The Zen of Python*)的文章,由 Tim Peter 撰写,文章中介绍了一些关于 Python 程序书写的重要原则。编写程序,利用 wordcloud 模块生成这篇文章的词云。文章具体内容如下:

```
TheZen of Python, by Tim Peters
```

```
Beautiful is better than ugly.
Explicit is better than implicit.
Simple is better than complex.
Complex is better than complicated.
Flat is better than nested.
Sparse is better than dense.
Readability counts.
Special cases aren't special enough to break the rules.
Although practicality beats purity.
Errors should never pass silently.
Unless explicitly silenced.
In the face of ambiguity, refuse the temptation to guess.
There should be one-- and preferably only one --obvious way to do it.
Although that way may not be obvious at first unless you're Dutch.
Now is better than never.
Although never is often better than *right* now.
If the implementation is hard to explain, it's a bad idea.
If the implementation is easy to explain, it may be a good idea.
Namespaces are one honking great idea -- let's do more of those!
```

分析如下。

文章篇幅较长，不适宜以字符串形式出现在程序中，因此将其保存在文本文件 The Zen of Python.txt 中。

```
#example6.34
from wordcloud import WordCloud
txt = open("The Zen of Python.txt", "r", encoding = 'utf-8').read()
sign = [",",".",";","*","'","\n"]
for i in sign:
    txt = txt.replace(i, " ")                         #将标点符号和"\n"替换为空格
my_wordclud = WordCloud(max_words = 100,width = 2600,height = 1600,\
                        background_color = 'white',\
                        font_path = 'msyhbd.ttf')  #微软雅黑字体
my_wordclud.generate(txt)
my_wordclud.to_file("Zen.png")
```

运行程序，在当前目录下生成图片文件 Zen.png，如图 6.6 所示。

图 6.6　例 6.34 生成的词云图片

需要注意的是，因为 is、than 等单词作为默认停用词已经被 wordcloud 过滤掉了，所以词云中不会显示这些词。

6.7.6　可执行程序生成模块 pyinstaller

pyinstaller 模块能够将 Python 源文件打包，生成可以脱离 Python 环境运行的可执行文件。pyinstaller 是第三方模块，需要先安装才能使用，安装命令如下：

```
pip install pyinstaller
```

安装完之后就可以使用 pyinstaller 模块了，需要注意的是，pyinstaller 模块需要在命令行窗口下使用，语法格式如下：

```
pyinstaller [参数] python 源文件
```

pyinstaller 的常见参数见表 6.4 所示，其中最常用的参数是"－F"，代表将 Python 源文件打包成一个独立的可执行文件(exe 文件)。

表 6.4　pyinstaller 命令常用参数

参　　数	描　　述
-F,--onefile	在 dist 文件夹中只生成独立的.exe 文件
-h,--help	查看帮助

续表

参　　数	描　　述
-v,--version	查看 pyinstaller 版本
-c,--console	指定使用命令行窗口运行程序
-w,--windowed	指定使用图形窗口运行程序
-D,--onedir	生成 dist 目录,默认值
-i,--icon	指定打包程序使用的图标文件(icon 文件)
--clean	清理打包过程中的临时文件

实际上,pyinstaller 在 Windows、Linux、Mac OS X 等操作系统上都可以使用,下面以在 Windows 操作系统下的使用方法为例说明该模块的使用过程。

在 Windows 操作系统中,打开 Python 源程序所在的文件夹,按住键盘 Shift 键的同时单击鼠标右键,在弹出的快捷菜单中选择“在此处打开 Powershell 窗口”选项,可以快捷地调出命令行窗口。Powershell 是专为系统管理员设计的新 Windows 命令行 shell,可以看作早期命令行工具 cmd 的超集,所有在 cmd 中的常用命令在 Powershell 中都能直接使用。

例如,若源文件为 sunflower.py,则将该程序转换为在命令行窗口运行的可执行程序的语句如下:

```
pyinstaller -F -c sunflower.py
```

将该程序转换为在图形窗口运行的可执行程序的语句如下:

```
pyinstaller -F -w sunflower.py
```

执行以上任意一个语句后,sunflower.py 所在的目录下将会增加一个 dist 目录,并在该目录下生成一个 sunflower.exe 的可执行文件,双击该文件即可运行程序。该文件在任何即使没有安装 Python 的计算机上都可以执行,因为 sunflower.exe 中已经包含了 Python 运行的支持模块。

习题 6

一、填空题

1. Python 安装扩展库常用的工具是________。

2. 使用 pip 工具查看当前已安装的 Python 扩展库的完整命令是________。

3. 在函数内部可以通过关键字________来定义全局变量。

4. 如果函数中没有 return 语句，或者 return 语句不带任何返回值，那么该函数的返回值为________。

5. 已知 g = lambda x, y=3, z=5: x * y * z，则语句 print(g(2))的输出结果为________。

6. 在主程序中定义如下函数：

```
def demo(*p):
    s = sum(p)
    return s
```

在主程序中调用该函数，表达式 demo(1, 2, 3)和表达式 demo(1, 2, 3, 4)的值分别为________和________。

7. 在主程序中定义如下函数：

```
def func(**p):
    s = sum(p.values())
    return(s)
```

在主程序中调用该函数，表达式 func(x=3, y=4, z=5)的值为________。

二、判断题

1. pip 命令也支持扩展名为.whl 的文件直接安装 Python 扩展库。（　　）

2. 调用函数时，在实参前面加一个星号 * 表示序列解包。（　　）

3. 定义函数时，即使该函数不需要接收任何参数，也必须保留一对空的圆括号来表示这是一个函数。（　　）

4. 一个函数如果带有默认值参数，那么所有参数都必须设置默认值。（　　）

5. 定义 Python 函数时，必须指定函数返回值类型。（　　）

6. 定义 Python 函数时，如果函数中没有 return 语句，则默认返回空值 None。（　）

7. 函数中必须包含 return 语句。（　）

8. 函数中的 return 语句一定能够得到执行。（　）

9. 不同作用域中的同名变量之间互相不影响，也就是说，在不同的作用域内可以定义同名的变量。（　）

10. 全局变量会增加不同函数之间的隐式耦合度，从而降低代码可读性，因此应尽量避免过多使用全局变量。（　）

11. 在函数内部没有办法定义全局变量。（　）

12. 函数内部定义的局部变量当函数调用结束后被自动删除。（　）

13. 调用带有默认值参数的函数时，不能为默认值参数传递任何值，必须使用函数定义时设置的默认值。（　）

14. 在同一个作用域内，局部变量会隐藏同名的全局变量。（　）

15. 形参可以看作函数内部的局部变量，函数运行结束之后形参就不可访问了。（　）

16. 在函数内部没有任何声明的情况下直接为某个变量赋值，这个变量一定是函数内部的局部变量。（　）

17. 在 Python 中定义函数时，不需要声明函数参数的类型。（　）

18. 在函数中没有任何办法可以通过形参影响实参的值。（　）

19. 在定义函数时，某个参数名字前面带有一个 * 符号表示可变长度参数，可以接收任意多个普通实参并存放于一个元组之中。（　）

20. 在定义函数时，某个参数名字前面带有两个 * 符号表示可变长度参数，可以接收任意多个关键参数并将其存放于一个字典之中。（　）

21. 定义函数时，带有默认值的参数必须出现在参数列表的最右端，任何一个带有默认值的参数右边不允许出现没有默认值的参数。（　）

22. 在调用函数时，可以通过关键参数的形式进行传值，从而避免必须记住函数形参顺序的麻烦。（　）

23. 在调用函数时，必须牢记函数形参顺序才能正确传值。（　）

24. 调用函数时传递的实参个数必须与函数形参个数相等。（　）

25. 执行语句 from math import sin 之后，可以直接使用 sin() 函数，例如 sin(5)。（　）

三、阅读程序

1. 分析下面程序运行的结果。

```
def square_sum(number):
    sum = 0
    for i in number:
        sum = sum + i * i
    print(sum)
square_sum((1,2,3))
square_sum([1,2,3])
square_sum({1,2,3})
```

2. 分析下面程序运行的结果。

```
def square_sum(number):
    sum = 0
    for i in number:
        sum = sum + i * i
    print(sum)
m = [1,2,3]
square_sum( * m)
```

3. 分析下面程序运行的结果。

```
def hello_python():
    print('hello Python')
def three_hellos():
    for i in range(3):
        hello_python()
three_hellos()
```

四、程序设计

1. 编写一个程序求1!+2!+3!+…n!,要求编写一个自定义函数用来求n!,然后利用该函数求1～n的阶乘和。

2. 利用wordcloud模块设计程序,分析20世纪美国著名黑人民权运动领袖马丁·路德·金的演讲“I Have a Dream”,并设计一个词云图。

第 7 章

Python 文件处理

学习目标

- 掌握文件的基本概念，了解文件的分类。
- 掌握文件的打开、关闭、读/写以及定位等的使用方法。
- 掌握 Python 内置的 os 模块常用函数的使用方法。

7.1 文件的概念

Python 的输入/输出功能可以通过多种方式实现，既可以将终端作为对象，从终端键盘输入数据，运行结果输出到终端上，也可以采用文件的方式来进行。文件是一种用于存储数据的常用媒介，在实际应用程序开发过程中常会涉及对文件的操作。

7.1.1 文件

所谓文件是指存储在外部介质上的数据的集合，一批数据是以文件的形式存放在外部介质上的(如硬盘、U 盘)，而操作系统正是以文件为单位对数据进行管理的。若想访问存储在文件中的数据，一般的操作是先按文件名找到所指定的文件，然后再从该文件中读取数据。若要将数据存储在外部介质中，也必须先建立一个以文件名作为标识的文件，才能向它输入数据。

从操作系统的角度来看，常用的终端输入/输出设备也是文件，终端键盘是一个输入文件，显示器和打印机是输出文件。在程序运行过程中，经常需要将一些中间数据或最终结果输出到外部介质并存储起来，以后需要时再取出来输入内存中。

7.1.2 文件的分类

根据文件编码方式不同，Python 将文件分为文本文件和二进制文件。

1. 文本文件

文本文件也称为 ASCII 码文件，由 ASCII 码字符组成且不带任何格式，通常使用文本处理软件编辑。文本文件一般由单一特定编码的字符组成，如 UTF-8 编码，内容容易统一展示和阅读。文本文件的读取必须从文件的头部开始，一次全部读出，不能只读取中间的一部分数据，不可以跳跃式访问。文本文件的每一行文本相当于一条记录，每条记录可长可短，记录之间使用换行符进行分隔，不能同时进行读操作和写操作。

文本文件的优点是使用方便，占用内存资源较少，但其访问速度较慢，不易维护。

2. 二进制文件

二进制文件类型是最原始的文件类型，直接把二进制码（字节流）存放在文件中，以字节为单位访问数据，不能用文本处理软件编辑。二进制文件允许程序按所需的任何方式组织和访问数据，也允许对文件中各个字节数据进行存取和访问。

3. 文本文件与二进制文件的区别

（1）文本文件存在编码，可以被看作是存储在磁盘上的长字符串；二进制文件不存在字符编码，只能当作字节流，不能当作字符串。

（2）无论是文本文件还是二进制文件，都可以用文本文件方式或二进制方式打开，但打开后的操作不同。

【例 7.1】 文本文件与二进制文件的区别。

文本文件 binary.txt 中存储了一句话“人生苦短，我用 Python!”，分别用文本文件方式和二进制方式打开文件，读入其中的数据并输出读入的结果。

程序代码如下：

```
example7.1
f1 = open("binary.txt",'r')          #以文本文件方式打开文件 binary.txt
print(f1.readline())                 #输出读取的数据
print("-----------------------------------")
f1.close()                           #关闭文件

f2 = open("binary.txt",'rb')         #以二进制方式打开文件 binary.txt
print(f2.readline())                 #输出读取的数据
f2.close()                           #关闭文件
```

程序运行结果如下：

```
>>>
=================RESTART:C:/Users/python3.6/example7.1.py================
人生苦短,我用 Python!
------------------------------------
b'\xc8\xcb\xc9\xfa\xbf\xe0\xb6\xcc\xa3\xac\xce\xd2\xd3\xc3Python\xa3\xa1'
>>>
```

说明如下。

（1）采用文本方式打开文件，读入经过编码后形成的字符串，打印输出的字符串与在文本编辑软件中看到的效果一样，都是“人生苦短，我用 Python!”。

（2）采用二进制方式打开文件，文件的内容被解析为字节流（bytes 类型）。输出内容以英文字母 b 开头，意味着按二进制输出，由于存在编码，字符串中的一个中文字符由两个字节表示，每个字节由“\x”开头，后面接两位十六进制数。字符串中的英文字符原样输出。

*7.1.3　文件的编码

1. 字符编码

计算机中的所有数据都是按照二进制形式存储的，将字符集中的字符与一组二进制数字唯一对应就是字符编码，编码后的字符可以在计算机中存储和通过通信网络传输。常见的字符编码有下列几种。

（1）编码的起源——ASCII 码。ASCII 码是英文字母和一些常用字符的编码方案，共收录 128 个字符，每个字符占用 1 字节，即 8 位二进制，最高位为 0。针对 ASCII 码收录字符较少的问题，对其进行扩充，设计了 ISO 8859-1 编码，共收录了 256 个字符。

（2）中文编码——GB 2312 和 GBK。GB 2312 是中文字符编码，共收录 6763 个汉字。由于 GB 2312 收录的汉字有限，对其进行扩充形成了 GBK 编码，也称为 cp936 编码，使用 2 字节（16 位二进制数）来表示 1 个中文字符，共收录 21003 个汉字。

（3）Unicode 编码。全世界有上百种语言，各国设计了很多适合本国语言的编码方案，如日本设计了日文编码 Shift-JIS，韩国设计了韩文编码 Euc-kr 等，各国有各国的标准，就不可避免地出现冲突，在多语言混合的文本中，显示出来会有乱码。为了避免不同国家字符编码之间的冲突，国际标准化组织提出了一个统一的编码方案，称为 Unicode 编码，也称为“万国码”，把所有语言都统一到一套编码里，为每种语言中的每个字符设定了统一并且唯一的二进制编码，这样就不会再有乱码问题了。实际上，Unicode 只是一种编码规定，只规定了每个字符的数字编号是多少，并没有用于计算机存储，真正根据

Unicode 设计用于存储的是 UTF 系列编码，比较常见的是 UTF-8 编码。

（4）UTF-8 编码。UTF-8 编码是一种针对 Unicode 的可变长度字符编码，它可以使用 1～4 字节表示一个符号，根据不同的符号而改变字节长度，当字符在 ASCII 码范围内时，就用 1 字节表示，所以是兼容 ASCII 编码的。因此，UTF-8 编码的最大好处是节省空间。除了 UTF-8 以外，还有 UTF-16、UTF-32 两种 Unicode 的编码实现方案。

（5）ANSI 编码。为使计算机支持更多语言，不同的国家和地区制定了不同的标准，由此产生了 GBK、Big5、Euc-kr 等各自的编码标准，这些编码统称为 ANSI。因此，ANSI 并不是某一种特定的字符编码，而是在不同的操作系统中，ANSI 表示为不同的编码。在英文 Windows 操作系统中，ANSI 编码代表 ASCII 编码，在简体中文 Windows 操作系统中，ANSI 编码代表 GBK 编码，在韩文的 Windows 操作系统中，ANSI 编码代表 Euc-kr 编码。ANSI 编码最常见的应用就是在 Windows 的记事本程序中，当新建一个记事本时，默认的保存编码格式就是 ANSI，并且此时可以修改保存文件的编码方案，如图 7.1 所示。

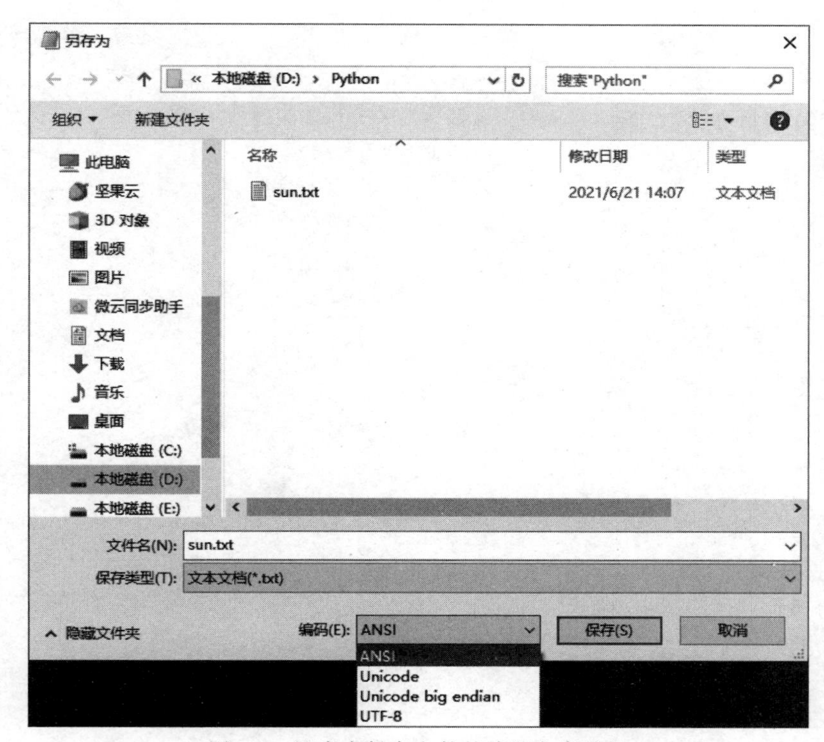

图 7.1　记事本保存文件的编码方案选择

本书所有的例题都在中文操作系统下实现,如果没有声明用到的文本文件的编码方案,则默认都是 ANSI 编码,即 GBK 编码。

2. Python 字符编码的使用

在 Python 3.x 中,Unicode 是内存编码的默认表示方案,即是字符的表示规范,由字符串(str)类型进行表示。UTF-8 是字符保存和传输 Unicode 字符的方案,即字符的默认存储方案,用字节码(bytes)类型表示。字符串的 encode()方法实现字符串编码,将字符串转换成字节码,即将 Unicode 形式转化为 UTF-8 等形式;字节码的 decode()方法实现解码,将字节码转换成字符串,即将 UTF-8 等其他形式转化为 Unicode 形式。Unicode 形式字符串的类型是 str,UTF-8 等其他形式的字符串的类型是 bytes。可以理解为 Unicode 就是看到的字符本身,UTF-8 等其他形式是存储进文件时的格式。

【例 7.2】 字符编码解码的实例。

程序代码如下:

```
>>>s1 = "Python 程序设计"
>>>str1 = s1.encode('utf-8')      #将字符串按 UTF-8 编码,得到字节码
>>>str2 = s1.encode('gbk')        #将字符串按 GBK 编码,得到字节码
>>>type(s1)                       #s1 的类型为 str
<class 'str'>
>>>type(str1)                     #str1 的类型为 bytes
<class 'bytes'>
>>>type(str2)                     #str2 的类型为 bytes
<class 'bytes'>
>>>print(s1)                      #str 类型直接输出
Python 程序设计
>>>print(str1)                    #bytes 类型输出,得到字节码
b'Python\xe7\xa8\x8b\xe5\xba\x8f\xe8\xae\xbe\xe8\xae\xa1'
>>>print(str2)                    #bytes 类型输出,得到字节码
b'Python\xb3\xcc\xd0\xf2\xc9\xe8\xbc\xc6'
>>>print(str1.decode('utf-8')) #将字节码按 UTF-8 解码
Python 程序设计
>>>print(str2.decode('gbk'))      #将字节码按 GBK 解码
Python 程序设计
>>>print(str2.decode('utf-8')) #未按编码方案解码,出错
Traceback (most recent call last):
  File "<pyshell#33>", line 1, in <module>
```

```
    print(str2.decode('utf-8'))
UnicodeDecodeError: 'utf-8' codec can't decode byte 0xb3 in position 6: invalid
start byte
>>>
```

如果文件中包含中文，在打开文件时需要指明文件的编码方案。

3. Python 文件编码的使用

Python 2 的默认文件编码是 ASCII 码，Python 3 的默认文件编码是 UTF-8 编码。如果在 Python 2 解释器中执行一个 UTF-8 编码的文件，会以默认的 ASCII 码去解码 UTF-8 编码的字符，如果程序中有中文，解码就会出错。因此，在 Python 2 中，需要在文件开头位置声明：#coding:utf-8。这样做的目的是告诉解释器，以 UTF-8 来解码字符。由于 Python 3 的解释器默认编码是 UTF-8，因此不需要添加这一行声明。

计算机内存中统一使用 Unicode 编码，当需要保存到硬盘或者需要传输时，转换为 UTF-8 编码。用记事本编辑时，从文件读取的 UTF-8 字符被转换为 Unicode 字符到内存里，编辑完成后，保存的时候再把 Unicode 转换为 UTF-8 保存到文件，整个过程如图 7.2 所示。

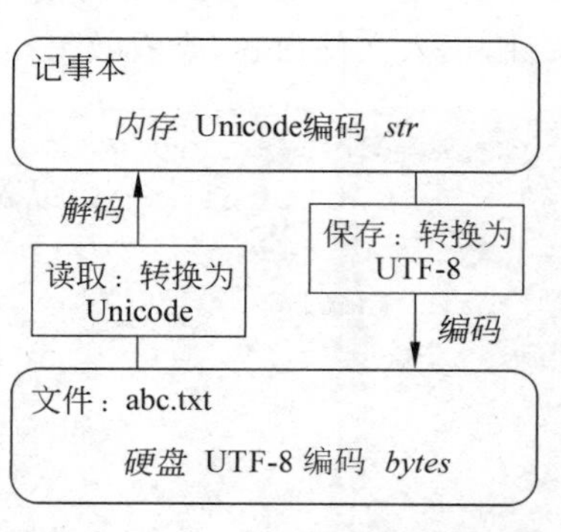

图 7.2 Python 文件的编码与解码

常见的文件一般是以 UTF-8 或 GBK 编码进行保存的，由于编辑器一般设置了默认的保存和打开方式，所以在记事本等文本编辑器中不容易看到乱码的情况发生，但是，当在内存里读取并打开一个文件时，如果文档编码方式和计算机内存默认读取文件的编码不同，或者打开文件时未设置正确的编码打开规则，则很有可能出现乱码，无法正常读取文件内容，影响接下来的工作。在简体中文 Windows 平台的 Python 3.x 中打开文件时，有以下几个原则。

(1) 打开文件编码的总原则是“以什么编码格式保存的，就以什么编码格式打开”。

(2) 对于纯英文文本文件，无论文件本身是什么格式，Python 不需要指定读写格式也可以正确处理。

(3) 中文 Windows 平台下的默认文件编码是 GBK，使用 open()函数打开文件时，encoding 参数默认采用系统文件编码，即 GBK(cp936)编码打开文件。如果文件的编码是 UTF-8，则打开文件时需要使用 encoding 指明编码为 UTF-8。

查看 Python 的默认文件编码的方法如下：

```
import sys
sys.getdefaultencoding()
```

例如，在 IDLE 执行上面的代码，结果如下：

```
>>>import sys
>>>sys.getdefaultencoding()
'utf-8'
>>>
```

【例 7.3】

(1) 文件编码实例 1。

在当前目录下包含两个文本文件，名称分别为 word1.txt、word2.txt，编码格式分别是 UTF-8 和 GBK，两个文件的内容都是“你好，Python!”。分别用不同的编码方案打开文件，读入文件内容，查看效果。

```
#example7.3-a
f1 = open("word1.txt",'r',encoding = "utf8")      #按 UTF-8 编码打开文件 word1.txt
data = f1.read()                                  #读取文件
print(data)                                       #输出：你好，Python!
f1.close()                                        #关闭文件

f2 = open("word2.txt",'r',encoding = "gbk")       #按 GBK 编码打开文件 word2.txt
data = f2.read()                                  #读取文件
print(data)                                       #输出：你好，Python!
f2.close()                                        #关闭文件
```

程序运行结果如下：

```
>>>
================RESTART:C:/Users/python3.6/example7.3-a.py===============
你好，Python
你好，Python
>>>
```

说明：打开文件时指定的编码方案与文件的编码方案一致，可以正确读取文件内容。

（2）文件编码实例 2。

```
#example7.3-b
f1 = open("word1.txt",'r')                    #按系统默认编码 GBK 打开文件 word1.txt
data = f1.read()                              #读取文件
print(data)                                   #输出乱码
f1.close()

f3 = open("word1.txt",'r',encoding = "gbk") #按 GBK 编码打开文件 word1.txt
data = f3.read()                              #读取文件
print(data)                                   #输出乱码
f3.close()

f2 = open("word2.txt",'r')                    #按系统默认编码 GBK 打开文件 word2.txt
data = f2.read()                              #读取文件
print(data)                                   #输出：你好,Python!
f2.close()

f4 = open("word2.txt",'r',encoding = "utf8")#按 UTF-8 编码打开文件 word2.txt
data = f4.read()                              #读取文件,出错
print(data)
f4.close()
```

程序运行结果如下：

```
>>>
================RESTART:C:/Users/python3.6/example7.3-b.py===============
浣犲ソ锛孭ython
浣犲ソ锛孭ython
你好,Python
Traceback (most recent call last):
  File "C:\Users\syc\Desktop\aa.py", line 17, in <module>
    data = f4.read()                              #读取文件,出错
  File "C:\Users\syc\AppData\Local\Programs\Python\Python36\lib\codecs.py",
line 321, in decode
    (result, consumed) = self._buffer_decode(data, self.errors, final)
UnicodeDecodeError: 'utf-8' codec can't decode byte 0xc4 in position 0: invalid
continuation byte
>>>
```

说明：打开文件时指定的编码方案与文件的编码方案不一致，读取文件内容时产生乱码或者异常。

7.2 文件的打开与关闭

在 Python 中，使用文件的步骤包括 3 个阶段：打开文件、操作文件、关闭文件。

（1）打开文件：文件保存在计算机的磁盘上，要使用文件中的数据，首先要将其打开。

（2）操作文件：对打开的文件进行读、写操作，此时文件处于占用状态，其他进程不能操作这个文件。

（3）关闭文件；文件使用结束后应关闭文件，释放对文件的控制，文件恢复为初始的存储状态，其他进程才可以操作这个文件。

7.2.1 文件的打开

在 Python 语言中，可以用 open()和 file()内置函数打开文件，两者具有相同的功能，可以相互替代。本书以 open()为例讲述。

open()函数打开文件的格式如下：

```
<文件对象名>=open(<文件名>[,<访问方式>])
```

其中，文件名指定了需要打开的文件，可以包含完整路径；访问方式是一个可选参数，用于控制以何种方式打开文件，其值是一个字符串，默认值为'r'，即只读方式，基本的打开方式如表 7.1 所示。

表 7.1 文件打开方式

方式	描　述
r	以只读方式打开文件，指针置于文件首，为默认模式，如果文件不存在，返回异常
w	以只写方式打开文件，如果文件存在，则覆盖该文件；如果文件不存在，则创建文件
a	以追加写方式打开文件，如果文件存在，则指针指向文件尾；如果文件不存在，则创建文件
x	以创建写方式打开文件，如果文件不存在，则创建文件；如果文件存在，则返回异常
+	与 r/w/a/x 结合使用，在原功能基础上增加同时读写功能
t	文本文件模式，默认值
b	二进制文件模式

说明如下。

(1) 'r' 'w' 'a' 'x'为 4 种基本的文件打开方式,决定了打开文件后能够对文件进行的操作方式,默认为'r'。

(2) 't'和'b'为两种基本的文件打开模式,决定了以文本文件模式还是二进制文件模式打开文件,默认为't',即文本文件模式。

(3) 用'r'方式只能读取文件中的数据,不能向该文件写入数据。只能打开已经存在的文件,如果文件不存在,则会抛出 IOError 异常。

(4) 用'w'方式打开文件只能向该文件写入数据,写入的数据会覆盖原文件已有的数据,不能读取其中的数据。如果文件不存在,则会自动新建一个以指定名字命名的文件。

(5) 用'a'方式打开文件可以向文件末尾添加新的数据,不删除原有数据。

(6) 以'x'方式打开文件会自动创建一个文件,允许向新创建的文件内写入数据;如果文件存在,则会抛出 IOError 异常。

(7) 所有带'+'方式打开的文件既可以读又可以写。用'r+'方式时该文件应该已存在,能够读取其中的数据;用'w+'方式时则新建一个文件,先向该文件写入数据,然后可以读取此文件中的数据;用'a+'方式打开的文件,原来的文件不被删除,位置指针移到文件末尾,可以添加,也可以读取。

(8) 如果不能完成文件打开的操作,open()函数会抛出一个 IOEroor 异常,出错原因可能是用'r+'方式打开一个并不存在的文件,或是磁盘出现故障,或是磁盘已满无法建立新文件等。因此,通常使用异常处理(try)来保证文件安全。

(9) 在读取文本文件的数据时,将回车换行符转换为单个换行符,在向文件写入数据时把换行符转换成回车和换行两个字符,用二进制文件时不进行这种转换,内存中的数据与输出文件完全一致。

表 7.2 列出了打开文件方式的组合实例以及说明。

表 7.2　打开文件方式组合实例以及说明

打开文件方式组合实例	说　明
f=open('test.txt','r')	以只读方式打开当前目录下的文本文件 test.txt,文件必须存在
f=open('test.txt','w')	以只写方式打开当前目录下的文本文件 test.txt,文件可以不存在
f=open('test.txt','a')	以追加写方式打开当前目录下的文本文件 test.txt,文件可以不存在

续表

打开文件方式组合实例	说　明
f=open('E:\\test.txt','r+')	以读/写方式打开E盘根目录下的文本文件test.txt,文件必须存在。若先读后写,则在原有文本后追加数据;若先写后读,则从头开始覆盖写(如只修改前面的字符,后面字符不被覆盖),读出未被覆盖写的部分
f=open('E:\\test.dat','rb')	以只读方式打开E盘根目录下的二进制文件test.dat,文件必须存在
f=open('E:\\test.dat','rb+')	以读/写方式打开E盘根目录下的二进制文件test.dat,文件必须存在
f=open('E:\\test.txt','w+')	以先写后读方式打开E盘根目录下的文本文件test.txt,先写完后回到初始位置开始读,文件可以不存在
f=open('E:\\test.dat','wb')	以只写方式打开E盘根目录下的二进制文件test.dat,文件可以不存在
f=open('E:\\test.dat','wb+')	以写/读方式打开E盘根目录下的二进制文件test.dat,文件可以不存在
f=open('test.txt','a+')	以追加写/读方式打开当前目录下的文本文件test.txt,文件可以不存在
f=open('test.dat','ab')	以追加写方式打开当前目录下的二进制文件test.dat,文件可以不存在
f=open('test.dat','ab+')	以追加写/读方式打开当前目录下二进制文件test.dat,文件可以不存在

总结：以只读或先读后写方式打开文件,文件必须存在;以只写、追加写或者先写后读方式打开文件,文件可以不存在。

7.2.2　文件的关闭

一个文件使用完后应该关闭,以防止它再次被误用。文件关闭就是使指向该文件对象的引用不再指向该文件,以后不能再通过该引用对原来与其相联系的文件进行读/写操作,除非再次打开,使该文件引用变量重新指向该文件。Python利用文件对象的close()函数关闭文件,其格式如下：

```
<文件对象名>.close()
```

例如：

```
f = open('E:\\name.txt','r+')
    …
f.close()
```

其功能就是通过 open()函数返回文件对象赋给变量 f，使 f 指向所打开的文件对象，然后对文件进行操作，最后执行 f 的 close()函数，关闭该文件，即变量 f 不再指向该文件。

也可以使用上下文管理语句 with 打开文件，这样的文件使用完毕后会自动关闭，此时则不必再执行 close()函数。语句格式如下：

```
with open(<文件名>[,<访问方式>]) as <文件对象名>
```

【例 7.4】 文件的打开与关闭。

程序代码如下：

```
#example7.4
try:
    fh = open("moss.txt", "w")
    fh.write("白日不到处,青春恰自来。\n")
    fh.write("苔花如米小,也学牡丹开。")
except IOError:
    print("没有找到文件或读取文件失败")
else:
    print("内容写入文件成功")
finally:
    fh.close()
```

程序运行结果如下：

```
>>>
=================RESTART:C:/Users/python3.6/example7.4.py================
内容写入文件成功
>>>
```

说明如下。

(1) 该例中以'w'方式打开当前文件夹下的 moss.txt 文件，如果该文件不存在，则会创建以 moss.txt 命名的文件，然后在文件中写入字符串“白日不到处，青春恰自来。”，换行后再写入字符串“苔花如米小，也学牡丹开。”。

（2）以'w'方式打开的文件只能进行写入操作，如果进行读操作则会抛出异常。

（3）文件的打开操作及其写操作都放在 try 语句块中，然后在 except 子句捕获异常 IOError，如果发生异常，则输出“没有找到文件或读取文件失败”，否则执行 else 子句，输出“内容写入文件成功”。无论是否发生异常，最后都执行 finally 子句，用文件对象的 close()方法关闭所打开的文件。

7.3 文件的读/写

7.3.1 文件的读取

文件内容的读取可以通过文件对象的 3 个函数来实现：read()、readline()和 readlines()，但文件的读取方式各不相同。

1. read()函数

read()函数可以一次性将文件中的所有内容全部读取，也可以指定每次读多少个字符。函数调用格式如下：

```
<变量>=<文件对象>.read([size])
```

其中，变量用以存放从文件中读取的内容，size 参数表示读取文件中的前几个字符(或字节)的数据。如果文件是以文本模式打开的，则 size 参数表示读取的字符数；如果文件以二进制形式打开，则 size 参数表示读取的字节数。该参数是一个可选参数，不指定或指定负值(系统默认值为−1)，将读取文件的所有内容。

【例 7.5】 read()函数的使用。

程序代码如下：

```
#example7.5
f1 = open("moss.txt",'r')     #以只读方式打开文本文件 moss.txt
fcontent = f1.read()          #读取文件的全部字符
print(fcontent)
print("--------------------")
f1.seek(0)                    #位置指针移回到文件头
fcon = f1.read(13)            #读取当前指针开始的 13 个字符
print(fcon)
```

```
print("--------------------")
fcon = f1.read(12)              #读取当前指针开始的 12 个字符
print(fcon)
print("--------------------")
f1.close()

f2 = open("moss.txt",'rb')     #以二进制只读方式打开文件 moss.txt
print(f2.read(2))               #读取当前指针开始的 2 字节
f2.close()
```

程序运行结果如下：

```
>>>
================RESTART:C:/Users/python3.6/example7.5.py================
白日不到处,青春恰自来。
苔花如米小,也学牡丹开。
--------------------
白日不到处,青春恰自来。

--------------------
苔花如米小,也学牡丹开。
--------------------
b'\xb0\xd7'
>>>
```

说明如下。

(1) read()函数不指定要读取的字节数，且当前文件位置指针指向该文件头时，默认读取所有的文件内容，所以第 4 条语句输出的内容和文件内容一致。

(2) 文件读取结束，位置指针移到文件内容最后一个字节的后面。使用 seek()函数把位置指针移到文件内容的起始处，否则无法继续读取文件内容。

(3) 第 7 条语句 f.read(13)的含义为从文件头开始读取 13 个字符的内容，因行的末尾包含换行符"\n"，故第 8 条语句输出的结果会多出一条空行。

(4) 因第 15 条语句是以二进制模式打开的文件 moss.txt，故第 16 条语句输出打开文件的前 2 个字节的内容(bytes 类型)，以 b 开头。若知道文件的编码方式，也可以利用 decode()函数转换后输出文件的原始内容，如改为 print(f2.read(2).decode("gbk"))。

2. readline()函数

readline()函数每次只读取文件中的一行数据，调用格式如下：

```
<变量>=<文件对象>.readline([size])
```

其中，变量用以存放从文件中读取的内容，size 参数表示读取文件中当前位置指针指向的行的前几字节（或字符）的数据，如果文件是以文本模式打开的，则 size 参数表示读取的字符数；如果文件以二进制模式打开，则 size 参数表示读取的字节数。该参数是一个可选参数，不指定或指定负值（系统默认值为 −1），将读取当前位置指针指向的行的所有内容。

【例 7.6】 readline()函数的使用。

程序代码如下：

```
#example7.6
with open("moss.txt",'r') as f1:          #以只读方式打开文本文件 moss.txt
    fcon1 = f1.readline()                 #读取文件当前行的全部字符
    print(fcon1)
    print("--------------------")
    fcon2 = f1.read(6)                    #读取当前行前 6 字符的数据
    print(fcon2)
    print("--------------------")

with open("moss.txt",'rb')  as f2:        #以二进制只读方式打开文本文件 moss.txt
    print(f2.read(6))                     #读取当前行前 6 字节的数据
```

程序运行结果如下：

```
>>>
================RESTART:C:/Users/python3.6/example7.6.py================
白日不到处，青春恰自来。

--------------------
苔花如米小，
--------------------
b'\xb0\xd7\xc8\xd5\xb2\xbb'
>>>
```

说明如下。

(1) 当刚打开文件时,位置指针指向第一行开头,默认读取当前行的所有字符,包含换行符,因此输出结果为“白日不到处,青春恰自来。”,且输出换行符;

(2) 当位置指针指向第二行开头,指定读取当前位置指针指向的行的前 6 个字符数据时,则输出“苔花如米小,”。

(3) 第 11 行语句是以二进制模式打开的文件 moss.txt,故第 12 条语句输出打开文件当前行的前 6 字节的内容(bytes 类型),以 b 开头。

(4) 调用上下文管理语句 with,可以不写 close()语句关闭文件,当程序完成后,文件会自动关闭。

3. readlines()函数

readlines()函数一次性读取当前位置指针指向处后面的所有内容,返回的是一个由每行数据组成的列表。调用格式如下:

```
<变量>=<文件对象>.readlines()
```

注意,该函数没有参数,一般使用循环的方式读取文件中的内容。

【例 7.7】 readlines()函数的使用。

程序代码如下:

```
#example7.7
f = open("moss.txt",'r')
fcontent = f.readlines()
print(fcontent)
for oneline in fcontent:
    print(oneline)
f.close()
```

程序运行结果如下:

```
>>>
=================RESTART:C:/Users/python3.6/example7.7.py================
['白日不到处,青春恰自来。\n', '苔花如米小,也学牡丹开。']
白日不到处,青春恰自来。
```

```
苔花如米小，也学牡丹开。
>>>
```

说明如下。

（1）readlines()函数自动将文件内容解析成一个行的列表，行末尾包含换行符“\n”。

（2）readlines()函数读取的列表可以由循环来处理，因文件第一行字符串的末尾包含换行符“\n”，故用 print()函数输出时中间有一行空行。

（3）在 Python 中，也可以将文件本身作为一个行序列，逐行读入文件的内容到内存，然后通过循环语句逐行处理。因此，按行遍历文件内容的程序可以简化为下面的形式：

```
f =open("moss.txt",'r')
for oneline in f:
    print(oneline)
f.close()
```

7.3.2 文件的写入

将数据写入文件可以通过文件对象的两个函数来实现：write()和 writelines()，这两个函数的区别在于操作的对象不同，write()函数是将一个字符串写入到文件中，而 writelines()函数是将列表中的字符串内容写入到文件中。

1. write()函数

write()函数的功能是将字符串写入文件，在使用该函数前，open()函数打开文件的方式不能是'r'。write()函数的调用格式如下：

```
<文件对象>.write(<变量>)
```

其中，变量表示要写入文件的内容，可以是一个字符串或指向字符串对象的变量，也可以是字符串表达式。

【例 7.8】 write()函数的使用。

程序代码如下：

```
#example7.8
with open("moss.txt",'w+') as f:
    f.write("白日不到处，青春恰自来。")
```

```
    f.write("\n")
    f.write("苔花如米小,也学牡丹开。")
    f.seek(0)
    print(f.read())
```

程序运行结果如下:

```
>>>
=================RESTART:C:/Users/python3.6/example7.8.py================
白日不到处,青春恰自来。
苔花如米小,也学牡丹开。
>>>
```

说明如下。

(1) 程序第一次调用 write()函数将“白日不到处,青春恰自来。”字符串写入文件 moss.txt,此时位置指针指向最后一个字符(。)的后面。第二次调用 write()方法则直接写入换行符,此时位置指针位于第二行开头。第三次调用 write()方法时把“苔花如米小,也学牡丹开。”字符串写入,此时位置指针位于最后一个字符的后面。

(2) 调用 seek()函数将位置指针重新指向文件头,再通过 read()函数读取文件中的全部内容并输出。

2. writelines()函数

writelines()函数也可以对文件进行写入操作,其功能是将一个列表的内容都写入文件中。函数调用格式如下:

```
<文件对象>.writelines(<列表>)
```

其中,参数列表为字符串列表,writelines()函数将字符串列表写入文件中。

【例 7.9】 writelines()函数的使用。

程序代码如下:

```
#example7.9
with open("moss.txt",'w+') as f:
    strlist = ["白日不到处,青春恰自来。","\n","苔花如米小,也学牡丹开。"]
    f.writelines(strlist)
    f.seek(0)
```

```
    print(f.read())
```

程序运行结果如下：

```
>>>
================RESTART:C:/Users/python3.6/example7.9.py================
白日不到处,青春恰自来。
苔花如米小,也学牡丹开。
>>>
```

说明：该例中定义了一个包含两个字符串元素的列表，将字符串列表通过 writelines()函数写入文件中。然后调用 seek()函数，把位置指针重新指向文件头，再通过 read()函数读取文件全部内容并输出。

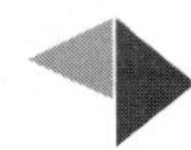

7.4 文件的定位

文件中有一个位置指针，指向当前读/写位置。如果顺序读/写一个文件，每次读/写一个字符，读/写完成后该指针自动移动指向下一个字符。文件对象的 seek()函数可以改变文件指针的位置，而 tell()函数可以获取文件位置指针的当前位置。

7.4.1 seek()函数

seek()函数可以对文件进行顺序读/写，也可以进行随机读/写。如果位置指针按字节位置顺序移动，就是顺序读写；如果能将位置指针按需要移动到任意位置，就可以实现随机读/写，也就是读/写文件中任意位置上的字符。

使用 seek()函数可以改变文件的位置指针，其调用格式如下：

```
<文件对象>.seek(<偏移量>,<起始点>)
```

其中，偏移量指以起始点为基点，往后移动的字符数。参数起始点可以选择 0、1 或 2，0 表示起始点为文件头，1 表示起始点为当前位置，2 表示起始点为文件尾，默认为 0。

【例 7.10】 seek()函数的使用。

程序代码如下：

```
#example7.10
f = open("python.txt",'w+')               #以读/写方式打开文件,如果文件不存在则创建文件
f.write("life is short, I need Python!")     #将字符串写入文件
f.seek(0)                                  #文件指针定位到文件头,偏移量为 0,指向 l
fc1 = f.read(1)                            #读取第一个字符 l,指针后移一位
print(fc1)                                 #输出读入的字符:l
f.seek(0,1)                                #文件指针定位到当前位置,偏移量为 0,指向 i
fc2 = f.read(1)                            #读取当前字符 i
print(fc2)                                 #输出读入的字符:i
f.seek(6)                                  #文件指针定位到文件头,偏移量为 6,指向 s
fc3 = f.read(1)                            #读取当前字符 s
print(fc3)                                 #输出读入的字符 s
f.seek(0,2)                                #文件指针定位到文件尾,偏移量为 0
f.write('quickly!')                        #在当前指针指向位置写入"quickly!"
f.seek(0)                                  #文件指针定位到文件头,偏移量为 0,指向 l
fc = f.read()                              #读取文件全部字符
print(fc)                                  #输出文件全部字符
f.close()
```

程序运行结果如下:

```
>>>
================RESTART:C:/Users/python3.6/example7.10.py================
l
i
s
life is short, I need Python!quickly!
>>>
```

说明如下。

(1) 该例中第一次调用函数 seek(0),表示把位置指针移到文件头,然后读取一个字符并输出,结果为显示字符 l;第二次调用函数 seek(0,1),表示把位置指针移到以当前位置为基准,偏移量为 0 的位置,即指针不动,指向字符 i,然后读取输出;第三次调用函数 seek(5),表示将位置指针移到文件头后第 5 个字符的位置,指向字符 s,读取输出;第四次调用 seek(0,2),表示将位置指针指向文件尾,然后在文件尾添加新内容;第五次调用函数 seek(0),再将位置指针移到文件头,读取文件全部内容并输出。

(2) 注意,seek()函数在使用时,若起始点为 1 或 2,偏移量只能设为 0。

7.4.2 tell()函数

文件对象的 tell()函数能够获取文件位置指针的当前位置，返回值为当前位置，用相对于文件头的位移量来表示。tell()函数的调用格式如下：

```
<文件对象>.tell()
```

【例 7.11】 tell()函数的使用。

程序代码如下：

```
#example7.11
f =open("myfile.txt",'w+')                 #以读/写方式打开文件，如果文件不存在则创建文件
f.write("The Zen of Python!")               #将字符串写入文件
f.seek(0)                                   #文件指针定位到文件头，偏移量为 0，指向 T
print("当前位置指针：",f.tell())            #输出当前位置指针：0
fc1 = f.read(1)                             #从当前位置读取一个字符 T，指针后移一位
print("当前指针指向字符：",fc1)             #输出读入的字符 T
f.seek(0,1)                                 #文件指针定位到当前位置，指向 h
print("当前位置指针：",f.tell())            #输出当前位置指针：1
fc2 = f.read(1)                             #从当前位置读取一个字符 h，指针后移一位
fc1 = f.read(1)                             #从当前位置读取一个字符 T，指针后移一位
print("当前指针指向字符：",fc2)             #输出读入的字符 h
f.seek(5)                                   #从文件首开始，指针向后偏移 6 位，指向 e
print("当前位置指针：",f.tell())            #输出当前位置指针：5
fc3 = f.read(2)                             #从当前位置读入 2 个字符 en
fc1 = f.read(1)                             #从当前位置读取一个字符 T，指针后移一位
print("当前指针指向字符：",fc3)             #输出读入的字符 en
f.seek(0,2)                                 #指针定位到文件尾
print("当前位置指针：",f.tell())            #输出当前位置指针 18
f.write('By  Tim Peters')                   #向文件写入“By  Tim Peters”
f.seek(0)                                   #指针定位到文件头
print(f.read())                             #输出文件全部内容
f.close()
```

程序运行结果如下：

```
>>>
```

```
================RESTART:C:/Users/python3.6/example7.11.py================
当前位置指针：0
当前指针指向字符：T
当前位置指针：1
当前指针指向字符：h
当前位置指针：5
当前指针指向字符：en
当前位置指针：18
The Zen of Python!By  Tim Peters
>>>
```

说明：由于文件中的位置指针经常移动，不容易知道当前指针位置，因此用 tell()函数得到当前位置指针非常实用。

7.5 文件及文件夹操作

Python 可以实现对操作系统中文件及文件夹的操作，如创建、复制、删除、重命名、遍历等，这些操作主要通过 Python 内置的标准模块 os 以及它的子模块 os.path 实现。

7.5.1 os 模块

os 模块是 Python 的标准模块，不需另外安装就可以直接使用。os 模块提供通用的、基本的操作系统交互功能，包含几百个方法，主要分为文件及文件夹操作、路径操作、进程管理、环境参数等。本节介绍文件及文件夹操作的相关方法，如表 7.3 所示。

表 7.3 os 模块常用方法

方法名称	功 能
os.mkdir(path)	创建目录名为 path 的文件夹
os.chdir(path)	将 path 设置为当前工作目录
os.getcwd()	返回当前工作目录
os.listdir(path)	返回 path 指定的文件夹包含的文件或文件夹名字的列表
os.rename(src, dst)	重命名文件或目录，可以实现文件的移动，不能跨越磁盘或分区
os.rmdir(path)	删除 path 指定的空目录，如果目录非空，则抛出一个 OSError 异常
os.remove(path)	删除路径为 path 的文件

续表

方法名称	功　　能
os.dup(fd)	复制文件
os.dup2(fd, fd2)	将一个文件复制到另一个文件
os.close(fd)	关闭文件

【例 7.12】 在 D:\py\program\路径下有文件 avg.py，利用 os 模块实现文件及文件夹操作。

程序代码如下：

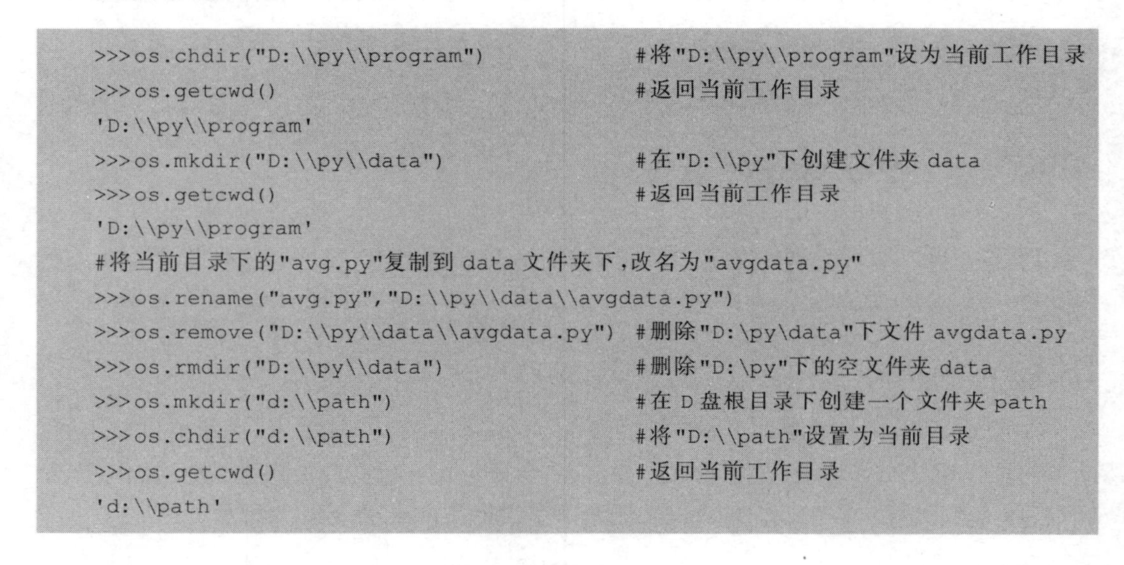

```
>>>os.chdir("D:\\py\\program")             #将"D:\\py\\program"设为当前工作目录
>>>os.getcwd()                              #返回当前工作目录
'D:\\py\\program'
>>>os.mkdir("D:\\py\\data")                 #在"D:\\py"下创建文件夹 data
>>>os.getcwd()                              #返回当前工作目录
'D:\\py\\program'
#将当前目录下的"avg.py"复制到 data 文件夹下，改名为"avgdata.py"
>>>os.rename("avg.py","D:\\py\\data\\avgdata.py")
>>>os.remove("D:\\py\\data\\avgdata.py")   #删除"D:\py\data"下文件 avgdata.py
>>>os.rmdir("D:\\py\\data")                 #删除"D:\py"下的空文件夹 data
>>>os.mkdir("d:\\path")                     #在 D 盘根目录下创建一个文件夹 path
>>>os.chdir("d:\\path")                     #将"D:\\path"设置为当前目录
>>>os.getcwd()                              #返回当前工作目录
'd:\\path'
```

7.5.2　os.path 模块

os.path 模块是 os 模块的子模块，提供了关于路径判断、连接以及切分的方法。os.path 的常用方法如表 7.4 所示。

表 7.4　os.path 模块常用方法

方法名称	功　　能
os.path.exists(path)	如果 path 存在，返回 True，否则返回 False
os.path.isfile(path)	如果 path 是一个存在的文件，返回 True，否则返回 False

续表

方法名称	功　能
os.path.isdir(path)	如果 path 是一个存在的目录，返回 True，否则返回 False
os.path.basename(path)	返回 path 最后的文件名
os.path.dirname(path)	返回 path 的文件夹部分
os.path.getsize(filename)	返回文件的大小
os.path.join(path，* paths)	连接两个或多个 path
os.path.splitext(path)	从路径中分隔出文件的扩展名
os.path.isabs(path)	如果 path 是绝对路径，返回 True

在 D:\python\python36\Scripts\下有文件 pip3.exe，下面给出利用 os.path 模块实现路径操作的相关实例。

将 D:\python\python36\Scripts\设置为当前目录。

```
>>>os.chdir("D:\python\python36\Scripts")
```

返回路径的最后一个组成部分。

```
>>>os.path.basename('D:\\python\\python36\\scripts')
'scripts'
>>>os.path.basename('D:\\python\\python36\\scripts\\pip3.exe')
'pip3.exe'
```

返回路径的文件夹部分。

```
>>>os.path.dirname('D:\\python\\python36\\scripts\\pip3.exe')
'D:\\python\\python36\\scripts'
```

判断文件 pip3.exe 是否存在。

```
>>>os.path.exists('D:\\python\\python36\\scripts\\pip3.exe')
True
```

返回当前文件夹下的文件 pip3.exe 的大小。

```
>>>os.path.getsize('pip3.exe')
```

```
98165
```

从路径中分隔文件的扩展名。

```
>>>os.path.splitext('D:\\python\\python36\\scripts\\pip3.exe')
('D:\\python\\python36\\scripts\\pip3', '.exe')
>>>
```

习题 7

一、程序阅读

1. 阅读下面程序，写出程序的功能。

```
a =open('test1.txt').read()
b =open('test2.txt').read()
c =open('test3.txt','w')
list1 =list(a +b)
list1.sort(reverse =True)
s =''
s =s.join(list1)
c.write(s)
print(s)
c.close()
```

2. 运行下面程序，若输入字符串 I love Python，请写出运行结果。

```
f =open('myfile.txt','w+')
s =input('请输入字符串:')
s =s.upper()
f.write(s)
f.seek(0)
print(f.read())
f.close()
```

二、程序设计

1. 从键盘输入一些字符，逐个把它们保存到磁盘内的文件中，直到输入一个＃为止。
2. 编写程序，将一个文件的内容复制到另外一个文件中。

第 8 章

Python 类和对象

学习目标

- 理解面向对象程序设计的基本概念，掌握类和对象的定义和使用方法。
- 掌握类的属性和方法的灵活应用。
- 理解类的继承和派生的概念，掌握继承的使用方法。
- 理解多态的概念，掌握方法重载和运算符重载的方法。

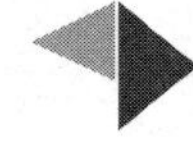

8.1 面向对象编程

8.1.1 面向过程与面向对象

Python 虽然是一种解释语言，但是既支持面向过程的编程，也支持面向对象的编程，而 Python 从设计之初就已经是一门面向对象的语言。

1. 面向过程

面向过程(Procedure Oriented Programming)的程序设计方法是把待求解问题中的数据定义为不同的数据结构，以功能为中心进行设计，用一个函数实现一个功能。面向过程的程序设计方法中，所有的数据都是公用的，一个函数可以使用任何一组数据，而一组数据又能被多个函数所使用，函数与其操作的数据是分离的。其控制流程由程序中预定的顺序来决定，通过分析得出解决问题所需要的步骤(功能)，然后用函数把这些步骤一一实现，使用的时候再依次对函数进行调用。

前面介绍的内容主要体现的即是 Python 面向过程的程序设计方法。

2. 面向对象

面向对象(Object Oriented Programming)的程序设计方法是把待求解问题中所有的独立个体都看成各自不同的对象,将数据和对数据的操作方法都封装在一起,数据和操作是一个相互依存、不可分割的整体,这个整体就是对象。将相同类型对象的共性进行抽象就形成了类,而为了类能够与外界进行联系,在类中必须声明一些函数(方法),这些方法用于与外界进行通信。

面向对象是以数据为中心描述系统,其控制流程由运行时各种事件的实际发生触发,而不再由预定顺序决定,它建立对象的目的不是完成一个个步骤,而是描述某个对象在整个解决问题的步骤中的行为。

8.1.2 面向对象的相关概念

面向对象方法是接近人们日常生活中处理问题思路的新方法,其基本出发点就是尽可能按照人类认识世界的方法和思维方式来分析和解决问题。面向对象以对象为最基本的元素,是一种由对象、类、封装、继承和多态等概念来构造系统的软件开发方法。

1. 对象

对象(Object)是现实世界中客观存在的某种事物,可以将人们感兴趣或要加以研究的事、物和概念等都称为对象。对象既能表示结构化的数据,也能表示抽象的事件、规则以及复杂的工程实体等。如自然界的交通工具、房屋建筑、山、水、动物,也可以是生活中的一种逻辑结构或抽象概念(如部门、班级或体育比赛等)。

在面向对象的系统中,对象是一个将数据属性和操作行为封装起来的实体。数据描述了对象的状态,是对象的静态特性;操作用来描述对象的动态特性,是行为或功能,可以操纵数据,改变对象的状态。

Python 中对象的概念与其他面向对象的程序设计语言略有不同,其范围更加广泛。Python 中的一切内容都可以是对象,而不一定必须是某个类的实例。如字符串、列表、元组、字典等内置数据类型都具有和类完全相似的语法和用法。

2. 类

类(Class)是人们对客观事物的高度抽象。抽象指抓住事物的本质特性,找出事物之间的共性,并将具有共同特性的事物划分为一类,得到一个抽象的概念。例如,人、汽车、房屋、水果等都是类的例子。

类是一种类型,是具有相同属性和操作行为的一组对象的集合。类和对象的关系是抽象与具体的关系,类的作用是定义对象,类给出了属于该类的全部对象的抽象定义,而对象则是类的具体化,是符合这种定义的一个类的实例。类还可以有子类和父类,子类通过对父类的继承,形成层次结构。

把一组对象的共同特性加以抽象并存储在一个类中的能力,是面向对象技术中最重要的一点。是否建立了一个丰富的类库,则是衡量一个面向对象程序设计语言成熟与否的重要标志。

3. 封装

封装(Encapsulation)是面向对象方法的重要特征之一,是将对象的属性和行为(数据和操作)包裹起来形成一个封装体。该封装体内包含对象的属性和对象的行为,对象的属性由若干个数据组成,而对象的行为则由若干操作组成,这些操作是通过函数实现的,也称之为方法。

封装体具有独立性和隐藏性。独立性是指封装体内所包含的属性和行为构成了一个不可分割的独立单位。隐藏性指封装体内的某些成员(数据或者方法)在封装体外是不可见的,既不能被访问,也不能被改变,这部分成员被隐藏了,具有安全性。一般地,封装体和外界的联系是通过接口(函数)进行的。

4. 继承

继承(Inheritance)是面向对象方法的另一重要特征,是提高软件重用性的重要措施。继承提供了创建新类的一种方法,表现了特殊类与一般类的关系。特殊类具有一般类的全部属性和行为,并且还具有自己特殊的属性和行为,这就是特殊类对一般类的继承。通常将一般类称为基类(父类),而将特殊类称为派生类(子类)。

使用继承可以使人们对事物的描述变得简单。例如已经描述了动物这个类的属性和行为,由于哺乳动物是动物的一种,它除了具有动物这个类的所有属性和行为外,还具有自己的特殊属性和行为,这样在描述哺乳动物时只需要在继承动物类的基础上再加入哺乳动物所特有的属性和行为即可。因此哺乳动物是特殊类,是子类,而动物是一般类,是父类。

继承的本质特征就是行为共享,通过行为共享,可以减少冗余性,很好地解决软件重用性的问题。

5. 多态性

多态性(Polymorphism)指一种行为对应着多种不同的实现,即对象根据接收的消息而做出动作,同样的消息被不同的对象接收时可产生完全不同的结果。多态性的表现就是允许不同类的对象对同一消息做出响应，即同一消息可以调用不同的方法，而实现的细节则由接收对象自行决定。

8.2　类的定义与对象的创建

类是一种用户自定义的数据类型，是对具有共同属性和行为的一类事物的抽象描述，共同属性被描述为类中的数据成员，共同行为被描述为类中的成员函数。类是对象的抽象，而对象是类的具体实例，在使用过程中，必须先定义类，然后才能用它来定义和使用对象。Python 的类具有所有面向对象程序设计语言的标准特征，而且具备 Python 特有的动态特点，即类是在程序运行时创建，生成后也可以修改。

8.2.1　类的定义格式

Python 使用关键字 class 来定义类，并在类中定义属性（数据成员）和方法（成员函数），格式如下：

```
class <类名>:
    <属性定义>
    <方法定义>
```

其中，class 为关键字，类名的首字母通常为大写字母。

【例 8.1】 类的定义。

程序代码如下：

```
#example8.1
class Person:                                  #声明类 Person
number = 0                                     #类属性
    def __init__(self, name, gender,age):      #类的构造函数
        self.name = name                       #初始化对象属性
        self.gender = gender
        self.age = age
        Person.number+=1
    def displayPerson(self):                   #类的方法
        print('Name:',self.name,'Gender:',self.gender,'Age:',self.age)
    def displayNumber(self):                   #类的方法
        print('Total person:',Person.number)
```

说明如下。

(1) 该例定义了一个类 Person，其中 number 为类属性，name、gender 和 age 为实例属性，displayPerson()和 displayNumber()为方法。

(2) __init__()是类的特殊方法，称为构造函数，在创建对象时系统自动调用，用于初始化实例属性（对象属性）。

(3) self 是类中定义方法时参数表中的一个参数，定义方法时参数列表至少要有一个参数，通常 self 被指定为第一个参数，表示所创建的对象。

(4) 类属性和实例属性是不同的概念。

8.2.2 对象的创建

对象是类的实例，对象的创建过程也就是类的实例化过程。创建对象和调用函数类似，如果构造函数__init__()声明有参数，则还需要传入相应的参数；同时，创建对象后还要把它赋给一个变量，使该变量指向对象，否则将无法引用所创建的对象。

【例 8.2】 对象的创建。

程序代码如下：

```
#example8.2
class Person:
    number = 0
    def __init__(self, name, gender,age):
        self.name = name
        self.gender = gender
        self.age = age
        Person.number+=1
    def displayPerson(self):
        print('Name:',self.name,'Gender:',self.gender,'Age:',self.age)
    def displayNumber(self):
        print('Total person:',Person.number)

stu1 = Person('Liming','M',19)                    #创建对象 stu1 并初始化
stu2 = Person('Zhangli','F',20)                   #创建对象 stu2 并初始化
stu1.displayPerson()                              #调用方法显示对象 stu1 属性
stu2.displayPerson()                              #调用方法显示对象 stu2 属性
print('Total students:',Person.number)            #输出类属性 number
stu1.displayNumber()                              #调用方法显示类属性 number
```

```
stu2.displayNumber()
```

程序运行结果如下：

```
>>>
================RESTART:C:\Users\python3.6\example8.2.py================
Name: Liming Gender: M Age: 19
Name: Zhangli Gender: F Age: 20
Total students: 2
Total person: 2
Total person: 2
>>>
```

说明：

(1) 创建对象时需指定相应的参数，在构造函数调用时进行参数的传递；

(2) 调用类的方法需使用“.”操作符来指明调用哪个对象的方法，如 stu1. displayPerson()，访问属性也可以通过“.”直接进行，如 stu1. age 和 Person.number；

(3) 显示类属性 number 既可以直接输出，也可以通过调用对象方法 displayNumber() 实现。

在类定义外也可以根据需要通过对象随时添加、修改或删除属性。

【例 8.3】 属性的添加、修改和删除。

程序代码如下：

```
#example8.3
class Person:
    number = 0
    def __init__(self, name, gender,age):
        self.name = name
        self.gender = gender
        self.age = age
        Person.number+=1
    def displayPerson(self):
        print('Name:',self.name,'Gender:',self.gender,'Age:',self.age)
    def displayNumber(self):
        print('Total person:',Person.number)

stu1 = Person('Liming','M',19)
```

```
stu2 = Person('Zhangli','F',20)
stu1.score = 90                                        #添加属性 score
stu2.score = 85                                        #添加属性 score
stu1.displayPerson()
stu2.displayPerson()
print('The score of the first student:',stu1.score)
print('The score of the second student:',stu2.score)
stu1.age = 21                                          #修改属性 age
del stu1.score                                         #删除属性 score
stu1.displayPerson()
print('The score of the first student:',stu1.score)
```

程序运行结果如下：

```
>>>
=================RESTART:C:/Users/python3.6/example8.3.py=================
Name: Liming Gender: M Age: 19
Name: Zhangli Gender: F Age: 20
The score of the first student: 90
The score of the second student: 85
Name: Liming Gender: M Age: 21
Traceback (most recent call last):
  File "C:/Users/python3.6/example8.3.py", line 25, in <module>
    print('The score of the first student:',stu1.score)
AttributeError: 'Person' object has no attribute 'score'
>>>
```

注意，由于对象 stu1 的属性 score 已删除，因此再次输出信息时会出错。

属性的添加、修改和删除也可以通过调用函数来完成，如例 8.4。

【例 8.4】 通过函数调用进行属性的添加、修改和删除。

程序代码如下：

```
#example8.4
class Person:
    number = 0
    def __init__(self, name, gender,age):
        self.name = name
```

```
        self.gender = gender
        self.age = age
        Person.number+ = 1
    def displayPerson(self):
        print('Name:',self.name,'Gender:',self.gender,'Age:',self.age)
    def displayNumber(self):
        print('Total person:',Person.number)

stu1 = Person('Liming','M',19)
stu2 = Person('Zhangli','F',20)
setattr(stu1,'score',90)                          #创建一个新属性 score,并赋值
print(getattr(stu1,'score'))                      #返回属性的值
print('The score of the first student:',stu1.score)
delattr(stu1,'score')                             #删除属性 score
print(hasattr(stu1,'score'))                      #如果存在属性 score,返回 True
```

程序运行结果如下：

```
>>>
================RESTART:C:/Users/python3.6/example8.4.py================
90
The score of the first student: 90
False
>>>
```

说明：

（1）函数 getattr(对象,属性名)的功能是访问对象的属性；

（2）函数 hasattr(对象,属性名)的功能是检查是否存在一个属性,结果为逻辑值；

（3）函数 setattr(对象,属性名,属性值)的功能是设置一个属性,如果属性不存在,则创建一个新属性；

（4）函数 delattr(对象,属性名)的功能是删除属性。

8.3　属性和方法

类由属性和方法组成,属性是对数据的封装,方法是对象所具有的行为,但是属性和方法又因其属于类还是对象而表现出不同的特性;同时,属性和方法又可以分为公有的和

私有的。在 Python 语言中，属性和方法的公有和私有是通过标识符的约定区分的。

8.3.1 类属性与对象属性

根据所属的对象，Python 的属性分为类属性和对象属性（也称实例属性）两种。类属性是在类中方法之外定义的属性，既可以通过类名访问，也可以通过对象名访问；而对象属性只为单独的特定的对象拥有，可以在类外显示定义，也可以在类的构造函数__init__()中定义，定义时以 self 作为前缀，且只能通过对象名来访问。

【例 8.5】 类属性和对象属性。

程序代码如下：

```
#example8.5
class Person:
    number = 0                                          #类属性
    def __init__(self, name, gender,age):              #初始化对象属性
        self.name = name
        self.gender = gender
        self.age = age
        Person.number+= 1

stu1 = Person('Liming','M',19)
stu2 = Person('Zhangli','F',20)
print('Name:',stu1.name,'Gender:',stu1.gender,'Age:',stu1.age)
print('Name:',stu2.name,'Gender:',stu2.gender,'Age:',stu2.age)
stu1.score = 90                                         #对象属性 score 在类外定义
stu2.score = 85                                         #对象属性 score 在类外定义
print('The score of the first student:',stu1.score)
print('The score of the second student:',stu2.score)
print(stu2.number)
print(Person.number)
print(Person.name)
```

程序运行结果如下：

```
>>>
================RESTART:C:/Users/python3.6/example8.5.py================
Name: Liming Gender: M Age: 19
```

```
Name: Zhangli Gender: F Age: 20
The score of the first student: 90
The score of the second student: 85
2
2
Traceback (most recent call last):
  File "C:/Users/python3.6/example8.5.py", line 20, in <module>
    print(Person.name)
AttributeError: type object 'Person' has no attribute 'name'
>>>
```

说明如下。

(1) Person 类有一个类属性 number，既可以通过类名来访问 Person.number，也可以通过对象名来访问 stu2.number。

(2) name、gender 和 age 是对象属性，在构造函数中定义，score 也是对象属性，但是在类外定义。

(3) 对象属性只能通过对象名来访问，而不能通过类名来访问，因此在执行 print (Person.name)时出错。

8.3.2　公有属性与私有属性

Python 的公有属性和私有属性通过属性命名方式来区分，如果属性名以两个下画线开头，则说明是私有属性，否则是公有属性。私有属性的访问通过如下形式进行：

```
<类(对象)名>.<_类名__私有属性名>
```

【例 8.6】 公有属性和私有属性。

程序代码如下：

```
#example8.6
class Car:
    salesPrice = 150000                        #公有类属性
    __manufacturePrice = 120000                #私有类属性
    def __init__(self,brand,serial):
        self.brand = brand                     #公有对象属性
        self.__serial = serial                 #私有对象属性
```

```
print('Public data salesPrice',Car.salesPrice)
print('Private data manufacturePrice',Car._Car__manufacturePrice)
c1 =Car('丰田','卡罗拉')
print('Public data brand of c1',c1.brand)
print('Private data serial of c1',c1._Car__serial)
```

程序运行结果如下：

```
>>>
=================RESTART:C:/Users/python3.6/example8.6.py================
Public data salesPrice 150000
Private data manufacturePrice 120000
Public data brand of c1 丰田
Private data serial of c1 卡罗拉
>>>
```

说明：

（1）Car 类有一个公有类属性 salesPrice，可以通过类名直接访问 Car.salesPrice，私有类属性__manufacturePrice 则需要通过特定方式访问 Car._Car__manufacturePrice；

（2）Car 类的公有对象属性 brand 可以直接通过对象名访问 c1.brand，私有对象属性则需通过特定方式访问 c1._Car__serial。

8.3.3 对象方法

Python 方法可以分为公有方法、私有方法、类方法以及静态方法。其中公有方法和私有方法都属于对象，公有方法的定义无须特别说明，而私有方法在定义时，方法名要以两个下画线开头。

每个对象都有自己的公有方法和私有方法，在这两类方法中可以访问类和对象的属性，这两类方法也都可以通过类或对象来调用。公有方法通过对象名可直接调用，但是私有方法不能通过对象名直接调用，只能在属于对象的公有方法中通过 self 调用。如果通过类的方式调用方法，则必须传入一个对象，而且在调用私有方法时还要采用如下调用格式：

```
<类(对象)名>.<_类名__私有方法名>()
```

这种格式既可以实现类的方式调用，也可以实现对象方式的调用。

【例 8.7】　公有方法和私有方法。

程序代码如下：

```
#example8.7
class Methods:
    def publicMethod1(self):                        #定义公有方法
        print('公有方法 publicMethod!')
    def __privateMethod(self):                      #定义私有方法
        print('私有方法 privateMethod!')
    def publicMethod2(self):                        #定义公有方法
        self.__privateMethod()

m = Methods()
m.publicMethod1()                                   #通过对象调用公有方法
Methods.publicMethod1(m)                            #通过类名调用公有方法
m.publicMethod2()                                   #通过对象的公有方法调用私有方法
m._Methods__privateMethod()                         #通过对象名调用私有方法
Methods._Methods__privateMethod(m)                  #通过类名调用私有方法
```

程序运行结果如下：

```
>>>
=================RESTART:C:/Users/python3.6/example8.7.py================
公有方法 publicMethod!
公有方法 publicMethod!
私有方法 privateMethod!
私有方法 privateMethod!
私有方法 privateMethod!
>>>
```

说明如下。

(1) 类 Methods 中定义了两个公有方法 publicMethod1()和 publicMethod2()，公有方法既可以通过对象名调用，也可以通过类名调用，但是通过类名调用用必须传入一个对象，如 Methods.publicMethod1(m)。

(2) 类中定义的__privateMethod()为私有方法，也可以通过对象或类名来调用，如通过对象的公有方法调用 m.publicMethod2()，通过对象名直接调用 m._Methods__privateMethod()，通过类名调用 Methods._Methods__privateMethod(m)。

(3) 需要注意，通过类名调用公有方法和私有方法时都必须传入一个对象，否则会出错。

8.3.4 类方法

类方法属于类，可以通过 Python 的修饰器@classmethod 定义，也可以使用内置函数 classmethod()的方式将一个普通的方法转换为类方法。类方法可以通过类名或者对象名来访问。

【例 8.8】 类方法。

程序代码如下：

```
#example8.8
class Methods:
    @classmethod                                    #定义公有类方法
    def publicClassMethod(cls):
        print('公有类方法 publicClassMethod!')
    @classmethod                                    #定义私有类方法
    def __privateClassMethod(cls):
        print('私有类方法 privateClassMethod!')
    def publicMethod(self):                         #定义公有方法
        print('普通公有方法 publicMethod!')
    def __privateMethod(self):                      #定义私有方法
        print('普通私有方法 privateMethod!')
    publicMethodToClassMethod = classmethod(publicMethod)        #转换为类方法
    privateMethodToClassMethod = classmethod(__privateMethod)    #转换为类方法

m = Methods()
m.publicClassMethod()
Methods.publicClassMethod()
m._Methods__privateClassMethod()
Methods._Methods__privateClassMethod()
m.publicMethodToClassMethod()
Methods.publicMethodToClassMethod()
m.privateMethodToClassMethod()
Methods.privateMethodToClassMethod()
```

程序运行结果如下：

```
>>>
================RESTART:C:/Users/python3.6/example8.8.py================
公有类方法 publicClassMethod!
公有类方法 publicClassMethod!
私有类方法 privateClassMethod!
私有类方法 privateClassMethod!
普通公有方法 publicMethod!
普通公有方法 publicMethod!
普通私有方法 privateMethod!
普通私有方法 privateMethod!
>>>
```

说明如下。

(1) 类 Methods 定义了两个类方法，公有的 publicClassMethod 和私有的 privateClassMethod，定义时一般用 cls 作为类方法的第一个参数名称，在调用类方法时不需要为该参数传递值。

(2) 类方法可以通过类名或者对象名来访问，如 m.publicClassMethod()和 Methods.publicClassMethod()，m._Methods__privateClassMethod()和 Methods._Methods__privateClassMethod()。

(3) 方法 publicMethodToClassMethod 和 privateMethodToClassMethod 是经过转换得到的类方法。

8.3.5　静态方法

静态方法也属于类，可以通过 Python 的修饰器@staticmethod 来定义，也同样可以通过使用内置函数 staticmethod 将一个普通的方法转换为静态方法。

【例 8.9】 静态方法。

程序代码如下：

```
#example8.9
class Methods:
    @staticmethod                                      #定义公有静态方法
    def publicStaticMethod():
        print('公有静态方法 publicStaticMethod!')
    @staticmethod                                      #定义私有静态方法
```

```
    def __privateStaticMethod():
        print('私有静态方法 privateStaticMethod!')
    def publicMethod(self):                    #定义普通公有方法
        print('普通公有方法 publicMethod!')
    def __privateMethod(self):                 #定义普通私有方法
        print('普通私有方法 privateMethod!')
    publicMethodToStaticMethod = staticmethod(publicMethod)     #转换为静态方法
    privateMethodToStaticMethod = staticmethod(__privateMethod)    #转换为静态方法

m = Methods()
m.publicStaticMethod()
Methods.publicStaticMethod()
m._Methods__privateStaticMethod()
Methods._Methods__privateStaticMethod()
m.publicMethodToStaticMethod(m)
Methods.publicMethodToStaticMethod(m)
m.privateMethodToStaticMethod(m)
Methods.privateMethodToStaticMethod(m)
```

程序运行结果如下：

```
>>>
=================RESTART:C:/Users/python3.6/example8.9.py================
公有静态方法 publicStaticMethod!
公有静态方法 publicStaticMethod!
私有静态方法 privateStaticMethod!
私有静态方法 privateStaticMethod!
普通公有方法 publicMethod!
普通公有方法 publicMethod!
普通私有方法 privateMethod!
普通私有方法 privateMethod!
>>>
```

说明如下。

（1）类 Methods 定义了两个静态方法，定义时无须传入 self 参数或 cls 参数。

（2）静态方法可以通过类名或者对象名来访问，如 m.publicStaticMethod()和 Methods.publicStaticMethod()，m._Methods__privateStaticMethod()和 Methods.

_Methods__privateStaticMethod()。

(3) 方法 publicMethodToStaticMethod()和 privateMethodToStaticMethod()是经过转换得到的静态方法,但在调用时必须传入一个对象。

8.3.6 内置方法

Python 类有大量的内置方法,内置方法中的一部分有默认的行为,而另一部分则没有,留到需要的时候去实现。这些内置方法是 Python 中用来扩展类的强有力的方式。表 8.1 列出了比较常用的内置方法。

表 8.1　常用内置方法

内置方法	说　明
__init__(self,...)	初始化对象,在创建新对象时调用
__del__(self)	释放对象,在对象被删除之前调用
__new__(cls, * args, * * kwd)	实例的生成操作
__str__(self)	在使用 print 语句时被调用
__getitem__(self,key)	获取序列的索引 key 对应的值,等价于 seq[key]
__len__(self)	在调用内联函数 len()时被调用
__cmp__(stc,dst)	比较两个对象 src 和 dst
__getattr__(s,name)	获取属性的值
__setattr__(s,name,value)	设置属性的值
__delattr__(s,name)	删除 name 属性
__getattribute__()	功能与__getattr__()类似
__gt__(self,other)	判断 self 对象是否大于 other 对象
__lt__(slef,other)	判断 self 对象是否小于 other 对象
__ge__(slef,other)	判断 self 对象是否大于或等于 other 对象
__le__(slef,other)	判断 self 对象是否小于或等于 other 对象
__eq__(slef,other)	判断 self 对象是否等于 other 对象
__call__(self, * args)	把实例对象作为函数调用

1. __init__()方法

__init__()方法是 Python 类的一种特殊方法，也称构造函数，当创建对象时系统自动调用，用来为对象分配内存并且对属性进行初始化。用户可以自己设计构造函数，如果没有设计，Python 将提供一个默认的构造函数用来进行初始化工作。

【例 8.10】 构造函数。

程序代码如下：

```
#example8.10
class Person:
    def __init__(self, name, gender,age):
        self.name = name
        self.gender = gender
        self.age = age

stu1 = Person('Liming','M',19)
stu2 = Person('Zhangli','F',20)
print('Name:',stu1.name,'Gender:',stu1.gender,'Age:',stu1.age)
print('Name:',stu2.name,'Gender:',stu2.gender,'Age:',stu2.age)
```

程序运行结果如下：

```
>>>
=================RESTART:C:/Users/python3.6/example8.10.py===============
Name: Liming Gender: M Age: 19
Name: Zhangli Gender: F Age: 20
>>>
```

说明：该例中的构造函数__init__()用于初始化属性 name、gender 和 age，创建对象时由系统自动调用。

2. __del__方法()

__del__()方法也称析构函数，用来释放对象占用的存储空间，在 Python 删除对象和收回对象存储空间时被自动调用和执行。如果用户没有编写析构函数，Python 将提供一个默认的析构函数。

【例 8.11】 析构函数。

程序代码如下：

```
#example8.11
class Person:
    def __init__(self, name, gender,age):
        self.name = name
        self.gender = gender
        self.age = age
    def __del__(self):
        print('调用析构函数：',self.name,self.gender,self.age)

stu1 = Person('Liming','M',19)
stu2 = Person('Zhangli','F',20)
print('Name:',stu1.name,'Gender:',stu1.gender,'Age:',stu1.age)
print('Name:',stu2.name,'Gender:',stu2.gender,'Age:',stu2.age)
del stu1
del stu2
```

程序运行结果如下：

```
>>>
================RESTART:C:/Users/python3.6/example8.11.py===============
Name: Liming Gender: M Age: 19
Name: Zhangli Gender: F Age: 20
调用析构函数：Liming M 19
调用析构函数：Zhangli F 20
>>>
```

说明：该例中的析构函数__del__()由用户自己定义，当使用 del 删除对象时，会被系统调用以释放存储空间。

8.4　继承

继承也是面向对象程序设计最重要的特征之一，实现了代码重用，增强了软件模块的可复用性和可扩充性，提高了软件的开发效率。有了继承机制，就可以在已有类的基础上添加新的成员构成新的类，从而提供了定义类的另一种方法。利用继承可以充分利用前人或自己以前的开发成果，同时又能够在开发过程中保持足够的灵活性，不拘泥于复用的模块。Python 提供了类的继承机制，解决了软件重用问题。

8.4.1 继承和派生的概念

继承是由一个已有类创建一个新类的过程。已有类称为基类或父类，新类称为派生类或子类。派生类从基类继承基类的成员，并根据需要添加新的成员，或对原有的成员进行改造（改写），以适应新类的需求。

派生类也可以作为其他类的基类，这个过程可以一直进行下去，从一个基类派生出来的多层类就形成了类的层次结构。

现实世界中的许多事物之间不是相互孤立的，它们往往具有共同的特征，也存在内在的差别。人们可以采用层次结构来描述这些实体之间的相似和不同。例如，动物学根据自然界动物的形态、身体内部构造、胚胎发育特点、生理习性、生活的地理环境等特征，将特征相同或相似的动物归为同一类。根据是否有脊椎，可将动物分为两大门类：脊椎动物和无脊椎动物，脊椎动物又可以根据其他特征分为哺乳类、鸟类、爬行类、两栖类和鱼类等，如图 8.1 所示。

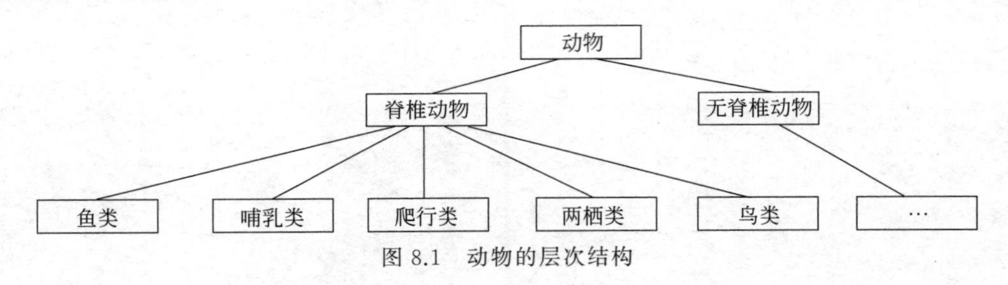

图 8.1 动物的层次结构

图 8.1 反映了动物类别之间的层次结构。最高层的动物类别往往具有最一般、最普遍的特征，越下层的动物类别越具体，并且下层包含了上层的特征。它们之间的关系是基类与派生类之间的关系。

继承可以帮助人们描述现实世界的层次关系、精确地描述事物以及理解事物的本质，是人们理解现实世界、解决实际问题的重要方法。

8.4.2 派生类的定义

派生类的定义格式如下：

```
class <派生类名>(<基类名>):
def __init__(self[,<参数>]):
```

```
<基类类名>.__init__(self[,<参数>])
<新增属性定义>
```

派生类定义时必须指定基类类名，通常在类的定义时都会包含__init__()构造函数，因此在派生类中也应该先定义派生类的构造函数，由于基类的构造函数不会被自动调用，所以在派生类的构造函数中要先调用基类的构造函数，并传以必要的参数，用于初始化基类的属性，然后再通过赋值语句初始化派生类中新增加的属性成员。

【例 8.12】 派生类的定义。

程序代码如下：

```
#example8.12
class Person:                                                    #基类定义
    def __init__(self, name, gender,age):
        self.name = name
        self.gender = gender
        self.age = age
    def display(self):
        print('Name:',self.name,'Gender:',self.gender,'Age:',self.age)
class Student(Person):                                           #派生类定义
    def __init__(self,num,major,name,gender,age):               #派生类构造函数
        Person.__init__(self,name, gender,age)                   #调用基类构造函数
        self.num = num                                           #派生类新增属性
        self.major = major                                       #派生类新增属性
    def displayStudent(self):
        print('Number:',self.num,'Major:',self.major)
        Person.display(self)                                     #调用基类方法

stu1 = Student('201602181','中文','张明','男',19)
stu2 = Student('201610050','软件工程','刘小天','男',20)
stu1.displayStudent()
stu2.displayStudent()
```

程序运行结果如下：

```
>>>
=================RESTART:C:/Users/python3.6/example8.12.py===============
Number: 201602181 Major: 中文
```

```
Name: 张明 Gender: 男 Age: 19
Number: 201610050 Major: 软件工程
Name: 刘小天 Gender: 男 Age: 20
>>>
```

说明如下。

(1) 该例中 Person 为基类，Student 为派生类，派生类的构造函数__init__()负责调用基类构造函数，同时还要对派生类新增对象属性 num 和 major 进行初始化。

(2) 派生类方法 displayStudent()输出派生类新增属性值，然后再调用基类方法 display()输出基类的对象属性。

派生类在调用基类方法时，一般采用非绑定的类方法，即通过类名访问基类的中的方法，并在参数列表中引入对象 self，从而达到调用基类方法的目的，如例 8.12 中的 Person.__init__(self,name, gender,age)和 Person.display(self)。但这种方式也有缺点，那就是当基类的类名改动或者派生类改为继承其他类时，在派生类中通过类名调用基类方法处的所有类名都需要修改，工作量很大。为了解决这个问题，Python 增加了内置函数 super()来调用基类方法，如将例 8.12 中的 Person.__init__(self,name, gender,age)改为 super(Student,self).__init__(name, gender,age)，Person.display(self)改为 super(Student,self).display()，亦可得到相同结果，见例 8.13。

【例 8.13】 内置函数 super()的使用。

程序代码如下：

```
#example8.13
class Person:                                                  #基类定义
    def __init__(self, name, gender,age):
        self.name = name
        self.gender = gender
        self.age = age
    def display(self):
        print('Name:',self.name,'Gender:',self.gender,'Age:',self.age)
class Student(Person):                                         #派生类定义
    def __init__(self,num,major,name,gender,age):              #派生类构造函数
        super(Student,self).__init__(name, gender,age)         #调用基类构造函数
        self.num = num                                         #派生类新增属性
        self.major = major                                     #派生类新增属性
    def displayStudent(self):
```

```
        print('Number:',self.num,'Major:',self.major)
        super(Student,self).display()                          #调用基类方法

stu1 = Student('201602181','中文','张明','男',19)
stu2 = Student('201610050','软件工程','刘小天','男',20)
stu1.displayStudent()
stu2.displayStudent()
```

程序运行结果如下：

```
>>>
================RESTART:C:/Users/python3.6/example8.13.py==============
Number: 201602181 Major:中文
Name:张明 Gender: 男 Age: 19
Number: 201610050 Major:软件工程
Name:刘小天 Gender: 男 Age: 20
>>>
```

使用 super()内置函数来调用基类中的方法，当基类的名称改变或者派生类改为继承其他类时，只需修改派生类继承基类的名称即可。这样既将代码的维护量降到最低，又缩短了程序开发周期。

8.4.3　派生类的组成

派生类中的属性和方法包括从基类继承来的属性和方法，以及在派生类中新增加的属性和方法两部分。从基类继承的属性和方法体现了派生类从基类继承而获得的共性，而新增加的属性和方法则体现了派生类的个性。

派生类新增加的属性和方法既体现了派生类和基类的不同，也体现了不同派生类之间的区别。派生类对象包括两个部分：一部分是基类成员，一部分是派生类成员，如图 8.2 所示。

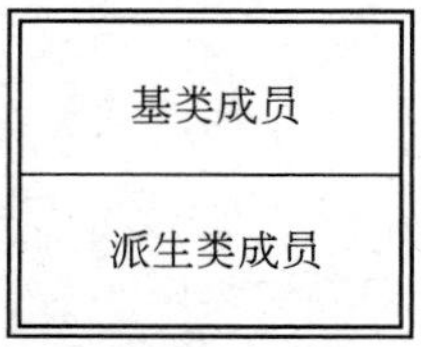

基类成员
派生类成员

图 8.2　派生类对象结构

派生类在构造的过程中，根据实际需求主要完成以下三部分工作。

1. 从基类接收属性和方法

基类的全部成员，包括所有属性和方法都被派生类继承，作为派生类成员的一部分。

这种继承方式可能会产生数据冗余现象，因为有些基类的属性和方法虽然继承过来，但是在派生类中却用不到。尤其是在多次派生后，会在许多派生类对象中存在大量无用的数据，不仅浪费了大量空间，而且在对象的建立、赋值、复制和参数传递中花费了很多无谓的时间，也降低了效率。需要注意的是，正是由于这种现象的存在，在构造派生类时就需要慎重选择基类，派生类有更合理的结构，从而使数据冗余量尽可能最小。

2. 调整基类属性和方法

基类的属性和方法不能有选择地继承，但是却可以对这些属性和方法进行调整。最简单的方式是通过在派生类中定义新属性和方法来取代基类中的属性和方法，可以在派生类中声明一个与基类同名的属性和方法，这样在派生类中的新属性和新方法将会覆盖基类的同名属性和方法。但是需要注意的是，如果重新定义方法，不仅方法名要相同，而且方法的参数表也要相同，否则方法即为重载而不是覆盖了。

3. 定义新增属性和方法

在派生类中增加新的属性和方法体现了派生类对基类功能的扩展，在定义时需仔细考虑，精心设计。

8.4.4 多继承

继承指一个派生类从一个基类继承而来，称为单继承，而实际工作中常常有这样的情况出现：一个派生类有两个或多个基类，派生类从两个或多个基类中继承所属的属性和方法。例如，学生助教同时具有学生和教师的特征；苹果梨是苹果和梨的嫁接产物，具有两者的属性。Python 允许一个派生类同时继承多个基类，称为多继承（Multiple Inheritance）。

【例 8.14】 多继承。

程序代码如下：

```
#example8.14
class Student():                              #基类 Student
    def __init__(self,num,name,gender):
```

```
        self.num = num
        self.name = name
        self.gender = gender
    def displayStudent(self):
        print('学号:%s,姓名:%s,性别:%s'%(self.num,self.name,self.gender))
class Teacher():                             #基类 Teacher
    def __init__(self,title,major,subject):
        self.title = title
        self.major = major
        self.subject = subject
    def displayTeacher(self):
print('职称:%s,专业:%s,课程:%s'%(self.title,self.major,self.subject))

class Assistant(Student,Teacher):       #派生类 Assistant
    def __init__(self,num,name,gender,title,major,subject,salary):
        Student.__init__(self,num,name,gender)
        Teacher.__init__(self,title,major,subject)
        self.salary = salary
    def displayAssistant(self):
        super(Assistant,self).displayStudent()
        super(Assistant,self).displayTeacher()
        print('工资',self.salary)

ta = Assistant('20150709','刘小阳','女','助教','软件工程','程序设计',800)
ta.displayAssistant()
```

程序运行结果如下：

```
>>>
=================RESTART:C:/Users/python3.6/example8.14.py===============
学号:20150709,姓名:刘小阳,性别:女
职称:助教,专业:软件工程,课程:程序设计
工资 800
>>>
```

说明如下。

(1) 该程序首先定义两个类 Student 和 Teacher，Student 类有三个属性 num、name 和 gender。一个构造函数__init__()用于初始化属性，一个 displayStudent()函数用于输

出学生信息。Teacher 类有三个属性 title、major 和 subject，一个构造函数__init__()用于初始化 Teacher 类的属性，一个 displayTeacher()函数用于输出教师信息。

（2）Assistant 类是派生类，其基类有两个：Student 和 Teacher，因此属于多继承产生的派生类，该派生类新增了属性 salary，又定义了自己的构造函数和 displayAssistant()函数。

（3）注意派生类中的构造函数不能使用 super()内置函数的方式调用基类构造函数，但是在 displayAssistant()方法中却可以使用 super()内置函数的方式调用基类的方法，这是因为派生类有两个基类，且这两个基类有同名的方法，通过 super()函数不能分辨到底调用哪一个基类的方法，而且如果参数的个数相同，则很有可能有某些基类的方法被多次调用，而某些基类的方法一次都没有调用，这种情况需要避免出现。

8.5 多态性

多态性是面向对象程序设计的关键技术之一，与继承、类的封装构成了面向对象技术的三大特性。多态指基类的同一个方法在不同派生类中具有不同的表现和行为，派生类继承了基类行为和属性后，还会增加某些特定的行为和属性，同时还可能对继承来的某些行为进行一定的改变，这些都是多态的表现形式。Python 通过方法重载和运算符重载两种方式实现多态性。

8.5.1 方法重载

方法重载就是在派生类中使用与基类完全相同的方法名，从而重载基类的方法。

【例 8.15】 方法重载。

程序代码如下：

```
#example8.15
class Animal():                                     #基类 Animal
    def display(self):
        print('I am an animal.')
class Dog(Animal):                                  #派生类 Dog
    def display(self):                              #方法重写
        print('I am a dog.')
class Cat(Animal):                                  #派生类 Cat
    def display(self):                              #方法重写
        print('I am a cat.')
```

```
class Wolf(Animal):                                   #派生类 Wolf
    def display(self):                                #方法重写
        print('I am a wolf.')

x = [item() for item in (Animal,Dog,Cat,Wolf)]
for item in x:
    item.display()
```

程序运行结果如下：

```
>>>
=================RESTART:C:/Users/python3.6/example8.15.py===============
I am an animal.
I am a dog.
I am a cat.
I am a wolf.
>>>
```

说明：该例中定义了基类 Animal，三个派生类 Dog、Cat 和 Wolf 均继承于基类 Animal，每个派生类中都重新定义了用于显示信息的方法 display()，而这些派生类中的方法都覆盖了基类中的方法 display()。

8.5.2　运算符重载

Python 语言提供了运算符重载功能，增强了语言的灵活性。在 Python 中除了构造函数和析构函数以外，还有大量内置的特殊方法，运算符重载就是通过重写这些内置方法来实现的。这些特殊方法都是以双下画线开头和结尾的，Python 通过这种特殊的命名方式来拦截操作符，以实现重载。当 Python 的内置操作运用于类对象时，会去搜索并调用对象中指定的方法完成操作。

类可以重载加减运算、打印、函数调用、索引等内置运算，如表 8.2 所示。

表 8.2　Python 类特殊方法

方　法	重　载	调　用
__init__	构造函数	对象建立：X = Class(args)
__del__	析构函数	X 对象收回
__add__	运算符＋	如果没有_iadd_，X＋Y，X＋＝Y

续表

方　法	重　载	调　用
__or__	运算符|(位 OR)	如果没有_ior_,X|Y,X|=Y
__repr__,__str__	转换	repr(X),str(X)
__call__	函数调用	X(* args, * * kargs)
__getattr__	点号运算	X.undefined
__setattr__	属性赋值语句	X.any = value
__delattr__	属性删除	del X.any
__getattribute__	属性获取	X.any
__getitem__	索引运算	X[key],X[i:j],无__iter__时的 for 循环和其他迭代器
__setitem__	索引赋值语句	X[key] = value,X[i:j] = sequence
__delitem__	索引和分片删除	del X[key],del X[i:j]
__len__	长度	len(X),如果没有__bool__,真值测试
__bool__	布尔测试	bool(X),真测试
__lt__,__gt__,	特定的比较	X < Y,X > Y
__le__,__ge__,		X<=Y,X >= Y
__eq__,__ne__		X == Y,X != Y
__radd__	右侧加法	Other+X
__iadd__	实地(增强的)加法	X += Y(or else __add__)
__iter__,__next__	迭代环境	I = iter(X),next(I)
__contains__	成员关系测试	item in X(任何可迭代的)
__index__	整数值	hex(X),bin(X),oct(X),O[X],O[X:]
__enter__,__exit__	环境管理器	with obj as var:
__get__,__set__	描述符属性	X.attr,X.attr = value,del X.attr
__new__	创建	在__init__之前创建对象

【例 8.16】 运算符重载。

程序代码如下：

```
#example8.16
class Number():
    def __init__(self,a,b):
        self.a = a
        self.b = b
    def __add__(self,x):     #重载+
        return Number(self.a+x.a,self.b+x.b)
    def __sub__(self,x):     #重载-
        return Number(self.a-x.a,self.b-x.b)

n1 = Number(10,20)
n2 = Number(100,200)
m = n1+n2
p = n2-n1
print(m.a,m.b)
print(p.a,p.b)
```

程序运行结果如下：

```
>>>
================RESTART:C:/Users/python3.6/example8.16.py===============
110 220
90 180
>>>
```

说明：该例中重载了 add()和 sub()两个特殊方法，当对象进行＋或－运算时直接调用重载的方法。

习题 8

一、判断题

1. Python 中一切内容都可以称为对象。 （ ）

2. 在一个软件的设计与开发中，所有类名、函数名、变量名都应该遵循统一的风格和规范。 （ ）

3. 定义类时所有实例方法的第一个参数用来表示对象本身，在类的外部通过对象名

来调用实例方法时不需要为该参数传值。 (   )

4. 在面向对象程序设计中,函数和方法是完全一样的,都必须为所有参数进行传值。 (   )

5. Python 中没有严格意义上的私有成员。 (   )

6. 在 Python 中定义类时,运算符重载是通过重写特殊方法实现的。例如,在类中实现了__mul__()方法即可支持该类对象的 ** 运算符。 (   )

7. 对于 Python 类中的私有成员,可以通过"对象名._类名__私有成员名"的方式访问。 (   )

8. 如果定义类时没有编写析构函数,Python 将提供一个默认的析构函数进行必要的资源清理工作。 (   )

9. 在派生类中可以通过"基类名.方法名()"的方式来调用基类中的方法。 (   )

10. Python 支持多继承,如果父类中有相同的方法名,而在子类中调用时没有指定父类名,则 Python 解释器将从左向右按顺序进行搜索。 (   )

二、程序设计

1. 设计一个类 Rectangle,要求如下。

(1) 属性:长和宽。

(2) 方法:设置长和宽 setRect(self),输出长和宽 getRect(self),求周长 getPerimeter(self)和面积 getArea(self)。

2. 设计一个类 Bank,实现银行某账号的资金往来账目管理,包括创建账号、存入和取出,分别通过三个方法实现。

3. 编写程序,声明一个学生类 Student,由学生类派生出研究生类 Master,设计属性和方法,测试类的正确性。

4. 设计一个汽车类 Vehicle,包含的数据成员有车轮个数 wheels 和车重 weight。小车类 Car 是 Vehicle 的派生类,增加载人数 passenger_load;卡车类 Truck 是 Vehicle 的派生类,增加载人数 passenger_load 和载重量 payload,每个类都有相关数据的输出方法。

5. 设计一个圆类 Circle 和一个桌子类 Table,由这两个类派生出一个圆桌类 Roundtable,要求输出一个圆桌的高度、面积和颜色等数据。

第 9 章

Python 高级编程

学习目标

- 了解 GUI 编程的基本方法。
- 掌握 tkinter 模块基本组件的用法。
- 理解 TCP 编程和 UDP 编程的基本过程。
- 了解网络爬虫和 requests、BeautifulSoup4 库的基本使用方法。
- 了解数据库编程的基本方法。
- 掌握 sqlite3 库的基本使用方法。

9.1 GUI 编程

GUI(Graphical User Interface)的中文含义为图形用户界面或图形用户接口，是指采用图形方式显示的计算机操作用户界面。现代操作系统的图形操作界面极大地降低了计算机的使用门槛，提高了计算机的使用效率。目前，多数程序设计语言都增加了面向对象的程序设计方式，支持 GUI 的程序开发，与 C、C++ 或者 Java 等主流程序设计语言相比，Python 可以非常快速、简单地实现 GUI 编程，具有非常高的效率。

9.1.1 Python 常用 GUI 模块

很多模块都支持 Python 编写 GUI 程序，整体上分为两大类：一类是 Python 自带的模块，另一类是第三方模块。tkinter 是 Python 自带的标准 GUI 模块，而应用比较普遍的第三方 GUI 模块主要有 wxPython、PyQt、wxPython、Jython、IronPython 等。

1. tkinter

tkinter 模块是 Python 的标准 Tk GUI 工具包的接口，无需安装任何包就可以直接使用。tkinter 可以在大多数的 UNIX 平台下使用，同样可以应用于 Windows、Linux 和 Macintosh 等多种操作系统平台。tkinter 简洁高效，适用于小型 GUI 程序的开发，Python 自带的 IDLE 就是用 tkinter 开发的。

2. wxPython

wxPython 是功能强大的支持 GUI 的 Python 模块，同时它还具有非常优秀的跨平台能力，能够支持运行在 32/64 位 Windows、绝大多数的 UNIX 或类 UNIX 系统以及 Macintosh OS X 下。使用 wxPython 模块，Python 程序员能够轻松地创建具有健壮性、功能强大的 GUI 程序。wxPython 是 Python 语言对流行的 wxWidgets 跨平台 GUI 工具库的绑定，以 wxWidgets 的 Python 封装和 Python 模块的方式提供给用户，允许 Python 程序员很方便地创建完整的、功能键完全的 GUI 用户界面。遗憾的是，wxPython 只能运行在 Python 2.x 版本上，虽然 wxPython 开发者最新提供了一个能够运行在 Python 3.x 版本上的 wxPython——wxPython Phoenix，但与 2.x 版本的 API 还有一些差别。

3. PyQt

PyQt 是一个 Python 编程语言和 Qt 库成功融合的 GUI 应用程序工具包。PyQt 的基础是 Qt 库，Qt 库是目前最强大的库之一，是一个跨平台的 C++ 图形用户界面库。PyQt 由 Phil Thompson 开发，实现了一个 Python 模块集，它有超过 300 个类，以及将近 6000 个函数和方法。PyQt 具有非常优秀的跨平台能力，可以运行在所有主流操作系统上，包括 UNIX、Windows 和 Macintosh。PyQt 采用双许可证，开发人员可以选择 GPL（General Public License）和商业许可。在此之前，GPL 的版本只能用在 UNIX 上，从 PyQt 的版本 4 开始，GPL 许可证可用于所有支持的平台。

4. Jython

Jython 是一个用于 Java 的 Python 端口，可以和 Java 无缝集成，这使得 Python 脚本可以在本地机器上无缝接入 Java 类库，对于熟悉 Java 的程序员而言是一个非常好的选择。实际上，Jython 是一种完整的语言，它是一个 Python 语言在 Java 中的完全实现，Jython 不仅能提供 Python 的库，同时也提供所有的 Java 类，这使其成为一个巨大的资源库。Jython 拥有标准的 Python 中不依赖 C 语言的几乎全部模块。例如，Jython 的用户界面将使用 Swing，AWT 或者 SWT，Jython 可以被动态或静态地编译成 Java 代码。

5. IronPython

IronPython 是 Python 编程语言和.NET 平台的有机结合，能够运行在.NET 和 Mono 之上，也可以运行于 Silverlight 之上。IronPython 已经很好地集成到了.NET Framework 中，Python 语言中的字符串对应.NET 的字符串对象，并且 Python 语言中对应的方法在 IronPython 中也都提供，其他数据类型也是一样。IronPython 最初由 Jim Hugunin 开发，Jim Hugunin 也是 Jython 模块的创造者，后来加入微软公司，将 IronPython 作为开源软件发布。目前，微软公司仍然有一个小组在对 IronPython 进行开发。

9.1.2 tkinter 模块

tkinter 是 Python 的标准 GUI 库，可以利用 tkinter 快速创建 GUI 应用程序。由于 tkinter 是内置到 Python 的安装包，只要安装好 Python 之后就能通过 import 导入 tkinter 模块，使用起来非常方便。IDLE 本身就是用 tkinter 编写而成的，对于创建简单的图形界面，tkinter 是很好的选择。

1. 使用 tkinter 进行 GUI 编程的基本步骤

使用 tkinter 创建一个 GUI 应用程序并不复杂，主要包括以下几个步骤。

（1）导入 tkinter 模块。

```
import tkinter 或者 from tkinter import *
```

（2）创建 GUI 应用程序的顶层主窗口对象 top（名字任意），用于容纳程序所有可能的组件（widget）。tkinter.Tk()返回的窗口是顶层窗口，一般命名为 root 或者 top。顶层窗口只能创建一次，并且在其他窗口创建之前被创建。例如：

```
top = tkinter.Tk()
```

（3）在主窗口内创建其他组件，例如标签（label）、按钮（button）、输入框（entry）、框架（frame）、菜单（menu）、滚动条（scrollbar）等。组件既可以是独立的，也可以作为容器存在，作为容器时，它就是容器中组件的父组件。下面代码的作用是在主窗口中创建一个简单的标签，在标签上显示“hello，Python”：

```
label1 = tkinter.Label(top,text = 'hello,Python')
```

(4) 将这些 GUI 模块与底层代码进行连接。将组件在窗口中显示并实现布局，最简单的布局用 pack()方法实现，grid()方法和 place()方法可以实现更复杂的布局。例如，对于上面的创建的标签实例 label1，使用如下命令在主窗口显示并简单布局：

```
label1.pack()
```

(5) 进入主事件循环，响应由用户触发的每个事件。组件会有一定的行为和动作，如按钮被按下、进度条被拖动、文本框被写入等，这些用户行为称为事件，针对事件的响应动作称为回调函数(callback)。用户操作，产生事件，然后执行相应的 callback，整个过程被称为事件驱动，很显然，需要定义 callback 函数。只有窗口内的对象处于循环等待状态，才能由某个事件引发窗口内的对象完成某种功能。进入事件循环由下面的交互命令实现：

```
top.mainloop()
```

将上面 5 个步骤中的交互命令按顺序合成，就可以组成一个简单的 GUI 程序。

【例 9.1】 第一个 GUI 程序。

程序代码如下：

```
#example9.1
import tkinter
top = tkinter.Tk()
label1 = tkinter.Label(top, text = 'hello world!')
label1.pack()
top.mainloop()
```

程序运行结果如图 9.1 所示。

图 9.1 第一个 GUI 程序

说明如下。

(1) Tk 是模块 tkinter 的类，top 是 Tk 的实例，top 是最上层的组件，代表顶层窗口，其他组件都放在 top 内。

(2) label1 是类 Label 的实例，top 是标签所在的上层组件名，决定了 label1 放置在顶层窗口 top 内，text 参数用于在标签上显示文字。

(3) 调用 label1 的 pack()方法将 label1 在 top 内布局，最后利用 top 的 mainloop()方法实现主事件循环。

当然，最简单的 tkinter 程序可以只包含顶层窗口，没有任何其他组件，这样，例 9.1 可以简化为例 9.2 中的 3 条语句。

【例 9.2】 只包含顶层窗口的 tkinter 程序。

程序代码如下：

```
#example9.2
import tkinter
top = tkinter.Tk()
top.mainloop()
```

该段代码会生成一个顶层窗口，没有其他组件，如图 9.2 所示。

图 9.2　最简单的 tkinter 程序

说明：创建顶层窗口 top，没有在顶层窗口内创建任何组件，然后直接进入主事件循环。

2. 公共属性

在利用 tkinter 模块进行 GUI 编程时，有很多属性是所有组件都具有的，下面进行简单描述。

1) 尺寸

各种长度、宽度的尺寸可以用不同的单位描述。如果尺寸为整数，则默认为以像素为单位，也可以指定不同的数字单位，如表 9.1 所示。

表 9.1　尺寸单位

字符	含　义	字符	含　义
c	厘米	m	毫米
i	英寸	p	打印机的点(即 1/27 英寸)

2）颜色

tkinter 中的颜色有两种不同的表示方法。

(1) 使用一个十六进制字符串表示颜色，该字符串指定红色、绿色和蓝色的比例。例如，#FFF 是白色，#000000 是黑色，#000fff000 是纯绿色，#00FFFF 是纯青色(绿加蓝)。

(2) 使用本地系统定义的标准颜色名称，如 white，black，red，green，blue，yellow 等。

3）窗口大小及位置

设置顶层窗口的大小及位置可以使用函数 geometry()，函数的参数一般为如下形式：'wxh±x±y'。w 和 h 是以像素表示的窗口的宽度和高度，w 和 h 之间的是字符 x，作为二者之间的分隔符，注意不是叉号，也不是星号。+x 代表窗口左边距离桌面左边的像素点距离，-x 代表窗口右边距离桌面右边的像素点距离；+y 代表窗口顶端距离桌面顶边的像素点距离，-y 代表窗口底端距离桌面底边的像素点距离。如：

```
top.geometry('400x300+150+200 ')
```

其含义为定义一个 400 像素宽、300 像素高的窗口，窗口距离屏幕左侧 150 像素，距离屏幕顶部 200 像素。

3. 组件布局

组件布局(layout)就是在窗口内安排组件位置的方法。在 tkinter 中，有 3 种安排组件布局的方法：pack 布局、grid 布局、place 布局。

1）pack 布局

pack 布局根据组件创建生成的顺序将组件添加到父组件中，pack 布局通过 pack()函数实现，通过设置相同的锚点(anchor)可以将组件紧挨一个位置放置，如果不指定任何选项，默认在父窗体中自顶向下添加组件，pack()函数自动为组件分配一个合适的位置和大小。

使用 pack()函数进行布局的格式为：

```
<组件>.pack([参数列表],…)
```

pack()函数的可选参数列表如表 9.2 所示。

表 9.2　pack()函数的可选参数列表

参数名称	描　　述	取值范围
side	指定组件停靠在父组件的哪一方向上	top(默认值);bottom;left;right
fill	指定水平(x)或垂直(y)方向填充 当属性 side="top"或"bottom"时,填充 x 方向; 当属性 side="left"或"right"时,填充"y"方向; 当 expand 选项为 yes 时,填充父组件的剩余空间	x;y;both;none
expand	当值为 yes 时,side 选项无效,组件显示在父组件中心位置;若 fill 选项为 both,则填充父组件的剩余空间	yes;no;自然数;0
anchor	指定对齐方式:左对齐 w,右对齐 e,顶对齐 n,底对齐 s	n;s;w;e;nw;sw;se;ne;center(默认值)
ipadx, ipady	组件内部在 x(y)方向上填充的空间大小,默认单位为像素,可选单位为 c(厘米)、m(毫米)、i(英寸)、p(打印机的点,即 1/27 英寸)	非负浮点数 (默认值为 0.0)
padx, pady	组件外部在 x(y)方向上填充的空间大小,默认单位为像素,可选单位为 c(厘米)、m(毫米)、i(英寸)、p(打印机的点,即 1/27 英寸)	非负浮点数 (默认值为 0.0)
before	将本组件于所选组建对象之前 pack,类似于先创建本组件再创建选定组件	已经 pack 后的组件对象
after	将本组件于所选组建对象之后 pack,类似于先创建选定组件再创建本组件	已经 pack 后的组件对象
in	将本组件作为所选组建对象的子组件,类似于指定本组件的 master 为选定组件	已经 pack 后的组件对象

【例 9.3】 新建程序,验证 tkinter 的 pack 布局。

程序代码如下:

```
#example9.3  pack 布局示例
import tkinter
top = tkinter.Tk()
top.geometry('320x120+0+0')                #指定主窗口的大小
label1 = tkinter.Label(top, text = "北京")
label2 = tkinter.Label(top, text = "上海")
```

```
label3 = tkinter.Label(top, text = "广州")
label4 = tkinter.Label(top, text = "深圳")
label1.pack(side = 'left',fill = 'both')
label2.pack(side = 'right',fill = 'both',padx = 5,pady = 3)
label3.pack(side = 'top',fill = 'x',expand = 'yes',anchor = 'n')
label4.pack(side = 'bottom',expand = 'yes',anchor = 's')
top.mainloop()
```

程序运行结果如图 9.3 所示。

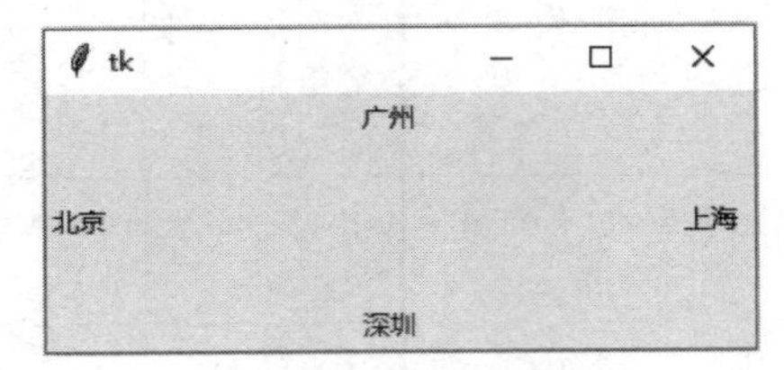

图 9.3　例 9.3 运行结果

2）grid 布局

grid 布局采用类似表格的结构组织组件，grid 布局通过 grid()函数实现。grid 采用行列确定位置，行列交汇处为一个单元格。可以连接若干个单元格以成为一个更大空间，这一操作被称作跨越，创建的单元格必须相临。每一列中，列宽由这一列中最宽的单元格确定；每一行中，行高由这一行中最高的单元格决定。组件并不是充满整个单元格，可以指定单元格中剩余空间的使用。可以空出这些空间，也可以在水平或竖直或两个方向上填满这些空间。用 grid 设计对话框和带有滚动条的窗体效果最好。

使用 grid()函数进行布局的格式为：

```
<组件>.grid([参数列表],…)
```

grid()函数的可选参数如表 9.3 所示。

表 9.3　grid()函数的可选参数列表

名　　称	描　　述	取值范围
row	组件所置单元格的行号	自然数(起始默认值为 0)
column	组件所置单元格的列号	自然数(起始默认值为 0)
rowspan	从组件所置单元格算起在行方向上的跨度	自然数(起始默认值为 0)

续表

名　称	描　述	取值范围
columnspan	从组件所置单元格算起在列方向上的跨度	自然数(起始默认值为 0)
ipadx,ipady	组件内部在 x(y)方向上填充的空间大小,默认单位为像素,可选单位为 c(厘米)、m(毫米)、i(英寸)、p(打印机的点,即 1/27 英寸)	非负浮点数 (默认值为 0.0)
padx,pady	组件外部在 x(y)方向上填充的空间大小,默认单位为像素,可选单位为 c(厘米)、m(毫米)、i(英寸)、p(打印机的点,即 1/27 英寸)	非负浮点数 (默认值为 0.0)
in_	将本组件作为所选组建对象的子组件,类似于指定本组件的 master 为选定组件	已经 pack 后的组件对象
sticky	组件紧靠所在单元格的某一边角	N;s;w;e;nw;sw;se;ne;center 默认为 center

【例 9.4】 新建程序,验证 tkinter 的 grid 布局。

程序代码如下:

```
#example9.4  pack 布局示例
import tkinter
top = tkinter.Tk()
top.geometry('420x180+0+0')      #指定主窗口的大小
label1 = tkinter.Label(top, text = "北京")
label2 = tkinter.Label(top, text = "上海")
label3 = tkinter.Label(top, text = "广州")
label4 = tkinter.Label(top, text = "深圳")
label5 = tkinter.Label(top, text = '成都')
label6 = tkinter.Label(top, text = '重庆')
label7 = tkinter.Label(top, text = '武汉')
label8 = tkinter.Label(top, text = '南京')
label1.grid(row = 0, column = 0, padx = 50, pady = 10)
label2.grid(row = 0, column = 1)
label3.grid(row = 1, column = 1, padx = 50, pady = 10)
label4.grid(row = 1, column = 2)
label5.grid(row = 2, column = 2)
label6.grid(row = 2, column = 3)
label7.grid(row = 2, column = 4)
```

```
label8.grid(row = 2, column = 5)
top.mainloop()
```

程序运行结果如图 9.4 所示。

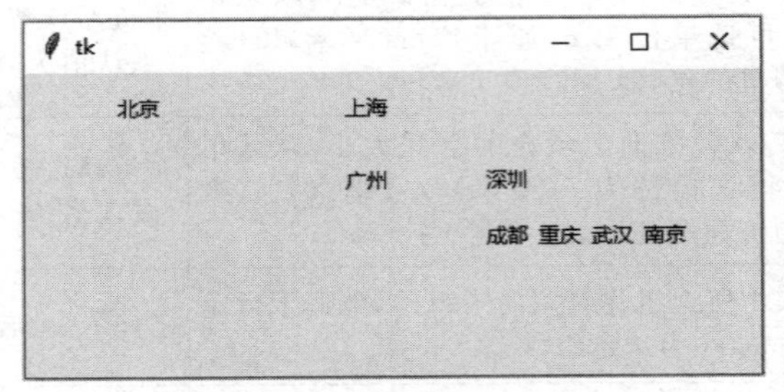

图 9.4　例 9.4 运行结果

3）place 布局

place()直接使用位置坐标布局，可用于更精细、更复杂的位置控制，但一般很少使用，本书不作介绍，有兴趣的读者可以参考相关资料。

4. tkinter 常用组件

tkinter 提供各种组件在一个 GUI 应用程序中使用，表 9.4 列出了常用的组件以及组件的功能描述。

表 9.4　tkinter 的常用组件

组　件	功 能 描 述
Button	按钮组件：在程序中显示按钮
Canvas	画布组件：包含图像或位图，可以显示线条或文本等图形元素
Checkbutton	多选框组件：用于在程序中提供多项选择框
Entry	输入框组件：用于接收键盘输入的数据或显示简单的文本内容
Frame	框架组件：容器类组件，在屏幕上显示一个矩形区域放置其他组件
Label	标签组件：可以显示文本或图形
Listbox	列表框组件：用来显示一个字符串列表给用户，用户可以从中做出选择
Menu	菜单组件：按下菜单按钮时弹出的菜单列表，包含多个列表项
Menubutton	菜单按钮组件：包含菜单项的组件，有下拉菜单和弹出菜单

续表

组　　件	功能描述
Message	消息组件：用来显示多行文本，与 label 类似
Radiobutton	单选按钮组件：一组按钮，只有一个单选按钮可以被选中
Scale	进度条（线性滑块）组件：可以设置起始值和结束值，为输出限定范围的数字区间
Scrollbar	滚动条组件：对支持的组件提供滚动条功能，如列表框
Text	文本组件：用于显示或接收用户输入的多行文本
Toplevel	容器组件：独立的顶级窗口容器，用来提供一个单独的对话框，和 Frame 比较类似
Spinbox	输入组件：与 Entry 类似，但是可以指定输入范围值
PanedWindow	PanedWindow 是一个窗口布局管理的插件，可以包含一个或者多个子组件
LabelFrame	LabelFrame 是一个简单的容器组件，常用于复杂的窗口布局
tkMessageBox	用于显示应用程序的消息框

1）标签（Label）组件

标签组件是最简单的组件，前面的介绍中已经使用了标签组件。标签组件的格式为：

```
<标签组件名>=tkinter.Label(<父组件>,[参数列表],…)
```

标签组件名是类 Label 的实例，如 label1，父组件是上层组件名，将在上层组件内创建一个标签组件 label1，并在适当位置显示文本或图像信息，显示信息的内容和方式受到参数列表的影响。

例如：

```
label1 = tkinter.Label(top,text = 'Hello,Python!')
```

将在上层组件 top（顶层窗口）内创建一个表单组件 label1。

标签组件的参数选项如表 9.5 所示。

表 9.5　标签组件参数说明

参数	说　　明
text	标签内要显示的文字，多行以'\n'分隔
width	标签的宽度，显示文本，以单个字符大小为单位；显示图像，以像素为单位

续表

参数	说　明
height	标签的高度，显示文本，以单个字符大小为单位；显示图像，以像素为单位
anchor	文本或图像在背景内容区的位置：n(north)，s(south)，w(west)，e(east)，还有 ne，nw，sw，se，center(默认值)，表示上北下南左西右东
background(bg)	指定背景颜色，默认值跟随系统
relief	边框样式：flat(默认)/sunken/raised/groove/ridge
borderwidth(bd)	边框的宽度，单位是像素
font	指定字体和字体大小，font = (font_name，size)
justify	指定文本对齐方式：center(默认)/left/right
foreground(fg)	指定文本(或图像)颜色
underline	单个字符添加下画线
bitmap	指定标签上显示的位图
image	指定标签上显示的图像
compound	文本和图像的位置关系。None(默认值)：显示图像不显示文本。bottom/top/left/right：图片显示在文本的下/上/左/右。center：文本显示在图片中心上方
activebacakground	设置 Label 处于活动(active)状态下的背景颜色，默认由系统指定
activeforground	设置 Label 处于活动(active)状态下的前景颜色，默认由系统指定
diableforground	指定当 Label 不可用(disable)状态下的前景颜色，默认由系统指定
cursor	指定鼠标经过 Label 时，鼠标的样式，默认由系统指定
state	指定 Label 的状态，用于控制 Label 如何显示。可选值有：normal(默认)/active/disable

【例 9.5】 文字标签。

程序代码如下：

```
#example9.5  文字标签示例
import tkinter
root =tkinter.Tk()
root.geometry('300x100+0+0')
root.wm_title('标签组件示例')
```

```
label1 = tkinter.Label(root,text = '高级语言程序设计\n ——Python',\
                       height = 4,width = 20,relief = 'ridge',\
                       background = '#ffffff',foreground = '#ff0000',\
                       anchor = 'center',font = '黑体',cursor = 'man')
label1.grid(row = 0,column = 1,padx = 60)
root.mianloop()
```

程序运行结果如图 9.5 所示。

图 9.5　标签组件示例的运行结果

【例 9.6】 图像标签。

程序代码如下：

```
#example9.6  图像标签示例
import tkinter
root = tkinter.Tk()
root.geometry('300x100+0+0')
root.wm_title('标签组件示例')
x = tkinter.PhotoImage(file = 'python.gif')
label1 = tkinter.Label(root,image = x,height = 122,width = 372,relief = 'ridge')
label1.pack()
root.mianloop()
```

程序运行结果如图 9.6 所示。

图 9.6　图像标签示例运行结果

说明：图片文件 python.gif 必须与程序文件保存在同一目录下。

2）按钮(Button)组件

按钮可以包含文本或图像，当按钮被按下时，会调用函数或方法，引发按钮响应事件，完成相应功能。创建按钮组件的格式为：

```
<按钮组件名>=tkinter.Button(<父组件>, [参数列表],…)
```

按钮组件名是类 Button 的实例，如 btn1，父组件是上层组件名，将在上层组件内创建一个按钮组件 btn1。举例如下：

```
btn1 =tkinter.Button(top,text ='Click me')
```

按钮组件的参数列表选项如表 9.6 所示。其中，anchor、relief、bitmap、image、height、width、font、bg、fg、bd、cursor、underline 等参数的功能与标签组件相同，此处不作重复说明。

表 9.6　按钮组件参数说明

参　　数	说　　明
text	按钮上要显示的文字内容
default	默认值为 normal，如果为 disabled，按钮不响应单击事件
takefocus	设置焦点，takefocus=1|0
state	设置组件状态：正常(normal)，激活(active)，禁用(disabled)
textvariable	设置文本变量
command	指定按钮的事件处理函数

按钮主要有两个方法，flash()方法和 invoke()方法。flash()方法使按钮在正常状态和激活状态之间闪烁，invoke()方法调用按钮的回调函数。

【例 9.7】 按钮组件应用示例。

程序代码如下：

```
#example9.7 按钮组件
import sys
import tkinter
top =tkinter.Tk()
top.geometry('310x180+100+100')
top.wm_title('按钮组件示例')
```

```
defprt_label():
    label1 = tkinter.Label(top,text = 'Hello Python!')
    label1.grid(row = 0,column = 1)

btn1 = tkinter.Button(top,text = 'Click me',height = 2,width = 12,\
                      borderwidth = 5,command = prt_label)
btn2 = tkinter.Button(top,text = 'Exit',height = 2,width = 12,\
                      borderwidth = 5,command = sys.exit)
btn1.grid(row = 1,column = 0,padx = 5,pady = 100)
btn2.grid(row = 1,column = 2,padx = 10)
top.mainloop()
```

程序运行结果如图 9.7 所示。

图 9.7　按钮组件示例运行结果

说明：创建按钮 btn1 的代码中，command＝prt_label 的含义是当按钮 bt1 被按下时，调用函数 prt_label，从而实现创建标签的动作。这种通过一个事件施加在一个对象上，而对象根据被激发的事件去执行相对应程序的机制被称为事件驱动。

单击鼠标左键、中键、右键，双击鼠标左键，键盘上的某个键被按下都可以看作 tkinter 的事件。tkinter 中的常见事件类型如表 9.7 所示。

表 9.7　tkinter 中的事件类型

事件名称		说　明
键盘事件	KeyPress	按下键盘某键时触发
	KeyRelease	按下键盘某键时触发

事件名称		说　　明
鼠标事件	ButtonPress	按下鼠标某键时触发
	ButtonRelease	释放鼠标某键时触发
	Motion	选中组件的同时拖曳组件移动时触发
	Enter	当鼠标指针移进某组件时，该组件触发
	Leave	当鼠标指针移出某组件时，该组件触发
	MouseWheel	当鼠标滚轮滚动时触发
窗体事件	Visibility	当组件变为可视状态时触发
	Unmap	当组件由显示状态变为隐藏状态时触发
	Map	当组件由隐藏状态变为显示状态时触发
	Expose	当组件从原本被其他组件遮盖的状态中暴露出来时触发
	FocusIn	组件获得焦点时触发
	FocusOut	组件失去焦点时触发
	Destroy	当组件被销毁时触发

例 9.7 中给出了按钮 btn1 被按下时调用的函数，按钮的其他事件被触发时可以通过将事件绑定到对象上实现，并利用回调函数调用相关函数执行相应动作。对象绑定事件的格式如下：

```
<组件对象名>.bind(<事件类型>,<回调函数>)
```

函数 bind()将＜事件类型描述＞的具体事件绑定到＜组件对象＞上，当＜事件类型＞描述的事件发生时，自动调用＜回调函数＞。事件类型以字符串形式传递且必须放置于尖括号＜＞内，回调函数必须定义一个形参。利用 bind()函数修改例 9.7，结果如下：

【例 9.8】 利用 bind()函数修改例 9.7。

程序代码如下：

```
#example9.8 按钮组件 bind()函数绑定
import sys
import tkinter
top = tkinter.Tk()
```

```
top.geometry('310x180+100+100')
top.wm_title('按钮组件 bind()函数绑定')

def prt_label(x):
    label1 = tkinter.Label(top,text = 'Hello Python!')
    label1.grid(row = 0,column = 1)

btn1 = tkinter.Button(top,text = 'Click me',height = 2,width = 12,\
                      borderwidth = 5)
btn1.bind('<Button-1>',prt_label)
btn2 = tkinter.Button(top,text = 'Exit',height = 2,width = 12,\
                      borderwidth = 5,command = sys.exit)
btn1.grid(row = 1,column = 0,padx = 5,pady = 100)
btn2.grid(row = 1,column = 2,padx = 10)
top.mainloop()
```

程序运行结果如图 9.8 所示。

图 9.8　按钮组件 bind()函数绑定运行结果

说明如下：

(1) 语句 btn1.bind('<Button-1>',prt_label)将鼠标左键单击事件与按钮对象 btn1 绑定，调用回调函数 prt_label()，该回调函数包含一个形参 x，<Button-1>代表单击鼠标左键，单击鼠标中键、右键、双击鼠标左键的事件类型描述分别为<Button-2>、<Button-3>、<Double-Button-1>。

(2) 键盘某个键被按下可以类似地描述为<KeyPress-A>(A 键被按下)、<KeyPress-Y>(Y 键被按下)。还可以描述某些组合键被按下，如<Control-A>(Ctrl 键和 A 键同时被按下)、<Control-C>(Ctrl 键和 C 键同时被按下)、<Control-Shift-KeyPress-A>(Control、Shift 和 A 键同时被按下)。

3）输入框（Entry）组件和文本框（Text）组件

输入框和文本框组件都用来接收用户输入数据并显示数据，二者的区别在于输入框接收单行数据，而文本框可以接收多行数据。输入框和文本框共享大多数属性和方法，在此只以输入框为例介绍二者的应用。

创建输入框组件的格式为：

```
<输入框组件名>=tkinter.Entry(<父组件>, [参数列表],…)
```

输入框组件名是类 Entry 的实例，父组件是上层组件名，将在上层组件内创建一个输入框组件，参数选项如表 9.8 所示。

表 9.8　输入框组件参数说明

参　　数	说　　明
insertwidth	输入框光标的宽度
insertontime	输入框光标闪烁时，显示持续时间，单位：毫秒（ms），默认值为 600ms
insertofftime	输入框光标闪烁时，消失持续时间，单位：毫秒（ms），默认值为 300ms
justify	当输入的文本不适应输入框时的显示方式：left/center/right，默认值为 left
show	指定输入框内容显示为字符，如显示密码可以将值设为 *
textvariable	输入框的值，是一个 StringVar()对象
xscrollcommand	建立与滚动条组件的联系，设置为滚动条组件的 set 方法

输入框的方法较多，表 9.9 只列出常用方法。

表 9.9　输入框常用方法

方　　法	说　　明
insert(index, text)	向输入框中插入字符，index：插入位置，text：插入字符
delete(first, last)	删除输入框内从 first 开始到 last(不包含 last)的字符串，省略 last，只删除 first 位置
get()	获取输入框的字符串值
select_clear()	清除输入框选择的内容
icursor(index)	将光标移动到 index 索引位置前，文框获取焦点后成立
index(index)	返回指定的索引值，保证 index 位置上的字符是输入框最左侧的可视字符
select_range(start, end)	选中 start 索引与 end 索引之前的值，start 必须小于 end

【例 9.9】 输入框组件示例。

程序代码如下：

```
#example9.9  输入框示例
import tkinter
top = tkinter.Tk()
top.geometry('300x100+50+50')
top.wm_title('输入框示例')
v = tkinter.StringVar()
en1 = tkinter.Entry(top,textvariable = v)
en1.pack()
v.set('输入框示例')
top.mainloop()
```

程序运行结果如图 9.9 所示。

图 9.9　输入框示例运行结果

说明如下。

(1) 语句 v=tkinter.StringVar()是调用 tkinter 的 StringVar()对象，该对象用来监视在 tkinter 组件内输入的字符串类型数据，textvariable=v 实现了将输入框内输入的字符串与 StringVar()对象的关联。

(2) 语句 v.set('输入框示例')通过调用 StringVar()对象的 set()函数在输入框内显示文本，StringVar()还有类似的函数 get()，用于返回 StringVar 变量的值。

【例 9.10】 标签、按钮、输入框组件综合应用实例。

程序代码如下：

```
#example9.10  标签、按钮、输入框综合实例
import tkinter
import sys
import re
top = tkinter.Tk()
```

```
top.geometry('400x170+350+150')
top.wm_title('标签、按钮、输入框综合实例')

def validateText():                              #有效性检验函数
    val = entry1.get()
    if re.findall('^[0-9a-zA-Z_]{1,}$ ',str(val)):
        return True
    else:
        label3['text'] = '用户名只能包含字母、数字、下画线'
        return False

def anw_button():                                #按钮响应函数
    if str.upper(entry1.get()) == 'PYTHON' and entry2.get() == 'python_123':
        label3['text'] = '登录成功'
    else:
        label3['text'] = '用户名或密码错误,请重新输入!'

label1 = tkinter.Label(top,text = '用户名：',font = ('宋体','18'))
label1.grid(row = 0,column = 0)
label2 = tkinter.Label(top,text = '密  码：',font = ('宋体','18'))
label2.grid(row = 1,column = 0)
v = tkinter.StringVar()                          #定义变量
entry1 = tkinter.Entry(top,font = ('宋体','18'),textvariable = v,\
                validate = 'focusout', validatecommand = validateText)
            #建立与变量 v 的联系、有效性检验方式以及回调函数名
entry1.grid(row = 0,column = 1)
entry1.focus_force()                             #强行得到焦点
entry2 = tkinter.Entry(top,font = ('宋体','18'),show = '*')
                                                 #屏蔽密码
entry2.grid(row = 1,column = 1)
button1 = tkinter.Button(top,text = '登录',font = ('宋体','18'),\
                command = anw_button)
button1.grid(row = 2,column = 0,padx = 50,pady = 10)
button2 = tkinter.Button(top,text = '退出',font = ('宋体','18'),\
                command = sys.exit)
button2.grid(row = 2,column = 1,padx = 80,pady = 10)
label3 = tkinter.Label(top,text = '信息提示区',font = ('华文新魏','16'),\
```

```
                          relief = 'ridge', width = 30)
    label3.grid(row = 3, column = 0, padx = 10, pady = 10, columnspan = 2, sticky = 's')
    top.mainloop()
```

程序运行结果如图 9.10 所示。

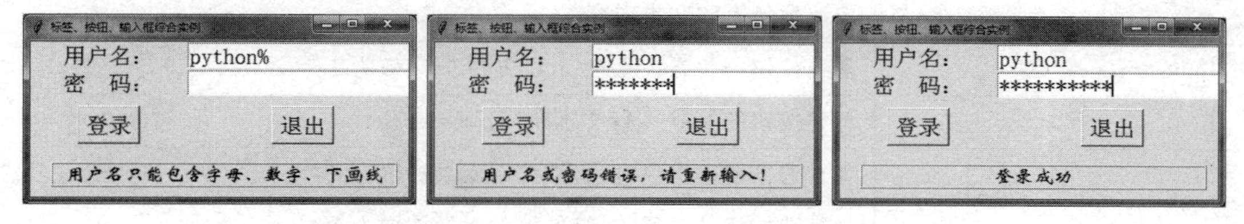

图 9.10　标签、按钮、输入框组件综合应用实例

说明如下。

(1) 本例中，使用 Entry 组件验证输入内容的合法性的，用户名要求只能输入字母、数字和下画线的组合，输入其他字符为非法。实现该功能，需要设置 validate、validatecommand 和 invalidcommand 选项。

(2) 首先启用验证的"开关"是 validate 选项，该选项可以设置的值如下：

- Focus：当 Entry 组件获得或失去焦点时验证；
- Focusin：当 Entry 组件获得焦点时验证；
- Focusout：当 Entry 组件失去焦点时验证；
- Key：当输入框被编辑时验证；
- All：当出现以上任何一种情况的时候验证。

(3) validatecommand 选项指定一个验证函数，该函数只能返回 True 或 False，表示验证的结果，通过 Entry 组件的 get()方法获得输入框的内容。

4) 复选按钮(Checkbutton)组件与单选按钮(Radiobutton)组件

复选按钮也称选择按钮，顾名思义，复选按钮用于提供多个选项供用户选择。单选按钮提供一组彼此相互排斥的选项，任何时刻只能选择一个选项，因此，单选按钮具有组的概念。创建复选按钮和单选按钮的格式分别如下：

```
<复选按钮组件名> = tkinter.Checkbutton(<父组件>, [参数列表], …)
<单选按钮组件名> = tkinter.Radiobutton(<父组件>, [参数列表], …)
```

复选按钮组件名是类 Checkbutton 的实例，单选按钮组件名是类 Radiobutton 的实例，父组件是上层组件名。除了通用属性参数外，复选按钮和单选按钮的参数及说明如

表9.10所示。

表9.10 复选按钮组件和单选按钮组件参数说明

参　　数	说　　明
command	当按钮状态改变时,指定按钮的事件处理函数
text	按钮标签上的文本内容
indicatoron	复选按钮的状态：设置/未设置为0;无效为1
justify	调整按钮的text多行文本布局：center/left/right
offvalue	当复选按钮被清除时,组件控制变量被置为0
onvalue	当复选按钮被设置时,组件控制变量被置为1
selectcolor	组件被设置时的颜色,默认值是white
selectimage	组件被设置时的图片颜色
variable	复选按钮：跟踪组件的状态变量,清除为－0,设置－1 单选按钮：控制变量,用于同组的其他单选按钮
textvariable	文本变量,用于改变按钮的标签文本内容
value	用户设置单选按钮时,控制变量的值

【例9.11】 复选按钮与单选按钮实例。

程序代码如下：

```
#-*-coding: utf-8 -*-
#example9.11
#复选按钮与单选按钮实例
import tkinter
import tkinter.font as tkFont
top = tkinter.Tk()
top.geometry('400x200+350+150')
top.wm_title('复选按钮与单选按钮实例')
def func_cb():
    if x.get() == 1 and y.get() == 0 and z.get() == 0:
        entry1['font'] = tkFont.Font(family = '宋体',size = 20,weight = 'bold')
    elif x.get() == 1 and y.get() == 0 and z.get() == 1:
        entry1['font'] = tkFont.Font(family = '宋体',size = 20,weight = 'bold',\
                                    underline = 1)
```

```
    elif x.get() == 1 and y.get() == 1 and z.get() == 0:
        entry1['font'] = tkFont.Font(family = '宋体',size = 20,weight = 'bold',\
                                     slant = 'italic')
    elif x.get() == 1 and y.get() == 1 and z.get() == 1:
        entry1['font'] = tkFont.Font(family = '宋体',size = 20,weight = 'bold',\
                                     slant = 'italic',underline = 1)
    elif x.get() == 0 and y.get() == 0 and z.get() == 0:
        entry1['font'] = tkFont.Font(family = '宋体',size = 20)
    elif x.get() == 0 and y.get() == 0 and z.get() == 1:
        entry1['font'] = tkFont.Font(family = '宋体',size = 20,underline = 1)
    elif x.get() == 0 and y.get() == 1 and z.get() == 0:
        entry1['font'] = tkFont.Font(family = '宋体',size = 20,slant = 'italic')
    elif x.get() == 0 and y.get() == 1 and z.get() == 1:
        entry1['font'] = tkFont.Font(family = '宋体',size = 20,slant = 'italic',\
                                     underline = 1)

def func_rb1():
    entry2['font'] = ('华文新魏',20)
def func_rb2():
    entry2['font'] = ('华文新魏',24)
def func_rb3():
    entry2['font'] = ('华文新魏',28)

v = tkinter.StringVar()                         #定义变量
entry1 = tkinter.Entry(top,font = ('宋体','24'),textvariable = v)
entry1.grid(row = 0,column = 0,columnspan = 4)
entry1.focus_force()                            #强行得到焦点
w = tkinter.StringVar()
entry2 = tkinter.Entry(top,font = ('宋体','18'),textvariable = w)
entry2.grid(row = 2,column = 0,columnspan = 4)
global x,y,z                                    #全局变量,获取复选按钮状态值
x = tkinter.IntVar()
cb1 = tkinter.Checkbutton(top,text = '粗体',command = func_cb,variable = x)
cb1.grid(row = 1,column = 0)
y = tkinter.IntVar()
cb2 = tkinter.Checkbutton(top,text = '斜体',command = func_cb,variable = y)
cb2.grid(row = 1,column = 1)
```

```
z = tkinter.IntVar()
cb3 = tkinter.Checkbutton(top,text = '下画线',command = func_cb,variable = z)
cb3.grid(row = 1,column = 2)
rb1 = tkinter.Radiobutton(top,text = '20 号',command = func_rb1)
rb1.grid(row = 3,column = 0)
rb2 = tkinter.Radiobutton(top,text = '24 号',command = func_rb2)
rb2.grid(row = 3,column = 1)
rb3 = tkinter.Radiobutton(top,text = '28 号',command = func_rb3)
rb3.grid(row = 3,column = 2)
a = tkinter.IntVar()
rb1['variable'],rb2['variable'],rb3['variable'] = a,a,a
rb1['value'],rb2['value'],rb3['value'] = 1,2,3
top.mainloop()
```

程序运行结果如图 9.11 所示。

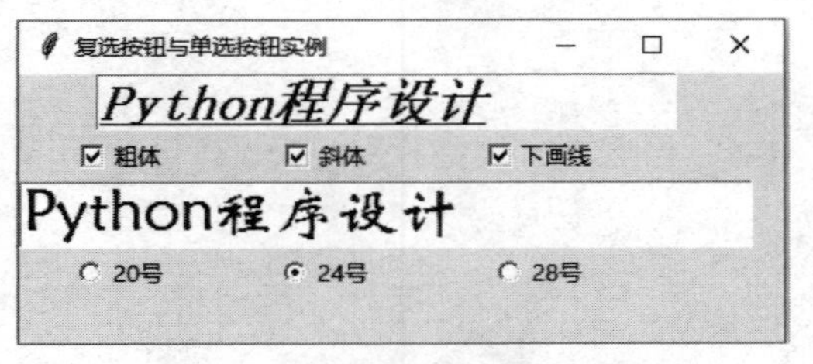

图 9.11　复选按钮与单选按钮实例

5）框架(Frame)组件与标签框架(LabelFrame)组件

框架组件可以对其他组件进行组织和分组，它是一个容器组件，可以包含标签、输入框、复选按钮等其他组件。在屏幕上以一块矩形区域作为其他组件的容器(container)来布局窗体。标签框架可以在框架周围的框架线上显示标签。创建框架和标签框架的格式如下：

```
<框架组件名> = tkinter.Frame(<父组件>, [参数列表], …)
<标签框架组件名> = tkinter.LabelFrame(<父组件>, [参数列表], …)
```

可以在框架或标签框架内创建其他组件，与直接在顶层窗口创建组件的区别就是父组件参数的不同，例如，在顶层窗口创建框架 fm，然后在框架 fm 组件内创建标签组件 label1，代码如下：

```
>>>import tkinter
>>>top = tkinter.Tk()
>>>fm = tkinter.LabelFrame(top,width = 200, height = 500, text = 'LabelFrame')
>>>fm.pack()
>>>label1 = tkinter.Label(fm, text = 'I like Python!',bg = 'white')
>>>label1.pack()
>>>top.mainloop()
```

框架和标签框架的绝大多数属性与前述组件相同,在此不作重复介绍。标签控件独有的特殊属性主要有两个,分别是 labelanchor 和 labelwidget。labelanchor 属性用来控制标签在框架上的显示位置,labelwidget 指明代替标签框架周围显示的标签。

例 9.12 用于在顶层窗口创建两个标签框架,并在标签框架内分别添加了单选按钮和复选框组件。

【例 9.12】 在标签框架内添加其他组件。

程序代码如下:

```
#example9.12  框架与标签框架
import tkinter
top = tkinter.Tk()
top.geometry('300x300+0+0')                    #指定主窗口大小
fm1 = tkinter.LabelFrame(top,width = 200, height = 110,bg = 'white',\
                    relief = 'ridge',bd = 5,text = '字体')
fm1.grid(row = 0,column = 0,padx = 50,pady = 10)
fm1.grid_propagate(0)
fm2 = tkinter.LabelFrame(top,width = 200, height = 130,bg = 'white',\
                    relief = 'ridge',bd = 5,text = '字形')
fm2.grid(row = 1,column = 0,padx = 50,pady = 10)
fm2.grid_propagate(0)                          #强迫标签框架保持原定义尺寸
x = tkinter.IntVar()
rb1 = tkinter.Radiobutton(fm1,text = '宋体')
rb1.grid(row = 0,column = 0)
rb2 = tkinter.Radiobutton(fm1,text = '黑体')
rb2.grid(row = 1,column = 0)
rb3 = tkinter.Radiobutton(fm1,text = '楷体')
rb3.grid(row = 2,column = 0)
rb1['variable'],rb2['variable'],rb3['variable'] = x,x,x
```

```
rb1['value'],rb2['value'],rb3['value'] = 0,1,2
check1 = tkinter.Checkbutton(fm2,text = '加粗')
check1.grid(row = 0,column = 0)
check1.select()                          #该选项处于选中状态
check2 = tkinter.Checkbutton(fm2,text = '倾斜')
check2.grid(row = 1,column = 0)
check3 = tkinter.Checkbutton(fm2,text = '下画线')
check3.grid(row = 2,column = 0)
check3.select()
top.mainloop()
```

程序运行结果如图 9.12 所示。

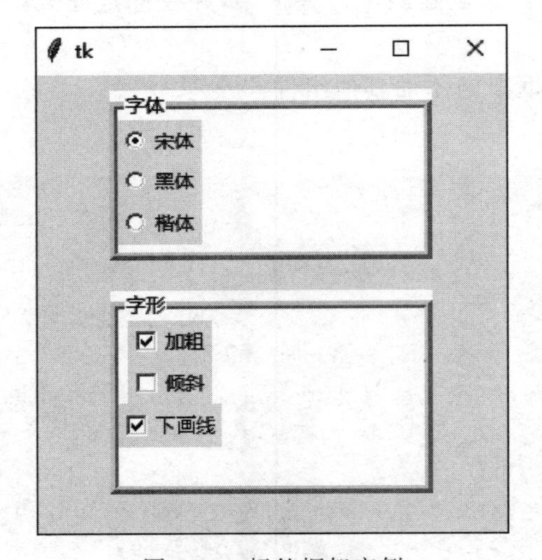

图 9.12　标签框架实例

6）列表框(Listbox)组件

列表框组件包含一个选项列表，用户可以从列表中选择一个或多个列表项。创建列表框组件的格式与创建其他组件类似，具体如下：

```
<列表框组件名> = tkinter.Listbox(<父组件>,[参数列表], …)
```

列表框的常用属性及方法见表 9.11 及表 9.12。

表 9.11 列表框组件的常用属性

属　性	说　明
selectmode	选择模式： SINGLE——单选 BROWSE——单选，拖动鼠标或使用方向键可以选择多行 MULTIPLE——多选 EXTENDED——多选，但需要同时按住 Shift 键或 Ctrl 键或拖拽鼠标实现
xscrollcommand	水平滚动条联系变量
yscrollcommand	垂直滚动条联系变量
listvariable	列表框内容的 StringVar 变量，可以用.get()方法得到列表框内容的字符串

表 9.12 列表框组件的常用方法

方　法	说　明
Insert(index, * elements)	插入新的列表项
curselection()	获得选中列表项索引值的元组
delete(first,last=None)	删除列表项
get(first,last=None)	获得指定列表项内容的元组

列表框还可以有水平或垂直滚动条，通过将列表框与滚动条组件联系实现。这方面的内容在此不作深入介绍，有兴趣的读者可以进一步阅读相关书籍。例 9.13 为创建一个列表框，并通过回调函数将列表框中选中的内容在标签组件中显示。

【例 9.13】 列表框组件的使用。

程序代码如下：

```
#example9.13
from tkinter import *
root = Tk()

def printLabel(x):
    Label(root,text = lb.get(lb.curselection()),\
          font = ('黑体',48),bg = 'red').grid(row = 0,column = 0)

lb = Listbox(root)
lb.bind('<Button-1>',printLabel)
```

```
lb.grid(row = 1, column = 0)
for i in range(10):
    lb.insert(END, str(i * 100))
root.mainloop()
```

程序运行结果如图 9.13 所示。

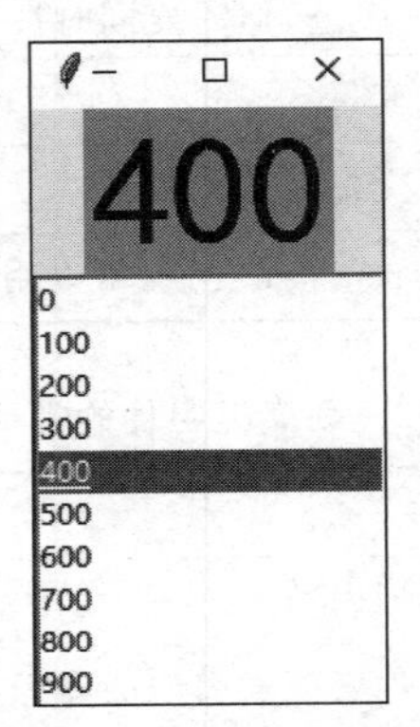

图 9.13　列表框组件实例

7）菜单(Menu)组件

tkinter 的菜单有两种：下拉式菜单和快捷菜单。

下拉式菜单由菜单栏和一组弹出式子菜单组成。菜单栏由若干主菜单项组成，主菜单项横向排列成一行，也称为顶层菜单，每个主菜单项对应一个分类弹出式子菜单，子菜单中的每一项称为菜单项，菜单项可以是独立的菜单命令、分割线或者下一级子菜单。

快捷菜单是鼠标右键单击时出现的菜单，可以增加程序的可操作性，提高程序效率。

创建下拉式菜单的格式如下：

```
<菜单组件名> = tkinter.Menu(<父组件>, [参数列表], …)
```

根据父组件参数的不同，可以创建菜单栏主菜单（父组件是顶层窗口）和弹出式子菜单（父组件是主菜单项）。

菜单的绝大多数属性与前述组件相同，应用菜单组件创建菜单的过程主要使用菜单的方法实现，常见的菜单方法如表 9.13 所示。

表 9.13 菜单的常用方法

方 法	说 明
add_command(option, …)	添加菜单项,menu 参数指定顶层菜单
add_cascade(option, …)	添加级联菜单,menu 参数指定被级联菜单
add_checkbutton(option, …)	添加多选按钮菜单项
add_radiobutton(option, …)	添加单选按钮菜单项
add_separator()	添加分隔线
insert_command(index,option, …)	插入菜单项
insert_cascade(index,option, …)	插入级联菜单
insert_checkbutton(index,option, …)	插入多选按钮菜单项
insert_radiobutton(index,option, …)	插入单选按钮菜单项
insert_separator(index)	插入分隔线
post(x,y)	弹出菜单的位置坐标

以上方法常用的参数主要有：label(菜单项名称)、command(单击菜单项时调用的方法)、accelerator(快捷键)和 underline(菜单项添加下画线)。

菜单栏中的多选按钮和单选按钮都是一组菜单项,选中某项菜单项后,菜单项左边有选中标志(√),单选按钮和多选按钮菜单项的区别是单选按钮组内只能同时选中一项,多选按钮菜单项可以同时选中多项。例 9.14 为创建一个包含子菜单的顶层菜单,模仿 Python IDLE 的 File 菜单项设计。

【例 9.14】 菜单组件简单应用。

程序代码如下：

```
#example9.14  菜单组件
import tkinter
top = tkinter.Tk()
top.geometry('300x450+100+100')
top.wm_title('Python Shell')
main_m = tkinter.Menu(top)                            #创建主菜单
item = tkinter.Menu(main_m, tearoff = 0)              #创建子菜单
for i in ['New File','Open','Open Module','Recent Files',\
          'Class Browser','Path Browser']:
    item.add_checkbutton(label = i)                   #添加菜单项
```

```
item.add_separator()                                          #添加分隔线
for i in['Save','Save as','Save Copy AS']:
    item.add_radiobutton(label = i)                           #添加菜单项
item.add_separator()                                          #添加分隔线
item.add_radiobutton(label = 'Print Window',accelerator = 'Ctrl+P')
item.add_separator()                                          #添加分隔线
item.add_radiobutton(label = 'Close',accelerator = 'Alt+F4')
item.add_radiobutton(label = 'Exit',accelerator = 'Ctrl+Q')
main_m.add_cascade(label = 'File',menu = item)                #指定顶层菜单
top['menu'] = main_m
top.mainloop()
```

程序运行结果如图 9.14 所示。

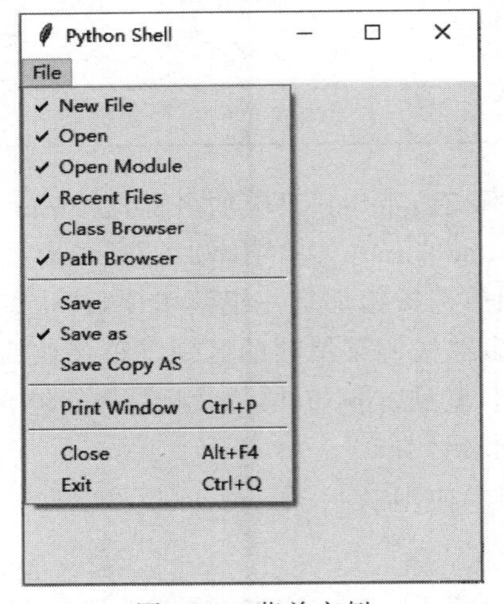

图 9.14 菜单实例

快捷菜单是在顶层窗口单击鼠标右键后产生的，因此快捷菜单没有顶层菜单，只有菜单项。在窗口中右键单击的位置由 post()方法记住，快捷菜单在 post()方法的位置（x 和 y 坐标）弹出。例 9.15 将例 9.14 做了简单修改，由下拉式菜单变为快捷菜单。

【例 9.15】 快捷菜单简单实例。

程序代码如下：

```
#example9.15  快捷菜单
import tkinter
```

```
top = tkinter.Tk()
top.geometry('300x450+100+100')
top.wm_title('Python Shell')

def post_menu(p):
    item.post(p.x, p.y)

item = tkinter.Menu(top, tearoff = 0)                       #创建快捷菜单
for i in ['New File','Open','Open Module','Recent Files',\
          'Class Browser','Path Browser']:
    item.add_checkbutton(label = i)                         #添加菜单项
item.add_separator()                                        #添加分隔线
for i in['Save','Save as','Save Copy AS']:
    item.add_command(label = i)                             #添加菜单项
item.add_separator()                                        #添加分隔线
item.add_command(label = 'Print Window',accelerator = 'Ctrl+P')
item.add_separator()                                        #添加分隔线
item.add_command(label = 'Close',accelerator = 'Alt+F4')
item.add_command(label = 'Exit',accelerator = 'Ctrl+Q')
top.bind('<Button-3>',post_menu)                            #回调函数,弹出快捷菜单
top.mainloop()
```

程序运行结果如图 9.15 所示。

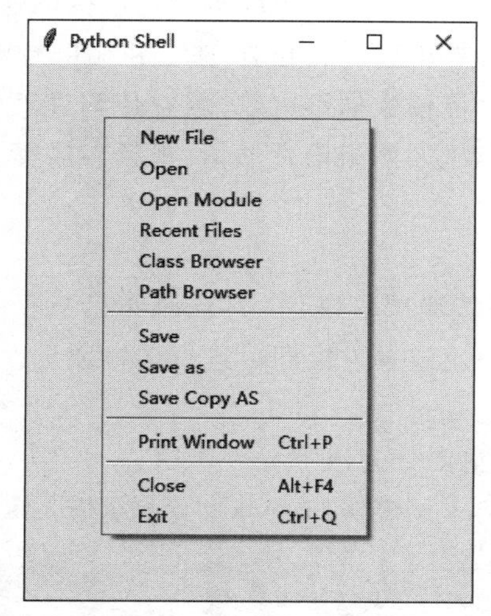

图 9.15　快捷菜单实例

tkinter 还有画布（Canvas）组件、滚动条（Scrollbar）组件、进度条（Scale）组件等其他组件，由于篇幅所限，此处不作一一介绍，感兴趣的读者可以参考相关书籍。

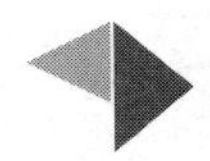

9.2 网络编程

Python 的标准库中有些库封装了常用的网络协议，如 socket、urllib 和 urllib2 等，利用这些库可以实现很多网络功能。此外，Python 还提供 wget、scrapy、requests 等大量第三方模块实现对网页内容的抓取和处理，可以快速开发网页爬虫等应用。Python 是一个非常强大的网络编程工具。

9.2.1 socket 编程

socket 是计算机之间进行网络通信的一套程序接口，也是计算机进程间通信的一种方式，它可以实现不同主机进程间的通信。网络上各种服务大多是基于 socket 完成通信的，如浏览网页、QQ 聊天、收发 E-mail 等。Python 标准库的 socket 模块支持 socket 接口访问，利用它可以极大地提高网络程序开发的效率。socket 模块包括两个部分：服务端和客户端，服务端负责监听端口号，等待客户端发送消息；客户端在需要发送信息时连接服务端，将信息发送出去。

TCP 和 UDP 是网络体系结构传输层最重要的两个协议。TCP 协议负责在两台计算机之间建立可靠连接，保证数据包按顺序到达。因此，TCP 协议适合对准确性要求较高的场合，如文件传输、电子邮件等。UDP 是面向无连接的协议，使用 UDP 协议传输数据不需要事先建立连接，只需要知道对方的 IP 地址和端口号即可，但是 UDP 协议不保证数据能准确送达。虽然 UDP 传输数据不可靠，但它传输速度快，因此对于可靠性要求不高的场合，可以使用 UDP 协议，如网络语音通信、视频点播等。

1. TCP 编程

TCP 是一种面向连接的传输层协议，TCP socket 是基于一种 C/S 的编程模型，服务端监听客户端的连接请求，一旦建立连接即可进行传输数据。

（1）客户端编程

socket 模块客户端编程主要分为以下 5 个步骤：

① 创建 socket。利用 socket 模块的 socket 函数实现，具体格式如下：

```
s=socket.socket([family,[type,[proto]]])
```

其中，family 可以是 socket.AF_INEF(IPv4)、socket.AF_INET6(IPv6)，或者 AF_UNIX(同一台机器进程间通信)，type 为套接字类型，可以是 SOCKET_STREAM(流式套接字，用于 TCP 协议)或者 SOCKET_DGRAM(数据报套接字，用于 UDP 协议)，

② 连接服务器。使用连接函数 connect 连接到远程服务器 IP 的某个特定端口上。格式如下：

```
s.connect((remote_ip , port))
```

③ 发送数据。连接服务器成功后，可以向服务器发送一些数据。如：

```
s.sendall(b''GET / HTTP/1.1\r\nHost: www.baidu.com\r\nConnection: close\r\n\r\n')
```

④ 接收数据。发送完数据之后，客户端需要接收服务器的响应，使用函数 recv()实现。如：

```
reply = s.recv(4096)
```

⑤ 关闭 socket。接收完服务器数据后，可以将该 socket 关闭，结束这次通信。如：

```
s.close()
```

下面是一个客户端程序的实例。

【例 9.16】 TCP 客户端编程实例。

程序代码如下：

```
#example9.16 tep-client
import socket                                       #导入 socket 库
#创建一个 socket:
s = socket.socket(socket.AF_INET, socket.SOCK_STREAM)
s.connect(('www.baidu.com', 80))                    #建立与远程主机连接
#发送数据,请求网页内容
s.send(b'GET/HTTP/1.1\r\nHost:www.baidu.com\r\nConnection: close\r\n\r\n')
buf = []
while True:                                         #接收数据
    d = s.recv(1024)                                #每次最多接收 1K
    if d:
```

```
        buf.append(d)
    else:
        break
data = b''.join(buf)
s.close()                                         #关闭连接
header, html = data.split((b'\r\n\r\n'), 1)
print(header.decode('utf-8'))
with open('baidu.html', 'wb') as b:               #把接收到的数据写入文件
    b.write(html)
```

(2) 服务器编程

服务器编程主要有以下 5 方面的工作。

① 打开 socket。

② 绑定监听地址以及端口。可以使用 127.0.0.1 绑定本机地址，但客户端必须在本机运行才能建立连接。标准服务的端口号都需要预先指定，如 Web 服务器 HTTP 端口一般为 80，FTP 端口为 21、Telnet 端口为 23。函数 bind()可以用来将 socket 绑定到特定的地址和端口上。

③ 监听连接。调用 listen()函数监听端口，该函数带有参数，用来控制连接的最大数量。

④ 建立连接。当有客户端向服务器发送连接请求时，服务器通过一个永久循环接受连接，accept()会等待并返回一个客户端的连接。

⑤ 接收/发送数据。服务器端与客户端实现收发数据操作。

例 9.17 是一个简单的服务器端程序。

【例 9.17】 TCP 服务器端编程实例。

程序代码如下：

```
#example9.17  tcp-service
import socket
import sys
HOST = '127.0.0.1'                   #本机地址
PORT = 5000                          #任意非特定端口
s = socket.socket(socket.AF_INET, socket.SOCK_STREAM)
print('Socket 创建成功')
s.bind((HOST, PORT))                 #绑定端口
print('Socket 绑定端口成功')
```

```
    s.listen(5)
    print('Socket 开始监听')
    while True:                                    #保持与客户端的持续连接
        conn, addr = s.accept()                    #接收新连接
        print('Connected with '+ddr[0]+':'+str(addr[1]))
        #创建新线程来处理 TCP 连接:
        t = threading.Thread(tcplink, args = (sock, addr))
        t.start()

def tcplink(sock, addr):
    print('请输入新的连接 %s:%s...' %addr)
    sock.send(b'welcome!')
    while True:
        data = sock.recv(1024)
        time.sleep(1)
        if not data or data.decode('utf-8') == 'exit':
            break
        sock.send(('Hello, %s!' %data.decode('utf-8')).encode('utf-8'))
    sock.close()
    print('Connection from %s:%s closed.' %addr)
```

说明：在该例的程序代码中，建立连接后，服务器首先发一条欢迎消息，然后等待客户端数据，客户端用户输入数据后，服务器端将数据加上 Hello 并返回给客户端，如果客户端发送 exit 字符串，则关闭连接。

例 9.18 中的客户端程序可以用来对上述服务器程序进行测试。

【例 9.18】 TCP 客户器端编程实例。

程序代码如下：

```
#example9.18  tcp-client
import socket
s = socket.socket(socket.AF_INET, socket.SOCK_STREAM)
s.connect(('127.0.0.1', 5000))                          #建立连接
print(s.recv(1024).decode('utf-8'))                     #接收欢迎消息
for data in [b'Michael', b'Tracy', b'Sarah']:
    s.send(data)                                        #发送数据
    print(s.recv(1024).decode('utf-8'))
```

```
s.send(b'exit')
s.close()
```

2. UDP 编程

和 TCP 类似，UDP 编程也需要将通信双方分为客户端和服务器。服务器端绑定需要端口，但不需要用 listen()进行监听，而是直接接收来自任何客户端的数据。客户端不需要调用 connect()与服务器进行连接，直接将数据发送给服务器。例 9.19 简单地表达了这样的过程。

【例 9.19】 UDP 编程实例。

服务器端代码：

```
#-*-coding: utf-8 -*-
#example9.19-udp-server
import socket
#创建一个 socket,SOCK_DGRAM 表示 UDP
s = socket.socket(socket.AF_INET, socket.SOCK_DGRAM)
s.bind(('127.0.0.1', 10021))                                    #绑定 IP 地址及端口
print('UDP 连接')
while True:
#获得数据和客户端的地址与端口,一次最多接收 1024 字节
data, addr = s.recvfrom(1024)
    print('收到数据 %s:%s.' %addr)
    s.sendto(data.decode('utf-8').upper().encode(), addr)  #数据大写送回客户端
#不关闭 socket
```

客户端代码：

```
#-*-coding: utf-8 -*-
#example9.19-udp-client
import socket
s = socket.socket(socket.AF_INET, socket.SOCK_DGRAM)
addr = ('127.0.0.1', 10021)                       #服务器端地址
while True:
    data = input('请输入要处理的数据:')          #获得数据
    if not data or data == 'quit':
        break
```

```
    s.sendto(data.encode(), addr)                  #发送到服务端
    recvdata, addr = s.recvfrom(1024)              #接收服务器端发来的数据
    print(recvdata.decode('utf-8'))                #解码打印
s.close()                                          #关闭 socket
```

9.2.2 Python 网络爬虫

网络爬虫是一种按照一定的规则自动地抓取万维网信息的程序或者脚本。爬虫程序通常从网站的某一个页面(通常是首页)开始,读取网页的内容,找到在网页中的其他链接地址,然后通过这些链接地址寻找下一个网页,这样一直循环下去,直到把这个网站所有的网页都抓取完为止。

网络爬虫一般分为两个步骤:

(1) 获取网页内容;

(2) 对获取的网页内容进行分析处理。

在 Python 中,有很多库可以实现网络爬虫功能,如 urllib、urllib2、urllib3、requests 等。在 Python 3.x 中,目前使用较多的是 requests 库和 BeautifulSoup4 库。requests 主要用来获取网页内容,BeautifulSoup4 库用来分析网页数据。这两个第三方库需要单独下载安装,具体方法可以参考本书第 6 章。下面根据网络爬虫的两个步骤简要介绍爬虫过程。

1. 获取网页内容——requests 库

Urllib 库和 requests 库都是比较好的抓取网页的库。Urllib 是 Python 的标准库,提供了 urllib.request、urllib.response、urllib.parse 和 urllib.error 4 个模块。requests 库是非常优秀的处理 HTTP 请求的第三方库,它基于 urllib,但比 urllib 更加方便,功能更强大,完全满足 HTTP 测试需求。本书将以 requests 库为例介绍网络爬虫的网页抓取功能。

可以采用 pip 指令安装 requests 库:pip install requests。

下面的代码用 requests 库读取并显示网页的内容。

```
>>>import requests
>>>response = requests.get('http://www.baidu.com')
>>>type(response)
<class 'requests.models.Response'>
```

最基本的请求可以直接使用 get()函数,如果需要参数,可以利用 params。如在向服

务器发起 get 请求的时候，问号(?)后面的字符串会被解析为查询字符串，格式一般是 ?key1=value1&key2=value2，如果手动构建 URL，那么数据会以键值对的形式置于 URL 中，连接在一个问号的后面，例如 http://www.baidu.com/get?key=val。Requests 允许使用 params 关键字参数，以一个字典来提供这些参数。例如，想传递 key1=value1 和 key2=value2 到 http://www.baidu.com，则可以使用如下代码：

```
>>>payload = {'key1': 'value1', 'key2': 'value2'}
>>>r = requests.get('http://www.baidu.com',params = payload)
>>>print(r.url)
```

通过打印输出的该 URL 已被正确编码如下：

```
http://www.baidu.com/?key1 = value1&key2 = value2
```

除了 get 外，requests 还支持其他 HTTP 请求，例如：

```
>>>r = requests.post('http://www.baidu.com')
>>>r = requests.put('http://www.baidu.com')
>>>r = requests.delete('http://www.baidu.com')
>>>r = requests.head('http://www.baidu.com')
>>>r = requests.options('http://www.baidu.com')
```

单纯从获取网页的角度来讲，requests 的 get()函数已经足以满足各种要求，get()函数的返回值会保存为一个 Response 对象，Response 作为服务器对 get()响应的结果，具有自己的属性和方法，网络爬虫的后续操作主要通过调用 Response 对象的属性和方法实现相关功能。

Response 对象的主要属性如下。

(1) status_code 属性：HTTP 请求的返回状态，200 表示连接成功，404 表示连接失败。

(2) text 属性：HTTP 响应的字符串内容，会自动根据响应头部的字符编码进行解码。

(3) encoding 属性：HTTP 响应的编码方式。

(4) content 属性：HTTP 响应的字节方式。

(5) headers 属性：以字典对象存储服务器响应头，字典键不区分大小写，若键不存在则返回 None。

下面的代码分别验证以上属性的功能。

```
>>>r = requests.get('http://www.baidu.com')
>>>r.status_code
200
>>>r.text
```

输出略。

```
>>>r.encoding
'ISO-8859-1'
>>>r.content
```

输出略。

```
>>>r.headers
{'Server': 'bfe/1.0.8.18', 'Date': 'Wed, 10 May 2017 01:08:25 GMT', 'Content-
Type': 'text/html', 'Last-Modified': 'Mon, 23 Jan 2017 13:27:27 GMT', 'Transfer
-Encoding': 'chunked', 'Connection': 'Keep-Alive', 'Cache-Control': 'private,
no-cache, no-store, proxy-revalidate, no-transform', 'Pragma': 'no-cache',
'Set-Cookie': 'BDORZ = 27315; max-age = 86400; domain = .baidu.com; path = /',
'Content-Encoding': 'gzip'}
```

Response 的方法主要有如下两个。

(1) json()方法：内置的 JSON 解码器，解析 JSON 数据。

(2) raise_for_status()方法：如果 get 请求失败(非 200 响应)，则抛出异常。

这两个方法的使用请参考下面的示例。

【例 9.20】 raise_for_status()方法和 json()方法应用实例。

程序代码如下：

```
#example9.20
import requests
URL = 'http://ip.taobao.com/service/getIpInfo.php'  #淘宝 IP 地址库 API
try:
    r = requests.get(URL, params = {'ip': '8.8.8.8'}, timeout = 1)
    r.raise_for_status()                        #如果响应状态码不是 200,就主动抛出异常
except requests.RequestException as e:
    print(e)
else:
```

```
    result = r.json()
print(type(result), result, sep = '\n')
```

程序运行结果如下：

```
<class 'dict'>
{'code': 0, 'data': {'country': '美国', 'country_id': 'US', 'area': '', 'area_id':
'', 'region': '', 'region_id': '', 'city': '', 'city_id': '', 'county': '',
'county_id': '', 'isp': '', 'isp_id': '', 'ip': '8.8.8.8'}}
```

2. 分析获取数据——BeautifulSoup4 库

使用 requests 库获取 HTML 网页内容后，需要解析 HTML 页面，这就需要用到能从 HTML 页面提取有用数据的函数库。BeautifulSoup4 库是一个非常优秀的 Python 扩展库，不但可以解析 HTML 页面内容，也可以读取 XML 文件内容。BeautifulSoup4 库也称为 Beautiful Soup 库或 bs4 库，可以使用 pip install beautifulsoup4 进行安装，安装后使用 from bs4 import BeautifulSoup4 进行导入。

熟悉 HTML 的人都知道，由 requests 获取的 HTML 页面一般都比较复杂，包含大量的格式信息，直接解析比较困难，这是由 HTML 的语法结构决定的。BeautifulSoup4 库提供一些直接处理 HTML 页面的函数（方法），可以方便快捷地解析页面元素。BeautifulSoup4 库将解析的每一个 HTML 页面当作一个对象，通过调用页面对象的属性和方法实现对页面的解析。HTML 页面中的每一个标签（Tag）都是 BeautifulSoup4 创建的页面对象的一个属性，如<body>、<head>等。下面的代码列举了调用页面对象属性的方法：

```
>>> import requests
>>> from bs4 importBeautifulSoup            #导入 bs4 库中的 BeautifulSoup 类
>>> r = requests.get('http://www.baidu.com')
>>> r.encoding = 'utf-8'
>>> soup = BeautifulSoup(r.text)
>>> type(soup)                              #soup 是 BeautifulSoup 类的一个对象
<class 'bs4.BeautifulSoup'>
>>> soup.head
<head><meta content = "text/html;charset = utf-8" http-equiv = "content-type">
<meta content = "IE = Edge" http-equiv = "X-UA-Compatible"><meta content = "always"
```

```
name = "referrer"><link href = "http://s1.bdstatic.com/r/www/cache/bdorz/baidu.
min.css" rel = "stylesheet" type = "text/css"><title>百度一下,你就知道</title>
</link></meta></meta></meta></head>
>>>soup.p
<p id = "lh"><a href = "http://home.baidu.com">关于百度</a><a href = "http://
ir.baidu.com">About Baidu</a></p>
>>>soup.a
<a class = "mnav" href = "http://news.baidu.com" name = "tj_trnews">新闻</a>
>>>soup.title
<title>百度一下,你就知道</title>
```

同时,soup 对象的每一个标签也是一个对象,称为 Tag 对象。Tag 对象有 4 个常用属性,具体如下。

(1) name 属性:标签的名字。

(2) attrs 属性:以字典形式返回原页面所有标签的所有属性。

(3) contents 属性:列表形式返回该标签下所有标签的内容。

(4) string 属性:以字符串的形式返回标签包含的文本内容,如果标签内嵌套一层标签,则返回最里层标签的内容,如果标签内嵌套多层标签,则返回 None。

下面的代码展示了以上属性的用法:

```
>>>soup.title.name
'title'
>>>soup.title.string
'百度一下,你就知道'
>>>soup.title.parent.name
'link'
>>>soup.p
<p id = "lh"><a href = "http://home.baidu.com">关于百度</a><a href = "http://
ir.baidu.com">About Baidu</a></p>
>>>soup.a                     #返回第一个超链接
<a class = "mnav" href = "http://news.baidu.com" name = "tj_trnews">新闻</a>
>>>soup.a.attrs
{'href': 'http://news.baidu.com', 'name': 'tj_trnews', 'class': ['mnav']}
>>>soup.a.string
'新闻'
>>>soup.p.contents
```

```
[' ', <a href = "http://home.baidu.com">关于百度</a>, ' ', <a href = "http://ir.
baidu.com">About Baidu</a>, ' ']
>>>soup.find_all('a')     #查找所有的超链接
[<a class = "mnav" href = "http://news.baidu.com" name = "tj_trnews">新闻</a>,
<a class = "mnav" href = "http://www.hao123.com" name = "tj_trhao123">hao123</a>,
<a class = "mnav" href = "http://map.baidu.com" name = "tj_trmap">地图</a>, <a
class = "mnav" href = "http://v.baidu.com" name = "tj_trvideo">视频</a>, <a
class = "mnav" href = "http://tieba.baidu.com" name = "tj_trtieba">贴吧</a>,
<a class = "lb" href = "http://www.baidu.com/bdorz/login.gif? login&amp;tpl =
mn&amp;u = http%3A%2F%2Fwww.baidu.com%2f%3fbdorz_come%3d1" name = "tj_login">登
录</a>, <a class = "bri" href = "//www.baidu.com/more/" name = "tj_briicon" style
= "display: block;">更多产品</a>, <a href = "http://home.baidu.com">关于百度
</a>, <a href = "http://ir.baidu.com">About Baidu</a>, <a href = "http://www.
baidu.com/duty/">使用百度前必读</a>, <a class = "cp-feedback" href = "http://
jianyi.baidu.com/">意见反馈</a>]
```

关于 BeautifulSoup4 库的强大功能,更加详细完整的信息请参考 http://www.crummy.com/software/BeautifulSoup4/bs4/doc/。

3. 网络爬虫实例

下面通过两个简单的网络爬虫实例,进一步了解网络爬虫的基本步骤,理解爬虫的主要功能。

【例 9.21】 爬取淘宝网首页中文产品类别。

程序代码如下:

```
#-*-coding: utf-8 -*-
#example9.21
import requests
from bs4 import BeautifulSoup
r = requests.get('http://www.taobao.com')
r.encoding = 'utf-8'
soup = BeautifulSoup(r.text, "html.parser")
for list in soup.find_all('a'):
    if not list.string == None:
        print(list.string)
```

运行程序,部分结果如图 9.16 所示。

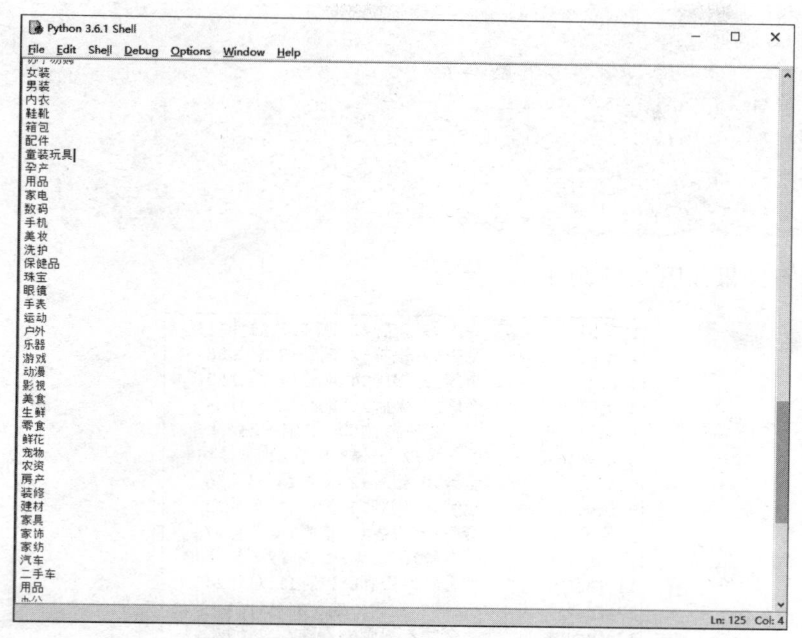

图 9.16　爬取淘宝网首页中文产品类别

说明如下。

（1）利用 requests 库爬取网页内容，利用 BeautifulSoup4 库分析网页中的数据。

（2）分析获取的 HTML 页面数据格式，发现产品类别信息被封装在<a></a>之间的结构中，因此，要获得产品类别信息，首先需要找到<a></a>标签，获取其中的数据并输出。

【例 9.22】　爬取东京奥运会奖牌榜。

程序代码如下：

```
#example9.22
import requests
url ='https://api.cntv.cn/olympic/getOlyMedals'
pa ={
        'serviceId': 'pcocean',
        'itemcode': 'GEN--------------------------------',
        }
json = requests.get(url, params=pa).json()
result =json['data']['medalsList']
```

```
for r in result:
    print(r['rank'],r['countryname'].ljust(10),
    '金牌' + r['gold'],
    '银牌' + r['silver'],
    '铜牌' + r['bronze'],
    '总计' + r['count'])
```

程序运行结果如图 9.17 所示。

```
1 美国          金牌39 银牌41 铜牌33 总计113
2 中国          金牌38 银牌32 铜牌18 总计88
3 日本          金牌27 银牌14 铜牌17 总计58
4 英国          金牌22 银牌21 铜牌22 总计65
5 俄罗斯奥运队      金牌20 银牌28 铜牌23 总计71
6 澳大利亚        金牌17 银牌7 铜牌22 总计46
7 荷兰          金牌10 银牌12 铜牌14 总计36
8 法国          金牌10 银牌12 铜牌11 总计33
9 德国          金牌10 银牌11 铜牌16 总计37
10 意大利        金牌10 银牌10 铜牌20 总计40
11 加拿大        金牌7 银牌6 铜牌11 总计24
12 巴西         金牌7 银牌6 铜牌8 总计21
13 新西兰        金牌7 银牌6 铜牌7 总计20
14 古巴         金牌7 银牌3 铜牌5 总计15
15 匈牙利        金牌6 银牌7 铜牌7 总计20
16 韩国         金牌6 银牌4 铜牌10 总计20
17 波兰         金牌4 银牌5 铜牌5 总计14
18 捷克         金牌4 银牌4 铜牌3 总计11
```

图 9.17　爬取东京奥运会奖牌榜(部分数据)

说明如下。

(1) 奥运会奖牌榜数据来自央视官方网站：http://2020.cctv.com/medal_list/。

(2) 打开央视官网的奥运奖牌榜页面，调出浏览器的开发者界面，在“网络”选项卡的“标头”页面，显示信息如下：

请求 URL：http://api.cntv.cn/olympic/getOlyMedals?serviceId=pcocean&itemcode=GEN-------------------------------&t=jsonp&cb=banomedals

请求方法：GET

因此，该网站的请求 URL 为 https://api.cntv.cn/olympic/getOlyMedals，请求方式为 get。

(3) 调用 requests，爬取数据。

9.3 数据库编程

数据库技术为数据的共享、查询修改等操作提供了有力的技术支撑,在各行各业的应用程序被广泛采用,如大型网站、管理信息系统、邮箱系统等。同时,大数据时代的到来进一步促进了数据库技术的发展。在Python语言中,有很多方法可以提供数据库存储功能。对于MySQL、Access、Oracle、Sybase、Microsoft SQL Server、SQLite等关系型数据库,Python都提供了ODBC接口。Python提供了一个标准接口用于访问关系型的数据库,即Python DB Application Programming Interface(Py-DBAPI)。每种数据库API都需要有一个Py-DBAPI封装的实现,而几乎所有的数据库接口都有对应的实现方法,同时,Python语言还内置了用于存储和获取数据的工具。本节重点介绍Python标准库自带的SQlite接口,实现对SQLite数据库的操作。

9.3.1 SQLite数据库简介

SQLite数据库是一款非常小巧的嵌入式开源数据库软件,没有独立的维护进程,所有的维护都来自于程序本身。它是遵守ACID的关联式数据库管理系统,它的设计目标是嵌入式的,而且目前已经在很多嵌入式产品中使用。它占用资源非常少,在嵌入式设备中,可能只需要几百KB的内存。它能够支持Windows/Linux/UNIX等主流的操作系统,同时能够跟很多程序语言相结合,如Tcl、C#、PHP、Java等,还有ODBC接口,比起MySQL、PostgreSQL这两款开源世界著名的数据库管理系统,它的处理速度更快。SQLite第一个Alpha版本诞生于2000年5月,目前被广泛使用的版本是SQLite 3。

SQLite引擎不是独立于程序之外的独立进程,而是连接到程序中,成为它的一个主要部分。主要的通信协议是在编程语言内直接API调用的,这在消耗总量、延迟时间和整体简单性上均起到了积极的作用。整个数据库(定义、表、索引和数据本身)都在宿主主机上被存储在一个单一的文件中。

9.3.2 Python操作SQLite数据库

SQLite是Python自带一个轻量级的关系型数据库,Python标准库中的sqlite3提供该数据库的接口,不需要单独安装就可以使用,支持使用SQL语句访问数据库,使用时通过调用sqlite3模块与Python进行集成。SQLite作为后端数据库,可以搭配Python建立网站,或者制作有数据存储需求的工具。为了使用sqlite3模块,首先必须创建一个表示数据库的连接对象,然后可以有选择地创建游标对象,这将有助于执行所有的SQL

语句。

1. 连接数据库

要操作关系数据库，首先需要连接到数据库，创建一个与数据库关联的Connection对象，例如下面的代码：

```
>>>import sqlite3                                  #导入sqlite3模块
>>>conn = sqlite3.connect('test.db')               #创建数据库连接对象conn
```

首先导入sqlite3模块，然后创建数据库test.db，如果test.db已经存在，则直接打开这个数据库，同时创建一个与test.db关联的数据库连接对象conn。

Connection对象是sqlite3模块中最重要的类，主要方法如下。

（1）cursor()：打开数据库连接对象的游标。

```
c=conn.cursor()
```

（2）commit()：提交当前事务，保存数据。若不提交，则不保存数据，数据库中为上次调用commit()方法之后的数据。

```
conn.commit():
```

（3）rollback()：撤销当前事务，恢复到上次调用commit()方法后的数据状态。

```
conn.rollback()
```

（4）close()：关闭数据库连接。

```
conn.close()
```

2. 使用游标查询数据库

创建数据库连接对象conn连接到数据库后，需要打开游标，称之为Cursor，通过Cursor执行SQL语句实现对数据库表的查询、插入、修改、删除等操作。在sqlite3中，所有SQL语句的执行都要在游标对象的参与下完成，Cursor对象的主要方法如下。

（1）execute(sql[,parametres])：执行一条SQL语句，例如，上面的两条语句执行后，继续执行下面的语句。

```
c.execute('''create table cata(id int primary key,pid int,name varchar(10)
UNIQUE,nickname text )'''
```

（2）executemany(sql[,parametres])：执行多条 SQL 语句，对于所有给定参数执行同一个 SQL 语句，一般参数是一个序列。

（3）fetchone()：从结果中取出一条记录。

（4）fetchmany()：从结果中取出多条记录。

（5）fetchall()：从结果中取出所有记录。

（6）scroll()：游标滚动。

下面的程序实现创建数据库、数据表、插入记录查询记录的过程。

【例 9.23】　sqlite3 的基本操作。

程序代码如下：

```
#example9.23
import sqlite3                                          #导入 sqlite3 模块
conn = sqlite3.connect('school.db')                     #连接数据库 school.db
cursor = conn.cursor()                                  #打开游标
print('数据库已打开！')
#创建表
cursor.execute('''create table student(ID int primary key not null,
                                  Name text not null,Age int not null,
                                  Score real,Address char(50))''')
print('创建表成功！')
#插入记录
cursor.execute("insert into student values(1001,'张晓山',20,589,'辽宁沈阳')")
cursor.execute("insert into student values(1002,'孙晓宇',19,568,'山东青岛')")
cursor.execute("insert into student values(1003,'宋　健',20,590,'吉林四平')")
cursor.execute("insert into student values(1004,'潘恩东',21,526,'河北承德')")
cursor.execute("insert into student values(1005,'赵子瑜',20,601,'江苏苏州')")
conn.commit()                                           #提交当前事务，保存数据
for row in cursor.execute('select * from student'):     #查询表中内容
    print(row)                                          #输出表中内容
conn.close()                                            #关闭数据库连接
```

程序运行结果如下：

```
>>>
```

```
===================RESTART:C:\python\example9.23.py===================
数据库已打开!
创建表成功!
(1001, '张晓山', 20, 589.0, '辽宁沈阳')
(1002, '孙晓宇', 19, 568.0, '山东青岛')
(1003, '宋  健', 20, 590.0, '吉林四平')
(1004, '潘恩东', 21, 526.0, '河北承德')
(1005, '赵子瑜', 20, 601.0, '江苏苏州')
>>>
```

习题 9

一、填空题

1. Python 用来访问和操作内置数据库 SQLite 的标准库是________。

2. tkinter 模块的布局方法主要有 pack()方法、grid()方法和________。

二、判断题

1. 在 GUI 设计中，复选按钮往往用来实现非互斥多选的功能，多个复选框之间的选择互不影响。 ( )

2. 在 GUI 设计中，单选按钮用来实现用户在多个选项中的互斥选择，在同一组内的多个选项中只能选择一个，当选择发生变化之后，之前选中的选项自动失效。 ( )

3. Python 只能使用内置数据库 SQLite，无法访问 SQL Server、Access 或 Oracle、MySQL 等数据库。 ( )

4. top 是类 Tk 的实例，命令行 top.mainloop()可以实现 GUI 程序的主事件循环。 ( )

5. 按钮组件的 command 属性可以指定某个函数，实现用户单击按钮事件发生时所要求的功能。 ( )

6. 用户在输入框组件中输入的信息可以通过输入框组件的 get()函数获得。 ( )

7. 在下拉式菜单中，可以定义选择按钮或者单选按钮。 ( )

8. UDP 负责在两台计算机之间建立可靠连接，保证数据包按顺序到达，一般用于对可靠性要求较高的场合。 ( )

9. 目前实现网络爬虫功能的两个主要第三方库中，requests 库主要用来获取网络内

容，而 BeautifulSoup4 库主要用来分析网络内容。　（　　）

10. 在 SQLite3 中，所有 SQL 语句的执行都要在游标对象的参与下完成。　（　　）

三、程序设计

1. 利用 tkinter 模块设计一个简单功能的计算器。

2. 设计一个文本编辑器界面，要求有打开、保存、新建等基本功能，并能进行基本的文字编辑。

第 10 章

实践训练

10.1 Python 语言概述

10.1.1 Python 的安装

1. 实验目的

掌握 Python 安装包的下载、安装和 IDLE 的基本使用方法。

2. 实验内容及步骤

(1) 登录 Python 官方网站 https://www.python.org/下载安装程序，由于 Python 是跨平台的开源软件，官方提供了 Mac、Linux 和 Windows 等适合多种操作系统的 Python 安装包，本实验以 Windows 操作系统中 Python 的安装为例进行操作，如图 10.1 所示。

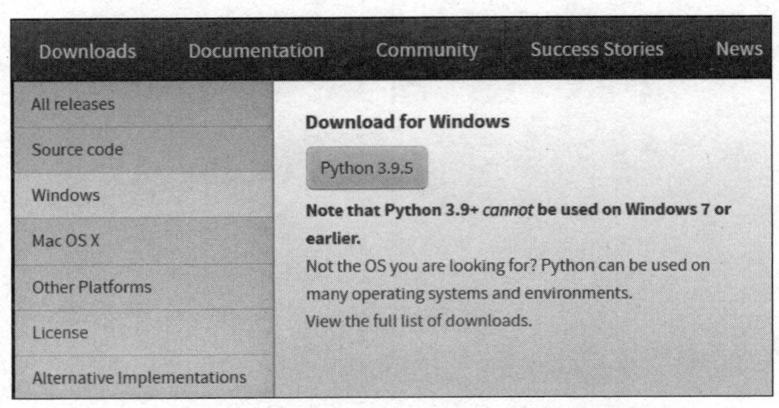

图 10.1 适应多种平台的 Python 安装包下载

（2）选择 Downloads 列表下的 Windows，可以看到多个历史版本的 Python 安装包，目前最新版本为 3.9.5。

（3）本次实验以安装 Python 3.9.5 为例进行操作。读者可根据自己的计算机处理器配置，选择 32 位或 64 位版本的 Python 3.9.5 下载，单击 Download Windows installer (32-bit)选项或 Download Windows installer (64-bit)选项下载安装包，如图 10.2 所示。

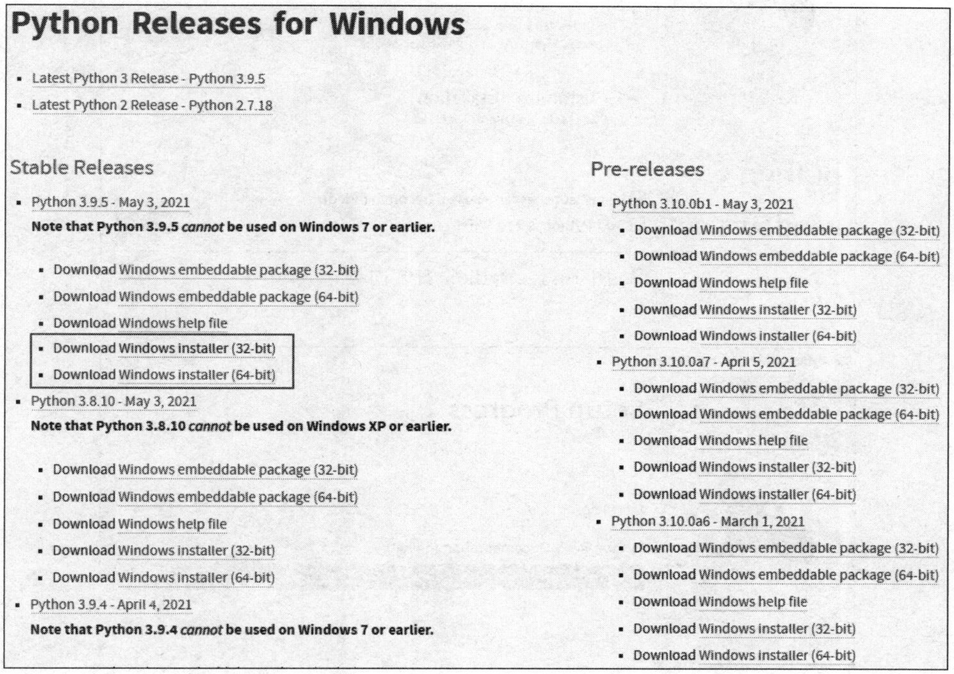

Python Releases for Windows

- Latest Python 3 Release - Python 3.9.5
- Latest Python 2 Release - Python 2.7.18

Stable Releases

- Python 3.9.5 - May 3, 2021
  Note that Python 3.9.5 *cannot* be used on Windows 7 or earlier.
  - Download Windows embeddable package (32-bit)
  - Download Windows embeddable package (64-bit)
  - Download Windows help file
  - Download Windows installer (32-bit)
  - Download Windows installer (64-bit)
- Python 3.8.10 - May 3, 2021
  Note that Python 3.8.10 *cannot* be used on Windows XP or earlier.
  - Download Windows embeddable package (32-bit)
  - Download Windows embeddable package (64-bit)
  - Download Windows help file
  - Download Windows installer (32-bit)
  - Download Windows installer (64-bit)
- Python 3.9.4 - April 4, 2021
  Note that Python 3.9.4 *cannot* be used on Windows 7 or earlier.

Pre-releases

- Python 3.10.0b1 - May 3, 2021
  - Download Windows embeddable package (32-bit)
  - Download Windows embeddable package (64-bit)
  - Download Windows help file
  - Download Windows installer (32-bit)
  - Download Windows installer (64-bit)
- Python 3.10.0a7 - April 5, 2021
  - Download Windows embeddable package (32-bit)
  - Download Windows embeddable package (64-bit)
  - Download Windows help file
  - Download Windows installer (32-bit)
  - Download Windows installer (64-bit)
- Python 3.10.0a6 - March 1, 2021
  - Download Windows embeddable package (32-bit)
  - Download Windows embeddable package (64-bit)
  - Download Windows help file
  - Download Windows installer (32-bit)
  - Download Windows installer (64-bit)

图 10.2　Python 历史版本安装包

（4）双击已下载的安装包(python-3.9.5.exe 或 python-3.9.5-amd64.exe)，进入 Python 安装向导，如图 10.3 所示。选中 Add Python 3.9 to PATH，然后单击 Install Now 按钮开始安装，将显示安装进度(图 10.4)，安装完成后，显示如图 10.5 所示的安装成功界面，单击 Close 按钮结束安装。

（5）验证 Python 是否安装成功。

方法 1：在“开始”菜单找到 IDLE (Python 3.9 64-bit)并单击，启动 IDLE，表示安装成功。

方法 2：在“开始”菜单选择“运行”，打开“运行”窗口，如图 10.6 所示，在打开的“运行”窗口输入 cmd，单击“确定”按钮，打开 Windows 命令行窗口，在命令行窗口输入

图 10.3　Python 安装向导

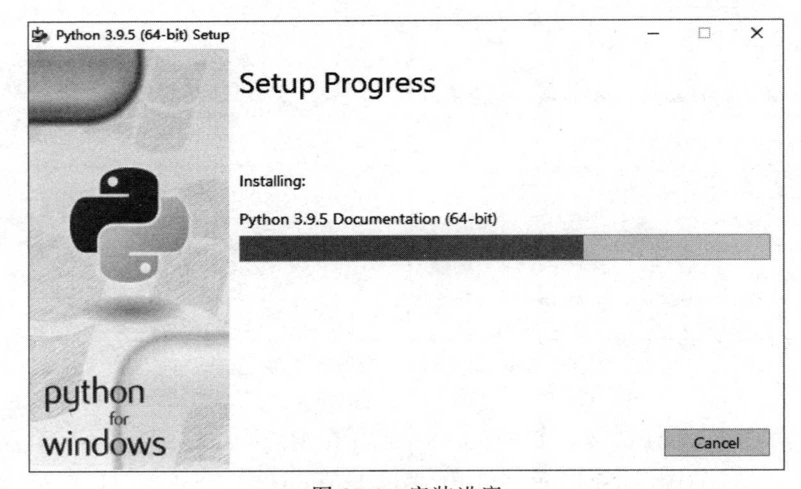

图 10.4　安装进度

python，如果显示图 10.7 所示界面，则代表 Python 安装成功。

10.1.2　Python 的运行方式

1. 实验目的

（1）熟悉 IDLE 的交互执行方式。

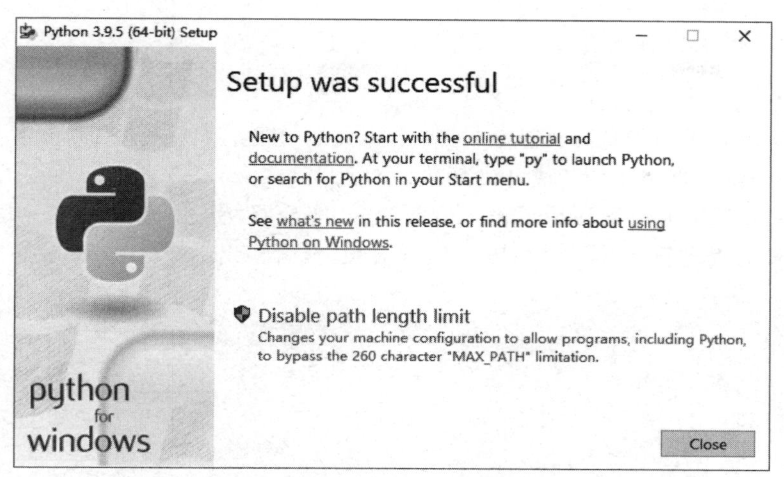

图 10.5　安装成功

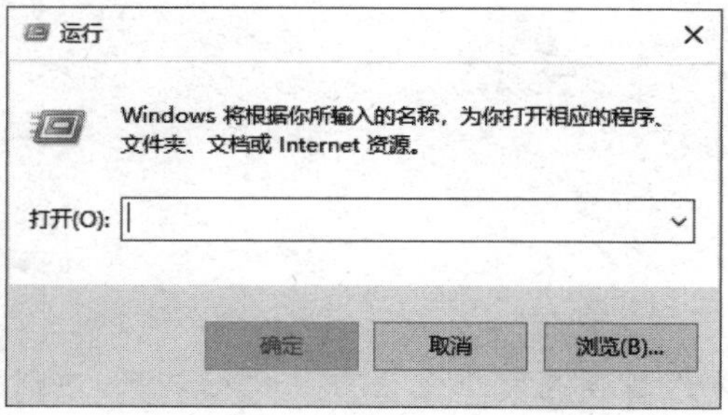

图 10.6　Windows 10“运行”窗口

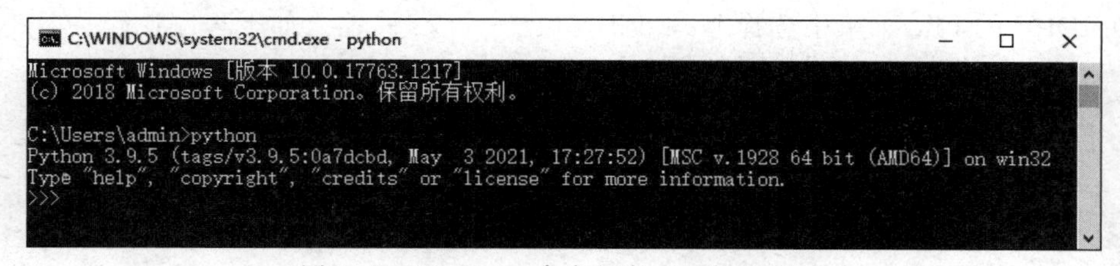

图 10.7　Windows 命令行窗口运行 Python

(2) 熟悉 IDLE 的文件执行方式。

(3) 了解 Windows 命令行的执行方式。

2. 实验内容及步骤

1）IDLE 的交互执行方式

（1）在“开始”菜单中选择“程序”→Python 3.6→IDLE（Python 3.6 64bit），可以启动 Python 内置的解释器 IDLE 集成开发环境。

（2）在 IDLE 集成开发环境下输入一条命令，解释器(Shell)将会解释并执行该命令。直接在 IDLE 的提示符(>>>)后输入如下语句，查看输出结果。

```
>>>3 + 9
12
>>>a = 2
>>>b = 3
>>>print(a * b)
6
>>>print("Hello World!")
Hello World!
>>>print('世界,你好!')
世界,你好!
>>>sum = 99999 + 99999
>>>print(sum)
199998
```

【说明】

IDLE 的交互执行方式适合查看少量语句的执行效果，遇到输出语句会自动打印出运算结果。另外，每次输入的语句不会被保存，退出交互环境之后即消失。

2）IDLE 的文件执行方式

在 IDLE 的 File 菜单中选择 New File 新建一个文件，输入如下程序代码。

```
from turtle import *
color('red', 'yellow')
goto(0,0)
begin_fill()
while True:
    forward(300)
    left(170)
    if abs(pos()) < 1:
        break
end_fill()
```

【提示】

(1) 所有符号(引号、冒号、括号、小于号等)都必须是英文形式,注意代码的缩进。

(2) 选择 File 菜单的 Save 命令,将程序代码保存在选定的文件夹下,文件名 exp1_1_sunflower.py。

(3) 选择 Run 菜单的 Run Module 命令(或者按 F5 键)运行程序,查看运行结果。

【说明】

保存的 Python 程序文件也被称为脚本文件,扩展名为 py,程序文件中保存所有程序语句,需要时可以随时打开该文件并执行其中的程序代码。

3) Python 的 Windows 命令行执行方式

在 Windows 10 操作系统下,在"开始"菜单上选择"运行",在打开的"运行"窗口输入 cmd,会打开 Windows 命令行窗口,如图 10.8 所示。

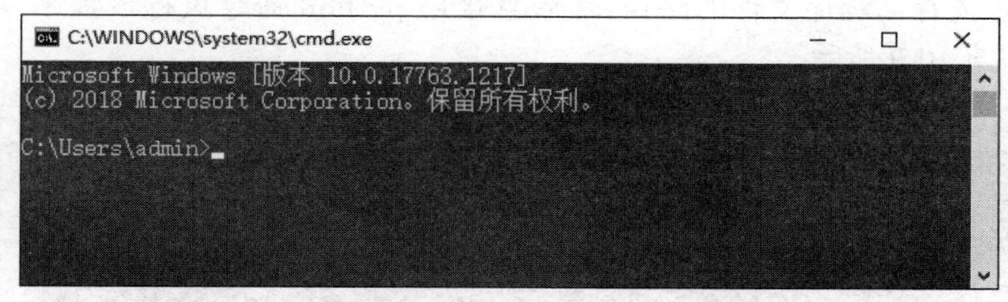

图 10.8 Windows 命令行窗口

【提示】

(1) 在 Windows 操作系统中,按快捷键 Win+R 也可以打开"运行"窗口,然后输入 cmd,打开 Windows 命令行窗口。

(2) 在命令行窗口输入 python,将在 Windows 命令行中打开 Python 交互环境,此时可以执行单条 Python 交互语句,也可以直接执行 Python 脚本文件。

① 执行交互命令。

在">>>"后面闪烁光标处输入如下 Python 代码,查看代码执行效果。

```
>>>x = 23
>>>y = 45
>>>print(x + y)
68
>>>print("Hello World!")
Hello World!
>>>print("Python 语言程序设计")
```

```
Python 语言程序设计
>>>print(123.45 * 543.21)
67059.2745
```

② 执行脚本文件。

在 Windows 命令行下，输入 exit()或者 quit()，退出 Python 环境，返回 Windows 命令行窗口。或者打开一个新的 Windows 命令行窗口，然后在 Windows 命令行窗口运行太阳花程序 sunflower.py。假设 sunflower.py 保存在计算机的 D:\Python 路径下，则输入下面的代码可以执行该文件。

```
python d:\python\sunflower.py
```

也可以进入存储程序文件的路径，然后直接用 python 命令执行该程序，可以达到同样的效果，如图 10.9 所示。

图 10.9　进入脚本文件所在路径执行程序

【提示】

在 Windows 命令行运行太阳花程序后，图形窗口随即关闭。

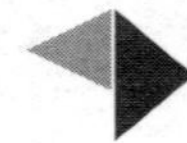

10.2　Python 基础语法

10.2.1　变量及其赋值

1. 实验目的

(1) 掌握变量的使用方法。

(2) 掌握变量的不同赋值方法。

2. 实验内容

启动 IDLE，在提示符(>>>)后输入语句，查看输出结果。输入的语句如下。

（1）一般赋值。

```
>>>a =1
>>>b =2
>>>print(a,b)
>>>b =a
>>>print(a,b)
>>>print(id(a),id(b))
```

（2）增量赋值。

```
>>>x =20
>>>x +=10
>>>x
>>>x *=3
>>>x
>>>x /=5
>>>x
>>>x -=10
>>>x
```

（3）链式赋值。

```
>>>x =y =z =200
>>>x
>>>y
>>>z
```

（4）多重赋值。

```
>>>a,b,c =100,True,"I like Python"
>>>a
>>>b
>>>c
```

10.2.2　基本数据类型与表达式

1. 实验目的

（1）理解 Python 常用的数据类型的含义和用法。

（2）掌握 Python 表达式的书写规则和运算规则。

2. 实验内容及过程

在 IDLE 环境下，直接在提示符（>>>）后输入语句，查看输出结果。输入的语句如下。

（1）数据类型。

```
>>>type(3.1415926)
>>>type("沈阳师范大学")
>>>type(False)
>>>x = "beautiful"
>>>type(x)
>>>y = 3
>>>type(y)
```

（2）算数表达式。

```
>>>a = 9
>>>b = 2
>>>a * b
>>>a / b
>>>a * * b
>>>a %b
>>>a // b
```

（3）关系表达式。

```
>>>a == b
>>>a != b
>>>a >= b
>>>b <= a
>>>"abcdefg" == "abcd"
```

（4）布尔表达式。

```
>>>not 3 > 4
>>>"a" > "A" and 3 + 2 == 5
>>>"abc" == "ABC" or 22 < 5
```

(5) 其他表达式。

```
>>>'x' in 'python'
>>>'x'not in 'python'
>>>'y' in 'python'
>>>'y' not in 'python'
>>>x = 10
>>>y = 20
>>>x is y
>>>y = x
>>>x is y
>>>x isnot y
```

10.2.3　常用内置函数

1. 实验目的

掌握 Python 主要内置函数的含义和用法。

2. 实验内容及过程

在 IDLE 环境下，直接在提示符(>>>)后输入语句，查看输出结果。

```
>>>print(abs(8),abs(-10))
>>>print(divmod(10,4),divmod(10.5,2.5))
>>>print(pow(2,3),pow(2,3,4))
>>>print(round(3.1415926,3),round(3.1415926))
>>>int(3.56)
>>>x,y = 0,1
>>>print(bool(x),bool(y))
>>>print(bool('Python'),bool(''))
>>>float('-2.36')
>>>float('2e+3')
>>>y = "x+5"
>>>y
>>>eval(y)
>>>x = range(5)
>>>list(x)
```

```
>>>tuple(x)
>>>y = range(2,15,3)
>>>list(y)
>>>tuple(y)
>>>name = input("input your name:")
input your name:                                    #在光标处输入任意中文或英文姓名后回车
>>>print(name)
>>>s = input("input your age:")
input your age:                                     #在光标处输入任意整数后回车
>>>s + 10                                           #此时会有出错信息显示,为什么?
>>>s = eval(input("input your age:"))
input your age:                                     #在光标处输入任意整数后回车
>>>s + 10
>>>print(10,20)
>>>print(10,20,sep = ',')
>>>print(10,20,sep = ',',end = '#')
>>>print(10,20,sep = ',',end = 'end')
```

10.2.4 常用标准模块

1. 实验目的

（1）掌握标准模块的导入方法。
（2）了解 time 模块的使用方法。
（3）掌握 math、random 和 turtle 模块的使用方法。

2. 实验内容及过程

1）math 模块、random 模块和 time 模块的使用
在 IDLE 环境下，直接在提示符(>>>)后输入如下语句，查看输出结果。

```
>>>import math
>>>print(math.ceil(5.3),math.floor(5.3),math.fabs(-8))
>>>print(math.fmod(7,4),math.sqrt(64),math.pow(2,4))
>>>math.pow(2,3)
>>>import random
>>>random.random()
```

```
>>>random.randint(1,10)
>>>random.uniform(2,8)
>>>random.randrange(1,10,2)
>>>x = ["VB","C","C++","Python","Java"]
>>>random.sample(x,2)
>>>from time import *
>>>time()
>>>asctime()
>>>strftime('%Y-%m-%d %H:%M:%S',(2021, 3, 13, 14, 58, 34, 5, 72, 0))
>>>strftime('%Y-%m-%d %H:%M:%S')
```

2）利用turtle模块绘制五角星

（1）在IDLE的File菜单中选择New File命令新建一个文件，输入如下程序代码（注意缩进）。

```
import turtle
turtle.color("red")
turtle.pensize(5)
turtle.speed(3)
turtle.begin_fill()
for i in range(5):
    turtle.forward(180)
    turtle.right(144)
turtle.end_fill()
turtle.up()
```

（2）选择File菜单的Save命令，将程序代码保存在自己的文件夹下，文件名exp2_1_triangle.py。

（3）选择Run菜单的Run Module命令（或按F5）运行程序，查看运行结果，如图10.10所示。

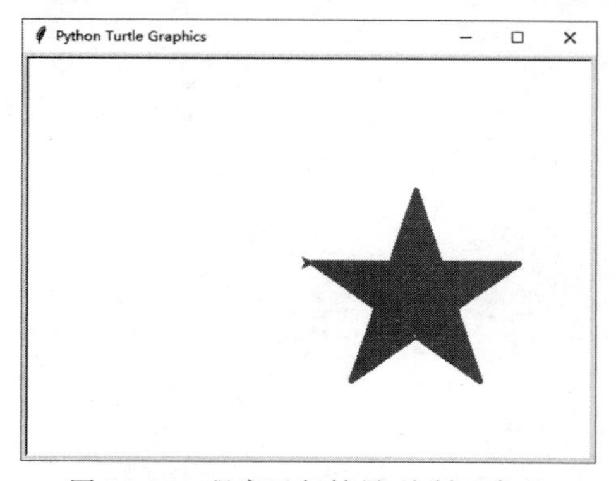

图10.10　程序运行结果-绘制五角星

3）利用turtle模块绘制太极图案

（1）在IDLE的File菜单中选择New File命令新建一个文件，输入如下程序代码（注意缩进）。

```
from turtle import *
width(10)
radius = 200
speed(10)

color("black", "black")
begin_fill()
circle(radius/2, 180)                    #逆时针绘制半圆,半径为 100
pencolor("red")
circle(radius, 180)                      #逆时针绘制半圆,半径为 200
left(180)
pencolor("green")
circle(-radius/2, 180)                   #顺时针绘制半圆,半径为 100
end_fill()
left(90)
up()
forward(radius * 0.35)
right(90)
down()
color("black", "white")
begin_fill()
circle(radius * 0.15)
end_fill()
left(90)
up()
backward(radius * 0.35)
down()
left(90)

color("black", "white")
begin_fill()
pencolor("yellow")
circle(radius/2, 180)
pencolor("blue")
circle(radius, 180)
left(180)
pencolor("green")
```

```
circle(-radius/2, 180)
end_fill()
left(90)
up()
forward(radius * 0.35)
right(90)
down()
color("white", "black")
begin_fill()
circle(radius * 0.15)
end_fill()

hideturtle()
```

(2) 选择 File 菜单的 Save 命令，将程序代码保存在自己的文件夹下，文件名 exp2_2_taiji.py。

(3) 选择 Run 菜单的 Run Module 命令(或者按 F5)运行程序，运行结果如图 10.11 所示。

图 10.11　程序运行结果-绘制太极图案

10.3 Python 控制语句

10.3.1 分支结构程序设计实验

1. 实验目的

（1）掌握分支结构的程序设计方法。

（2）理解分支结构的程序执行过程。

（3）掌握 turtle 绘图库的使用方法。

2. 实验内容及步骤

1）根据用户输入的单词绘制相应方向的等边三角形

编写程序 exp3_1_1.py，利用 turtle 绘图库，根据用户输入的单词绘制不同方向的等边三角形。

（1）新建程序。打开 IDLE，选择 File→New File，在打开的窗口输入如下程序语句。

```
from turtle import *
pencolor("red")
pensize(5)
speed(3)
direction = textinput("message","Please enter the direction of the triangle(up
or down):")
if direction == "down":
    fd(200)
    right(120)
    fd(200)
    right(120)
    fd(200)
if direction == "up":
    fd(200)
    left(120)
    fd(200)
    left(120)
    fd(200)
hideturtle()
```

(2) 保存程序。选择 File→Save 或者按快捷键 Ctrl+S 打开“另存为”对话框，选择合适的保存位置，保存的程序文件名为 exp3_1_1.py。

(3) 运行程序。选择程序编辑窗口的 Run→Run Module，或者直接按键盘的 F5 键。

【说明】

程序运行后，弹出 Windows 对话框，提示用户输入数据(up 或者 down)，如果输入 up，将绘制正三角形，如果输入 down，将绘制倒三角形。运行过程及结果如图 10.12 所示。

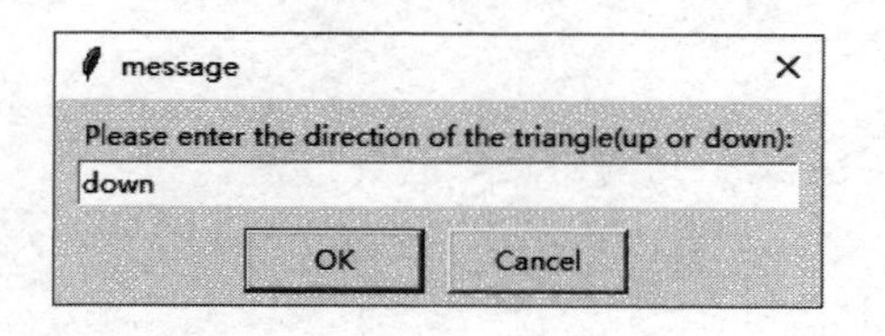

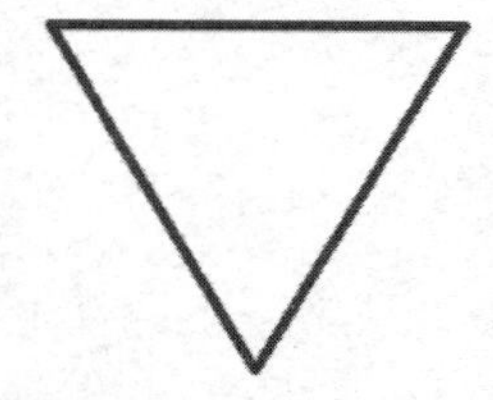

图 10.12　程序运行过程和运行结果-绘制倒三角形

【提示】

textinput()函数是 turtle 库中的数据输入函数，弹出 Windows 对话框，接收用户输入的字符串，类似于内置函数 input()，函数的返回值为字符型数据。使用 textinput()函数的格式如下：

```
turtle.textinput(title, prompt)
```

参数说明如下。

title：对话框标题。

prompt：对话框内显示的提示信息。

【拓展】

修改上面的程序为双分支结构。

【思考】

① 程序运行后，如果用户输入的既不是 up，也不是 down，程序的运行结果为何？

② 程序运行后，如果用户输入的是 DOWN，程序的运行结果会如何？为什么？

2) 绘制上、下、左、右四个方向的等边三角形

修改程序 exp3_1_1.py，根据用户输入的单词绘制不同方向的等边三角形，绘制的等边三角形的方向可以是上、下、左、右四个方向，如果用户输入的方向错误，给出用户提示。

(1) 新建程序。打开 IDLE，选择 File→New File，在打开的窗口输入如下程序语句。

```
from turtle import *
```

```
pencolor("red")
pensize(5)
speed(1)
direction = textinput("信息","请输入三角形的方向(up,down,left or right):")
if direction == "down":
    fd(200);right(120);fd(200);right(120);fd(200)
elif direction == "up":
    fd(200);left(120);fd(200);left(120);fd(200)
elif direction == "right":
    left(150);fd(200);left(120);fd(200);left(120);fd(200)
elif direction == "left":
    left(30);fd(200);right(120);fd(200);right(120);fd(200)
else:
    write("方向错误!",align = "center",font = ("Arial",30,"bold"))
hideturtle()
```

(2) 保存程序。选择 File→Save 或者按快捷键 Ctrl＋S 打开"另存为"对话框，选择合适的保存位置，保存的程序文件名为 exp3_1_2.py。

(3) 运行程序。选择程序编辑窗口的 Run→Run Module，或者直接按 F5 键。

【说明】

程序运行后，弹出 Windows 对话框，提示用户输入数据(up，down，left 或者 right)，根据用户输入数据的不同绘制不同方向的三角形。如果用户输入的数据不包含在以上 4 个单词之中，将提示"方向错误"。程序运行过程和可能的运行结果如图 10.13 所示。

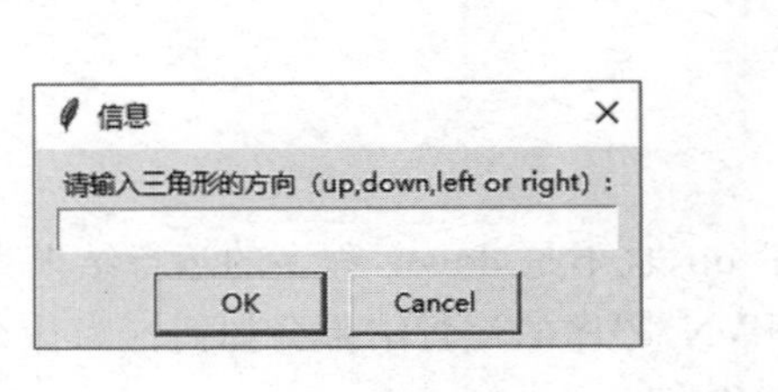

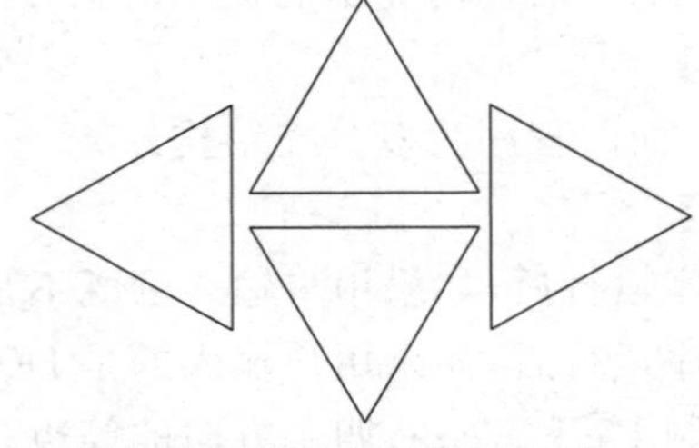

图 10.13　程序运行过程和可能的运行结果-绘制四个方向的三角形

【提示】

write()函数是 turtle 库中的数据输出函数，在 turtle 绘图窗口输出文字，类似于内置函数 print()。使用 write ()函数的格式如下：

```
turtle.write(arg, move = False, align = "left", font = ("Arial", 8, "normal"))
```

参数说明如下。

arg：输出到 turtle 绘图窗口的对象，本实验中，输出字符串“方向错误”。

move：逻辑值(True 或 False)，如果为 True，画笔将在输出文本下方动态绘制一条直线，从绘图窗口坐标原点出发，绘制到输出文本结尾处；默认值为 False，即不会绘制直线。

align：输出文本的对齐方式，可选值为 left，center 或者 right，本实验中，对齐方式为 center。

font：字体类型，包含 3 个参数(fontname，fontsize，fonttype)，分别代表字体名称、字号和字体样式，本实验中，字体名称为 Arial，字号为 30，字体样式为 Bold，即加粗。

【拓展】

本程序为多分支选择结构，尝试修改本程序，利用分支结构的嵌套实现相同的功能。

【思考】

① 本程序中，输出的提示信息“方向错误”是从坐标原点开始水平向右输出的一段文字，如果想控制文字输出在屏幕上方的某个位置，如何实现？

② 本程序中，每次运行只能绘制一个三角形。要实现运行一次程序，允许多次输入三角形的方向，然后根据用户的输入绘制不同的三角形，可以实现吗？

10.3.2 循环结构程序设计

1. 实验目的

(1) 掌握循环结构的程序设计方法。

(2) 理解循环结构的程序执行过程。

(3) 掌握 turtle 绘图库的使用方法。

2. 实验内容及步骤

1) 绘制正方形

下面的程序利用 turtle 绘制一个正方形，采用顺序结构。尝试修改这一程序，利用循环结构实现绘制正方形。

```
from turtle import *
pensize(5)
pencolor("red")
```

```
speed(3)
forward(200)
left(90)
forward(200)
left(90)
forward(200)
left(90)
forward(200)
left(90)
```

（1）新建程序。打开 IDLE，选择 File→New File，在打开的窗口输入如下程序语句。

```
from turtle import *
pensize(5)
pencolor("red")
speed(3)
for x in range(4):
    forward(200)
    left(90)
```

（2）保存程序。选择 File→Save 或者按键盘快捷键 Ctrl+S 打开“另存为”对话框，选择合适的保存位置，保存的程序文件名为 exp3_2_1.py。

（3）运行程序。选择程序编辑窗口的 Run→Run Module，或者直接按 F5 键。

2）利用循环结构实现绘制螺旋线的程序。

（1）新建程序。打开 IDLE，选择 File→New File，在打开的窗口输入如下程序语句。

```
from turtle import *
bgcolor("black")
pencolor("yellow")
speed("fastest")
sides = 6
for x in range(300):
    forward(x * 2)
    left(360 / sides + 1)
    pensize(x * sides / 200)
```

（2）保存程序，选择 File→Save 或者按快捷键 Ctrl+S 打开“另存为”对话框，选择合适的保存位置，保存的程序文件名为“exp3_2_2.py”。

（3）运行程序。选择程序编辑窗口的 Run→Run Module，或者直接按 F5 键。程序运行结果如图 10.14 所示。

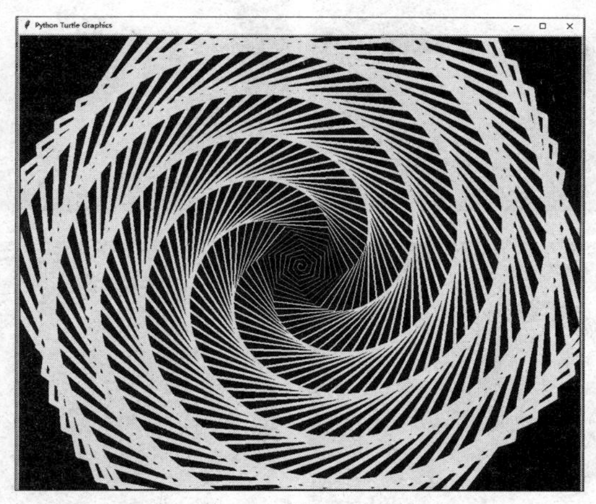

图 10.14 程序运行结果-绘制螺旋线（一）

【拓展】

① 修改变量 sides 的值，查看程序运行结果。

② 修改螺旋线程序，由用户输入螺旋线的边数，以绘制不同的螺旋线。（提示：利用 textinput()或者 numinput()函数实现。numinput()与 textinput()函数类似，也是 turtle 模块包含的数据输入函数，接受用户输入数值型数据。）程序运行结果分别如图 10.15 所示。

3）绘制随机颜色的螺旋线

（1）新建程序。打开 IDLE，选择 File→New File，在打开的窗口输入如下程序语句。

```
from turtle import *
from random import *
bgcolor("black")
speed("fastest")
sides = 6
for x in range(360):
    pencolor(random(),random(),random())
    forward(x * 3 / sides + x)
    left(360/sides + 1)
    pensize(x * sides / 200)
```

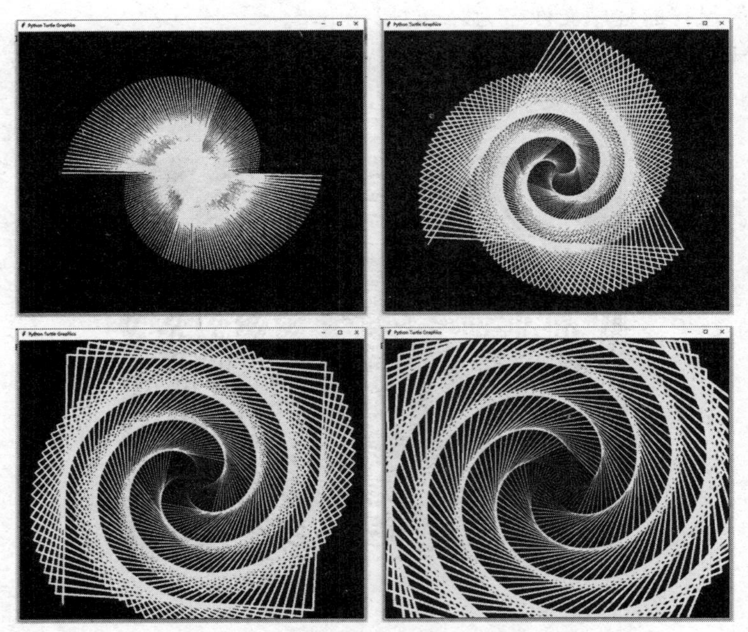

图 10.15 程序运行结果-绘制螺旋线(二)

(2) 保存程序,程序文件名为 exp3_2_3.py。

(3) 运行程序,选择程序编辑窗口的 Run→Run Module,或者直接按 F5 键。程序运行结果如图 10.16 所示。

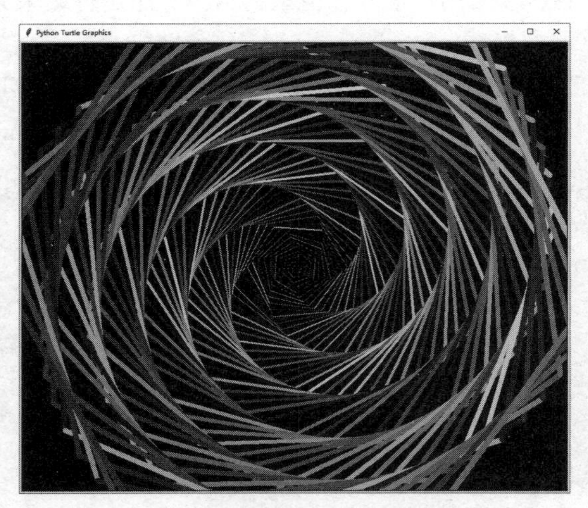

图 10.16 程序运行结果-绘制随机颜色螺旋线

【说明】

实现绘制随机颜色的螺旋线，turtle 模块的 pencolor()函数是关键。

【提示】

turtle 模块的 pencolor()函数用来设置画笔颜色，可以有如下 4 种不同的用法：

① pencolor()。返回当前的画笔颜色(颜色字符串或颜色元组)。

② pencolor(string)。参数为颜色字符串，如 red、blue 等，用来通过颜色字符串设置画笔颜色。也可以使用十六进制颜色代码作为参数，如#33cc8c。

③ pencolor((r,g,b))。参数为 3 个数值型元素组成的元组，表示画笔颜色对应的 RGB 数值。其中，r,g,b 的值有两种不同的输入范围，由 turtle 的颜色模式 colormode()函数决定。当 colormode()的参数为 1.0 时，r,g,b 取值为[0,1.0]内的小数，这也是 colormode()函数的默认值；当 colormode()的参数为 255 时，r,g,b 取值为[0,255]内的整数。

④ pencolor(r,g,b)。通过 RGB 值设置画笔颜色。

color()、fillcolor()等函数的用法与 pencolor()相同。

【拓展】

修改程序，在第 2 条语句后增加一条语句：colormode(255)，修改颜色模式，为了使程序能够正确运行，需要修改循环体中 pencolor()函数所在的语句，如何修改？

【思考】

亦可绘制不同边数的随机颜色螺旋线(如图 10.17 所示)，如何实现？

4) 利用 turtle 绘制螺旋文字

(1) 新建程序，打开 IDLE，选择 File→New File，在打开的窗口输入如下程序语句。

```
from turtle import *
color("blue")
speed(6)
sides = 6
my_name = "Python"
for x in range(100):
    penup()
    forward(x * 4)
    pendown()
    write(my_name, font = ("Arial", int((x+4)/4), "bold"))
    left(360/sides + 1)
hideturtle()
```

图 10.17　不同边数的随机颜色螺旋线

（2）保存程序。选择 File→Save 或者按快捷键 Ctrl+S 打开“另存为”对话框，选择合适的保存位置，保存的程序文件名为 exp3_2_4.py。

（3）运行程序。选择程序编辑窗口的 Run→Run Module，或者直接按 F5 键。程序运行结果如图 10.18 所示。

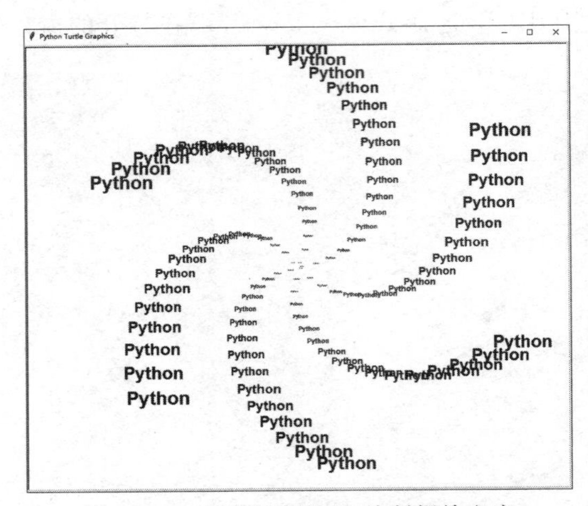

图 10.18　程序运行结果-绘制螺旋文字

【拓展】

① 修改变量 my_name 的值,输出不同的螺旋文字。

② 修改程序,使程序运行时,由用户输入具体的螺旋文字和螺旋线的边数。

【思考】

如果删除程序中的 pendown()和 penup()语句,程序能否正确执行? 为什么?

10.3.3　break 和 continue 语句

1. 实验目的

(1) 掌握 break 语句的使用方法。

(2) 掌握 continue 语句的使用方法。

(3) 理解 for 循环和 while 循环的执行过程。

2. 实验内容及步骤

1) 判断 n 是否为素数(n 为大于或等于 2 的正整数)。

(1) 新建程序。打开 IDLE,选择 File→New File,在打开的窗口输入如下程序语句。

```
n = int(input("请输入一个正整数 n(n >= 2):"))
for i in range(2,n):
    ifn%i == 0:
        break
if i== n-1:
    print(n,"是素数")
else:
    print(n,"不是素数")
```

(2) 保存程序。选择 File→Save 或者按快捷键 Ctrl+S 打开"另存为"对话框,选择合适的保存位置,保存的程序文件名为 exp3_3_1.py。

(3) 运行程序。选择程序编辑窗口的 Run→Run Module,或者直接按 F5 键。

【说明】

for 循环遍历[2,n－1]内的所有整数,存在以下两种可能的情况。

① 如果发现有一个整数能够被 n 整除,则执行 break 语句,强制跳出循环,此时的 n 不是素数,循环变量 i 必定小于 n－1。

② 如果遍历所有[2,n－1]中的整数后,没有发现能够被 n 整除的数,则正常退出 for 循环,n 是素数,此时的循环变量 i 的值必定等于 n－1。

因此，在 for 循环结构之后，可以通过判断循环是如何结束的来确定 n 是否为素数，判断的方法就是循环变量 i 的值是否等于 n－1。如果 i 等于 n－1，说明 for 循环遍历了所有[2,n－1]内的整数后，if 语句中的条件 n%i ＝＝ 0 从未成立，break 语句没有执行，循环正常结束，可以断定 n 为素数。相反，如果 i 的值不等于 n－1，说明循环遍历没有正常结束，当 i 等于[2,n－1]内的某个整数时，if 语句中的条件 n%i ＝＝ 0 成立了，break 语句被执行，循环强制结束，可以断定 n 不是素数。

【思考】

本实验给出的代码中，如果 n 是素数，for 循环将会遍历[2,n－1]内的所有整数，循环次数较多，是否可以将循环遍历的范围缩小，减少循环次数，也实现对素数的判断呢？遍历的最小范围是多少？

2）用 while 循环判断一个正整数 n(n≥2)是否为素数

（1）新建程序。打开 IDLE，选择 File→New File 命令，在打开的窗口输入如下程序语句。

```
n = int(input("请输入一个正整数 n(n >= 2):"))
a = 2
while a < n-1:
    if n%a == 0:
        print(n,"不是素数")
        break
    a = a+1
else:
    print(n,"是素数")
```

（2）保存程序。选择 File→Save 或者按快捷键 Ctrl＋S 打开“另存为”对话框，选择合适的保存位置，保存的程序文件名为 exp3_3_2.py。

（3）运行程序。选择程序编辑窗口的 Run→Run Module，或者直接按 F5 键。

【说明】

① 与 for 循环不同，while 循环中，循环变量 a 必须在进入循环前赋初值。

② while 循环中，必须有改变循环变量的语句，使得每次循环后，循环变量的值发生改变，最终才可能退出循环。本例中，a ＝ a＋1 就是这样的语句。

③ 如果 if 语句中的条件 n%a ＝＝ 0 成立，直接可以判断 n 不是素数。

④ 执行 break 语句后，程序不是跳转到 else 子句，而是跳转到 else 子句之后执行，即程序运行结束。else 子句只有当 while 循环正常结束后才会执行。

【拓展】

模仿 for 循环，对判断素数的程序做如下修改，请将程序中的【填空】补充完整。

```
n = int(input("请输入一个正整数 n(n >= 2):"))
a = 2
while a < n-1:
    if n%a == 0:
        【填空 1】
    a = a+1
if【填空 2】:
    print(n,"是素数")
else:
    print(n,"不是素数")
```

3）键盘输入一个正整数 n(n≤100)，输出小于 n 且不能被 3 整除的所有数

（1）新建程序。打开 IDLE，选择 File→New File，在打开的窗口输入如下程序语句。

```
n = int(input("请输入一个 100 以内的正整数 n:"))
for i in range(2,n):
    if i%3 == 0:
        continue
    print(i)
```

（2）保存程序。选择 File→Save 或者按快捷键 Ctrl＋S 打开"另存为"对话框，选择合适的保存位置，保存的程序文件名为 exp3_3_3.py。

（3）运行程序。选择程序编辑窗口的 Run→Run Module，或者直接 F5 键。

【拓展】

请修改程序中的部分语句，不使用 continue 语句，实现相同的功能。

4）输入各科成绩，求平均成绩

编写程序，要求学生从键盘输入各科成绩(按 W 或 w 键结束输入)，如果输入的成绩小于 0 或者大于 100，成绩无效，要求重新输入。最后计算该学生各科有效成绩的平均值并输出。

（1）新建程序。打开 IDLE，选择 File→New File，在打开的窗口输入如下程序语句。

```
n ,score = 0,0
while True:
    s = input("请输入各科成绩(按 W 或 w 结束)")
```

```
    if s.lower() == "w":
        break
    if float(s)<0 or float(s)>100:
        print("输入的成绩错误,请重新输入")
        continue
    n = n+1
    score = score + float(s)
print("你的各科平均分为：",score/n)
```

(2) 保存程序。选择 File→Save 或者按快捷键 Ctrl＋S 打开“另存为”对话框，选择合适的保存位置，保存的程序文件名为 exp3_3_4.py。

(3) 运行程序。选择程序编辑窗口的 Run→Run Module，或者直接按 F5 键，程序运行结果如图 10.19 所示。

```
请输入各科成绩（按W或w结束）:89
请输入各科成绩（按W或w结束）:98
请输入各科成绩（按W或w结束）:79
请输入各科成绩（按W或w结束）:63
请输入各科成绩（按W或w结束）:72
请输入各科成绩（按W或w结束）:w
你的各科平均分为： 80.2
```

图 10.19 程序运行结果-求各科平均成绩

【说明】

语句 s.lower() == "w"用来判断输入的字符 s 是否为“W”或“w”，也可以使用语句 s.upper()==“W”来实现。

【提示】

while True 循环为永真循环，在循环体内必然有 break 语句，使得在程序执行的某个节点可以退出循环，否则程序将进入死循环(循环无限执行，程序将一直运行下去)。

【拓展】

① 使程序最终输出的平均分保留两位小数，如何修改程序？

② 修改程序，要求录入 5 科成绩，最后求得平均分。当 5 科成绩录入结束后，自动结束程序，不需要输入“W”或“w”。

【思考】

变量 n 的作用是什么？

5) 求 100 以内所有素数的和

(1) 新建程序。打开 IDLE，选择 File→New File，在打开的窗口输入如下程序语句。

```
s = 0
for i in range(2,100):
    for j in range(2,i):
        if i%j == 0:
            break
    else:
        s += i
print("100以内的素数和为：",s)
```

(2) 保存程序。选择 File→Save 或者按快捷键 Ctrl＋S 打开“另存为”对话框，选择合适的保存位置，保存的程序文件名为 exp3_3_5.py。

(3) 运行程序。选择程序编辑窗口的 Run→Run Module，或者直接按 F5 键。

【说明】

本实验为 for 循环的嵌套结构，外层循环变量 i 的遍历范围为[2,99]，在执行每次外层循环的过程中，内层循环变量 j 的遍历范围都是[2,i－1]，且在执行每次内层循环的过程中，外层循环变量 i 的当前值保持不变，只有 i 主导的本次内层循环结束后，跳出内层循环，外层循环变量 i 才会遍历到下一个值。

【提示】

① 当内层循环正常结束后，才会执行 else 子句。如果内层循环的 break 语句被执行到，将直接跳出内层循环，不执行 else 子句。

② break 只能跳出本层循环，因此，本实验中的 break 只能跳出最内层循环。

【拓展】

下面的程序的功能是输出 m 和 n 之间的所有素数，并计算这些素数的和。m 和 n 由用户输入，请将程序中的【填空】补充完整。

```
s = 0
m = int(input("请输入第一个数："))
n = int(input("请输入第二个数："))
for【填空 1】:
    for j in range(2,i):
        if i%j == 0:
            break
    else:
        s += i
        【填空 2】
```

```
print(m,"和",n,"之间的素数和为：",s)
```

10.4 Python 异常处理

1. 实验目的

（1）掌握 try…except 语句的用法。

（2）理解 try…except 语句的功能。

2. 实验内容及步骤

try…except 语句的用法实验内容及步骤如下。

（1）新建程序。打开 IDLE，选择 File→New File，在打开的窗口输入如下程序语句。

```
try:
    x =int(input("请输入数值 1："))
    y =int(input("请输入数值 2："))
    z =divmod(x,y)
except ValueError:
    print("请输入数值数据")
except ZeroDivisionError:
    print("数值 2 不能为零")
else:
    print("数值 1 与数值 2 的商和余数分别为：",z)
finally:
    print("程序结束")
```

（2）保存程序。选择 File→Save 或者按快捷键 Ctrl＋S 打开“另存为”对话框，选择合适的保存位置，保存的程序文件名为 exp4_1_1.py。

（3）多次运行程序，分别输入不同的数据，查看程序运行结果，如图 10.20 所示。

```
请输入数值1：23
请输入数值2：7
数值1与数值2的商和余数分别为： (3, 2)
程序结束
>>>
=================== RESTART: C:/U:
请输入数值1：56
请输入数值2：0
数值2不能为零
程序结束
>>>
=================== RESTART: C:/U:
请输入数值1：df
请输入数值数据
程序结束
```

图 10.20 程序运行结果-try…except 语句的使用

10.5 Python 数据结构

10.5.1 字符串

1. 实验目的

（1）掌握字符串的基本使用方法。
（2）掌握字符串的格式化、索引和分片方法。

2. 实验内容及步骤

1）字符串相关实验
在 IDLE 环境下，执行如下代码，查看并分析执行结果。

```
>>>name = "The old man and the sea"
>>>name[0]
'T'
>>>print(name[0],name[4:7],name[-1])
T old a
>>>print(name[8:-4])
man and the
>>>print(name[:7])
The old
>>>print(name[4:])
old man and the sea
>>>print(name[:])
The old man and the sea
>>>print(name[4::])
old man and the sea
>>>print(name[4::2])
odmnadtesa
>>>print(name[::2])
Teodmnadtesa
>>>print(name[::-2])
asetdanmdoeT
>>>print("The nold nman \nand \nthe sea")
```

```
The nold nman
and
the sea
>>>s1 = "Python"
>>>s2 = "程序设计基础"
>>>s1 + s2
'Python 程序设计基础'
>>>s1 * 3
'PythonPythonPython'
>>>len(s1,s2)
>>>len(s1)
6
>>>len(s2)
6
>>>print("Python 程序设计基础" + str(100) + "题")
Python 程序设计基础 100 题
>>>name.upper()
'THE OLD MAN AND THE SEA'
>>>name.split(sep = " ")
['The', 'old', 'man', 'and', 'the', 'sea']
>>>name.replace('t','T')
'The old man and The sea'
>>>name.replace(' ','*')
'The*old*man*and*the*sea'
>>>>>>print("今天是%d 年%d 月%d 日,天气%s!"%(2020,8,25,'晴'))
今天是 2020 年 8 月 25 日,天气晴!
>>>"{0:25}".format("Python")
'Python                   '
>>>"{0:>25}".format("Python")
'                   Python'
>>>"{0:*^25}".format("Python")
'**********Python*********'
>>>"{0:*^25,}".format(123456789)
'*******123,456,789*******'
>>>"{0:*^25.3f}".format(1234.56789)
'********1234.568*********'
>>>"{0:*^25.4}".format("Python")
'**********Pyth***********'
```

2）实现动态刷新进度条的程序

（1）新建程序。打开 IDLE，选择 File→New File，在打开的窗口输入如下程序语句。

```
import time
n = 10                  #设置倒计时时间，单位：秒
interval = 1            #设置屏幕刷新的间隔时间，单位：秒
for i in range(0, int(n/interval)+1):
    print("\r"+"■"* i+" "+str(i * 10)+"%", end = "")
    time.sleep(interval)
print("\n 加载完毕")
```

（2）保存程序。选择 File→Save 或者按快捷键 Ctrl＋S 打开“另存为”对话框，选择合适的保存位置，保存的程序文件名为 exp5_1_1.py。

（3）运行程序。分别查看在 IDLE 和 Windows 控制台下运行程序的效果。

① IDLE。选择程序编辑窗口的 Run→Run Module，或者直接按 F5 键。运行结果如图 10.21 所示。

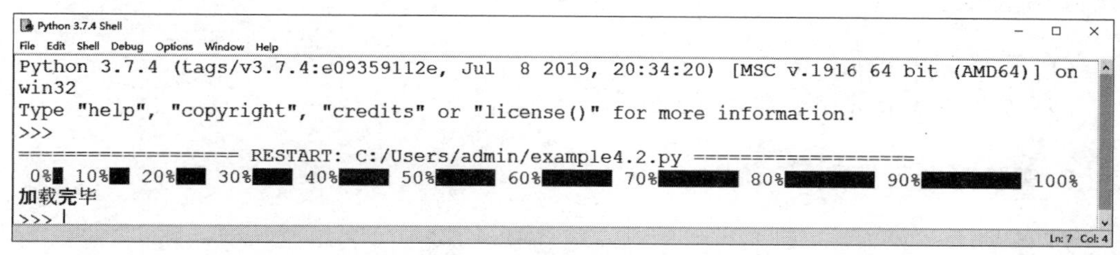

图 10.21 IDLE 下程序运行结果

② Windows 控制台。

方法 1：右击“开始”菜单，选择“运行”（或者按快捷键 Win＋R），打开“运行”窗口，在打开的“运行”窗口输入 cmd，单击“确定”，即可打开 Windows 命令行工具 CMD，选择 exp5_1_1.py 文件所在的路径，执行命令 python exp5_1_1.py。

方法 2：在 Windows 10 系统，首先进入 exp5_1_1.py 所在的路径，按住 Shift 键，在空白位置单击鼠标右键，选择“在此处打开 Powershell 窗口”，在打开的 Powershell 窗口执行命令 python exp5_1_1.py。

在 Windows 控制台的运行后，文本进度条将会动态更新，最终结果如图 10.22 所示。

【提示】

程序中输出的黑色方块可以从输入法的特殊符号中进行输入。

图 10.22 在 Windows 控制台的运行结果

【拓展】

① 修改程序中 interval 的值为 0.05，查看程序运行效果。

② 修改程序第 5 行的 print()语句，将其中的 str(i * 10)+"%"利用字符串的 format()方法替换，达到相同的程序效果。

【思考】

程序最后一条语句的 print()函数中，如果没有"\n"，运行结果如何？为什么？

10.5.2 列表和元组

1. 实验目的

(1) 了解列表和元组的概念。
(2) 掌握列表和元组的创建及使用方法。

2. 实验内容及步骤

1) 绘制多色螺旋线

10.3.2 节中利用 turtle 绘制了一个单色螺旋线，代码如下：

```
from turtle import *
bgcolor("black")
pencolor("yellow")
speed("fastest")
sides = 6
for x in range(300):
    forward(x * 2)
    left(360 / sides + 1)
    pensize(x * sides / 200)
```

修改该代码，实现绘制多色螺旋线的程序(包含红、黄、蓝、橙、绿、紫 6 种固定颜色)。

(1) 新建程序。打开 IDLE，选择 File→New File，在打开的窗口输入如下程序语句。

```
from turtle import *
bgcolor("black")
speed("fastest")
sides = 6
colors = ["red","yellow","blue","orange","green","purple"]
for x in range(360):
    pencolor(colors[x %sides])
    forward(x * 3 / sides + x)
    left(360/sides + 1)
    pensize(x * sides / 200)
```

(2) 保存程序。选择 File→Save 或者按快捷键 Ctrl＋S 打开“另存为”对话框，选择合适的保存位置，保存的程序文件名为 exp5_2_1.py。

(3) 运行程序。选择程序编辑窗口的 Run→Run Module，或者直接按键盘的 F5 键。程序运行结果如图 10.23 所示。

图 10.23　程序运行结果-多色螺旋线

【说明】

列表变量 colors 存储了 6 种颜色字符串，因 sides 的值是 6，在程序执行过程中，循环变量 x 从 0 开始执行循环，表达式 x%sides 的值在[0,5]之间依次循环变化。colors[0]对应红色，colors[1]对应黄色，colors[2]对应蓝色，colors[3]对应橙色，colors[4]对应绿色，colors[5]对应紫色，循环体内的语句 pencolor(colors[x%sides])实现了画笔颜色按照红、黄、蓝、橙、绿、紫的顺序依次切换。

【提示】

列表本身是一个变量，但列表可以包含多个元素，每个元素由从0开始的索引确定其在列表中的位置。在程序中，利用循环结构，通过列表变量的索引可以依次选取列表中的所有元素，实现通过一个变量获取多个值的效果。

2）输出一副扑克牌中除“大小王”之外的所有52张牌

（1）新建程序。打开IDLE，选择File→New File，在打开的窗口输入如下程序语句。

```
suit = ["♠","♣","♥","♦"]
num = [str(i) for i in range(2,11)]
serial = ["A"] + num + ["J","Q","K"]
poker = []
for i in suit:
    for j in serial:
        poker.append(i + j)
print(poker)
```

（2）保存程序，选择File→Save或者按快捷键Ctrl+S打开“另存为”对话框，选择合适的保存位置，保存的程序文件名为exp5_2_2.py。

（3）运行程序。选择程序编辑窗口的Run→Run Module，或者直接按F5键。程序运行结果如图10.24所示。

```
['♠A', '♠2', '♠3', '♠4', '♠5', '♠6', '♠7', '♠8', '♠9', '♠10', '♠J'
, '♠Q', '♠K', '♣A', '♣2', '♣3', '♣4', '♣5', '♣6', '♣7', '♣8', '♣9'
, '♣10', '♣J', '♣Q', '♣K', '♥A', '♥2', '♥3', '♥4', '♥5', '♥6', '♥7
', '♥8', '♥9', '♥10', '♥J', '♥Q', '♥K', '♦A', '♦2', '♦3', '♦4', '♦
5', '♦6', '♦7', '♦8', '♦9', '♦10', '♦J', '♦Q', '♦K']
```

图10.24 程序运行结果-输出扑克牌

【说明】

① “♠”，“♣”，“♥”，“♦”可以用输入法的特殊符号输入。

② 外层循环控制扑克牌的4种花色，内层循环控制每种花色的扑克牌编号。

③ 列表变量poker存储所有扑克牌的信息（包含花色和序号），为了使输出效果更美观，同一种花色在一行输出，可以对程序做出如下修改，运行结果如图10.25所示。

```
♠A ♠2 ♠3 ♠4 ♠5 ♠6 ♠7 ♠8 ♠9 ♠10 ♠J ♠Q ♠K
♣A ♣2 ♣3 ♣4 ♣5 ♣6 ♣7 ♣8 ♣9 ♣10 ♣J ♣Q ♣K
♥A ♥2 ♥3 ♥4 ♥5 ♥6 ♥7 ♥8 ♥9 ♥10 ♥J ♥Q ♥K
♦A ♦2 ♦3 ♦4 ♦5 ♦6 ♦7 ♦8 ♦9 ♦10 ♦J ♦Q ♦K
```

图10.25 程序运行结果-将同一花色在一行输出

```
suit = ["♠","♣","♥","♦"]
num = [str(i) for i in range(2,11)]
serial = ["A"] + num + ["J","Q","K"]
poker = []
for i in suit:
    for j in serial:
        poker.append(i + j)
for i in range(4):
    for j in range(13):
        print(poker[j],end = " ")
    print()
```

④ 也可以不使用列表变量存储扑克牌信息，程序代码量将进一步减少。

```
suit = ["♠","♣","♥","♦"]
num = [str(i) for i in range(2,11)]
serial = ["A"] + num + ["J","Q","K"]
for i in suit:
    for j in serial:
        print(i + j,end = " ")
    print()
```

3）绘制一个 Python 小蛇

```
from turtle import *
setup(650, 350, 200, 200)
penup()
fd(-250)
pendown()
pensize(25)
pencolor("purple")
seth(-40)                    #初始角度为-40度(320度)
for i in range(4):
    circle(40, 80)           #逆时针绘制半径为40,角度为80度的圆弧
    circle(-40, 80)          #顺时针绘制半径为40,角度为80度的圆弧
circle(40, 80/2)             #逆时针绘制半径为40,角度为80/2=40度的圆弧
fd(40)                       #向前绘制40像素
```

```
circle(16, 180)                              #逆时针绘制半径为 16,角度为 180 度的圆弧(即半圆)
fd(40 * 2/3)                                 #向前绘制 40*2/3 像素
```

程序运行结果如图 10.26 所示。

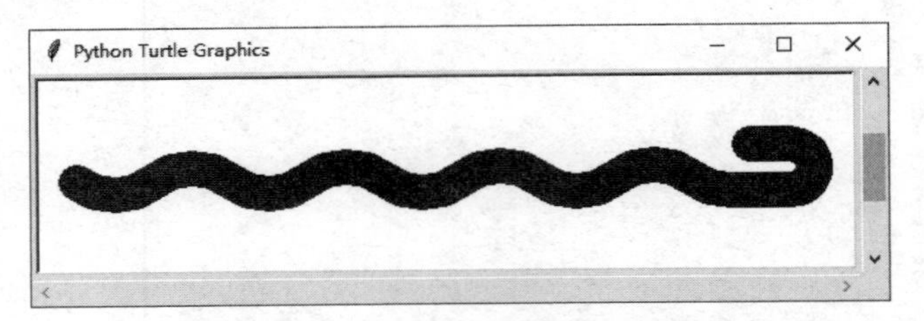

图 10.26 Python 小蛇程序运行结果

【拓展】

尝试修改程序，实现绘制 7 色小蛇。

（1）新建程序。打开 IDLE，选择 File→New File，在打开的窗口输入如下程序语句。

```
from turtle import *
setup(650, 350, 200, 200)
penup()
fd(-250)
pendown()
pensize(25)
seth(-40)
colors = ['blue','red','black','green']          #列表变量存储 4 种颜色
for i in range(4):                               #循环绘制前 4 段不同颜色的小蛇
    pencolor(colors[i%4])                        #画笔颜色在 4 种颜色中按顺序切换
    circle(40, 80)
    circle(-40, 80)
pencolor('purple')
circle(40, 80/2)
pencolor('pink')
fd(40)
pencolor('orange')
circle(16, 180)
fd(40 * 2/3)
```

（2）保存程序，程序文件名为 exp5_2_3.py。

(3) 运行程序，选择程序编辑窗口的 Run→Run Module，或者直接按 F5 键。程序运行结果如图 10.27 所示。

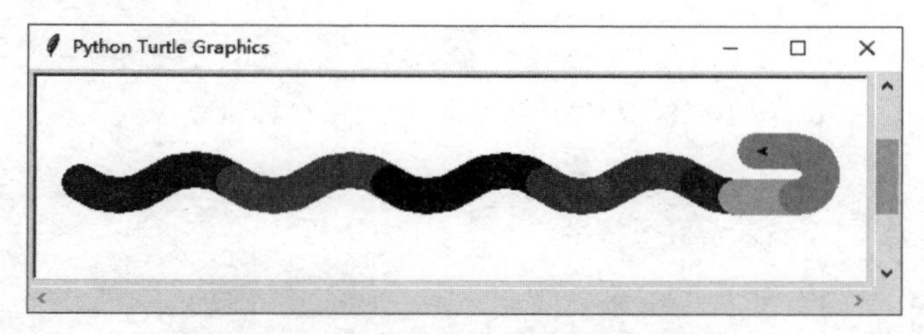

图 10.27　程序运行结果-绘制 7 色小蛇

10.5.3　字典和集合

1. 实验目的

(1) 了解字典和集合的概念。
(2) 掌握字典和集合的创建及使用方法。

2. 实验内容及步骤

1) 输出字典中的用户名和密码

创建一个字典，用来保存每个人的用户名和密码，然后输出每个人的用户名，并找出对应的密码。

(1) 新建程序。打开 IDLE，选择 File→New File，在打开的窗口输入如下程序语句。

```
password = {'user1':'123456','user2':'111111',\
            'user3':'abcdefg','user4':'abc123'}
for k,v in password.items():
    print(k,v)
```

(2) 保存程序。选择 File→Save 或者按键盘快捷键 Ctrl+S 打开“另存为”对话框，选择合适的保存位置，保存的程序文件名为 exp5_3_1.py。

(3) 运行程序。选择程序编辑窗口的 Run→Run Module，或者直接按 F5 键，运行结果如图 10.28 所示。

2) 输入任意字符串，查找其中只出现一次的字符并输出

(1) 新建程序。打开 IDLE，选择 File→New File，在打开的窗口输入如下程序语句。

```
user1 123456
user2 111111
user3 abcdefg
user4 abc123
```

图 10.28　程序运行结果-输出用户名和密码

```
strings = input("请输入任意字符串:")
dict1 = {}
for w in strings:
    dict1[w] = dict1.get(w,0) + 1
chs = []
for s,n in dict1.items():
    if n == 1:
        chs.append(s)
print(chs)
```

（2）保存程序。选择 File→Save 或者按快捷键 Ctrl+S 打开“另存为”对话框，选择合适的保存位置，保存的程序文件名为 exp5_3_2.py。

（3）运行程序。选择程序编辑窗口的 Run→Run Module，或者直接按 F5 键。

【说明】

运行时输入如下字符串：aabbccQWertjjjkk，其中只出现一次的字符为 Q、W、e、r、t，运行结果显示为 ['Q', 'W', 'e', 'r', 't']。

3）集合的基本操作

启动 IDLE，在提示符（>>>）后输入如下语句，查看输出结果：

```
>>>set1 = {1,2,3,4,5,7,5,8,1,3,2,3,2}
>>>set1
{1, 2, 3, 4, 5, 7, 8}
>>>set2 = set([1,2,3,4,3,2,1])
>>>set2
{1, 2, 3, 4}
>>>set3 = {x * * 2 for x in range(10) if x %2 == 0}
>>>set3
{0, 64, 4, 36, 16}
>>>set4 = frozenset([1,2,3,4,3,2,1])
>>>set4
```

```
frozenset({1, 2, 3, 4})
>>>set1.add(5)
>>>set1
{1, 2, 3, 4, 5, 7, 8}
>>>set1.add(6)
>>>set1
{1, 2, 3, 4, 5, 6, 7, 8}
>>>set1.remove(8)
>>>set1
{1, 2, 3, 4, 5, 6, 7}
>>>set1.discard(5)
>>>set1
{1, 2, 3, 4, 6, 7}
>>>set3.pop()
0
>>>set3
{64, 4, 36, 16}
>>>set1 & set2
{1, 2, 3, 4}
>>>set1 -set2
{6, 7}
```

10.6　Python 函数和模块

10.6.1　函数的定义、调用和返回值

1. 实验目的

（1）了解 Python 函数的概念。
（2）掌握 Python 函数的定义和调用方法。
（3）理解 Python 函数的返回值。

2. 实验内容及步骤

1）编写一个唱生日歌的程序，实现给不同的人唱生日歌
（1）新建程序。打开 IDLE，选择 File→New File，在打开的窗口输入如下程序语句。

```
def Happy():
    print("Happy birthday to you!")
def HappyB(name):
    Happy()
    Happy()
    print("Happy birthday, dear {}!".format(name))
    Happy()
HappyB("小明")
HappyB("小红")
HappyB("小丽")
```

(2) 保存程序。选择 File→Save 或者按快捷键 Ctrl+S 打开“另存为”对话框，选择合适的保存位置，保存的程序文件名为 exp6_1_1.py。

(3) 运行程序。选择程序编辑窗口的 Run→Run Module，或者直接按 F5 键。程序运行结果如图 10.29 所示。

```
Happy birthday to you!
Happy birthday to you!
Happy birthday, dear 小明!
Happy birthday to you!
Happy birthday to you!
Happy birthday to you!
Happy birthday, dear 小红!
Happy birthday to you!
Happy birthday to you!
Happy birthday to you!
Happy birthday, dear 小丽!
Happy birthday to you!
```

图 10.29 程序运行结果-生日歌程序

【说明】

自定义函数 HappyB()内部调用了自定义函数 Happy()。

【思考】

将 HappyB()中的 print()语句写成 print(“Happy birthday,dear name!”)是否可以？为什么？

2) 绘制多个五角星，五角星的颜色和位置随机出现在 turtle 绘图窗口

(1) 新建程序。打开 IDLE，选择 File→New File，在打开的窗口输入如下程序语句。

```
import turtle
import random
```

```
turtle.colormode(255)
def colorstar(d):                         #绘制随机颜色五角星的函数
    turtle.color(random.randint(0,255),\
                 random.randint(0,255),\
                 random.randint(0,255))
    turtle.begin_fill()
    for i in range(5):
        turtle.forward(d)
        turtle.right(144)
    turtle.end_fill()
turtle.setup(500,300,100,100)             #窗口位置及大小
turtle.speed("fastest")                   #绘制速度
for i in range(100):                      #循环 100 次,绘制 100 个五角星
    x = random.randint(-200,200)          #随机产生 x 坐标点
    y = random.randint(-130,130)          #随机产生 y 坐标点
    turtle.penup()
    turtle.goto(x,y)                      #绘制五角星的起始点
    turtle.pendown()
    colorstar(30)                         #调用函数绘制随机颜色五角星
```

(2) 保存程序。选择 File→Save 或者按快捷键 Ctrl+S 打开"另存为"对话框,选择合适的保存位置,保存的程序文件名为 exp6_1_2.py。

(3) 运行程序。选择程序编辑窗口的 Run→Run Module,或者直接按 F5 键。程序运行结果如图 10.30 所示。

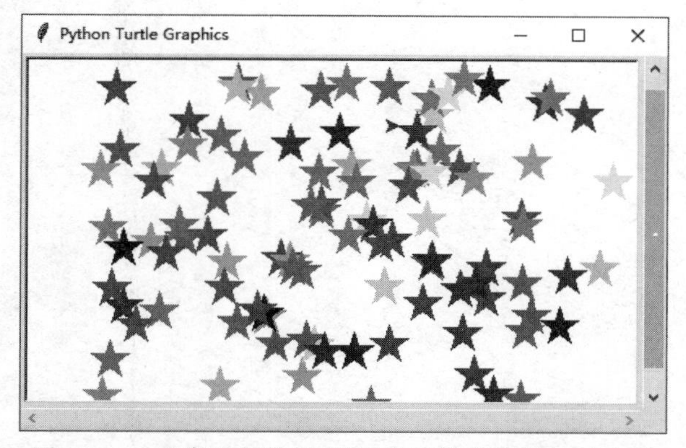

图 10.30 程序运行结果-随机位置随机颜色的五角星

【说明】

将绘制五角星的功能定义为一个函数 colorstar()，在需要绘制五角星时调用该函数即可，不需要再次编写绘制五角星的代码，实现了代码的复用。

10.6.2 函数的参数

1. 实验目的

（1）掌握 Python 函数参数传递的方式。

（2）掌握 Python 的位置参数、关键字参数、默认值参数和可变参数。

2. 实验内容及步骤

1）绘制一面五星红旗

（1）新建程序。打开 IDLE，选择 File→New File，在打开的窗口输入如下程序语句。

```
from turtle import *
#移动到国旗的左上角
up()
goto(-300,190)
down()

#绘制国旗的红色背景矩形
def back():
    color("red")
    begin_fill()
    forward(600)
    right(90)
    forward(400)
    right(90)
    forward(600)
    right(90)
    forward(400)
    right(90)
    end_fill()

#定义在不同坐标点绘制五角星的函数
def drawstar(x,y,distance):
```

```
    color("yellow")
    begin_fill()
    up()
    goto(x,y)
    down()
    for i in range(5):
        forward(distance)
        right(144)
    end_fill()

back()                                           #绘制国旗红色背景
drawstar(-280,100,120)                           #绘制大五角星

#绘制周围的小五角星
right(30)
drawstar(-140,140,40)
right(30)
drawstar(-100,90,40)
right(30)
drawstar(-90,30,40)
right(30)
drawstar(-140,-10,40)
hideturtle()
```

（2）保存程序。选择 File→Save 或者按快捷键 Ctrl＋S 打开“另存为”对话框，选择合适的保存位置，保存的程序文件名为 exp6_2_1.py。

（3）运行程序。选择程序编辑窗口的 Run→Run Module，或者直接按键盘的 F5 键，运行结果如图 10.31 所示。

图 10.31　程序运行结果-绘制五星红旗

2）可变对象作为函数参数

（1）新建程序。打开 IDLE，选择 File→New File，在打开的窗口输入如下程序语句。

```
def change(mylist):
    mylist.append(['沈阳','长春','哈尔滨'])
    print ("second: ",mylist)
citys = ['北京','上海','天津','重庆']
print ("first: ", citys)
change(citys)
print ("third: ", citys)
```

（2）保存程序。选择 File→Save 或者按快捷键 Ctrl+S 打开“另存为”对话框，选择合适的保存位置，保存的程序文件名为 exp6_2_2.py。

（3）运行程序，结果如图 10.32 所示。

```
first:  ['北京', '上海', '天津', '重庆']
second:  ['北京', '上海', '天津', '重庆', ['沈阳', '长春', '哈尔滨']]
third:  ['北京', '上海', '天津', '重庆', ['沈阳', '长春', '哈尔滨']]
```

图 10.32　程序运行结果-可变对象作为函数参数

【说明】

列表变量 citys 属于可变对象，当将其作为实参传递给函数时，函数中形参的变化会影响实参，调用函数后，主程序中的实参与形参的值相同。

3）关键字参数

（1）新建程序。打开 IDLE，选择 File→New File，在打开的窗口输入如下程序语句。

```
def info(name, age):
    print("姓名:",name)
    print("年龄:",age)
    return
info(age = 30,name = "孙权")
```

（2）保存程序。选择 File→Save 或者按键盘快捷键 Ctrl+S 打开“另存为”对话框，选择合适的保存位置，保存的程序文件名为 exp6_2_3.py。

（3）运行程序，结果如图 10.33 所示。

【说明】

调用函数 info()时，实参 age 和 name 都是关键字参数，指定将 30 传递给 age，将“孙

```
姓名: 孙权
年龄: 30
```

图 10.33 程序运行结果-关键字参数

权"传递给 name,此时实参的顺序与形参的顺序可以不一致。

4) 默认值参数 1

(1) 新建程序。打开 IDLE,选择 File→New File,在打开的窗口输入如下程序语句。

```
def info(name, age = 35):
    print("姓名:",name)
    print("年龄:",age)
    return
name = "孙权"
info(name)
info(name = "刘备",age = 40)
```

(2) 保存程序。选择 File→Save 或者按快捷键 Ctrl+S 打开"另存为"对话框,选择合适的保存位置,保存的程序文件名为 exp6_2_4.py。

(3) 运行程序,结果如图 10.34 所示。

```
姓名: 孙权
年龄: 35
姓名: 刘备
年龄: 40
```

图 10.34 程序运行结果-默认值参数 1

【说明】

自定义函数 info()中的参数 age 为默认值参数,第一次调用该函数时,给参数 name 传递值"孙权",参数 age 使用默认值参数的值 35。第二次调用该函数时,参数 name 和 age 都被传递新值,原函数的默认值被替换。

5) 默认值参数 2

(1) 新建程序。打开 IDLE,选择 File→New File,在打开的窗口输入如下程序语句。

```
def power(x,n = 2):                    #定义默认值参数 n
    s = 1
    for i in range(1,n+1):
```

```
        s = s * x
    return s
sm = sn = 0
for k in range(1,11):
    sm = sm + power(k)
    sn = sn + power(k,3)
print("1到10的平方和为：",sm)
print("1到10的立方和为：",sn)
```

（2）保存程序。选择File→Save或者按快捷键Ctrl＋S打开“另存为”对话框，选择合适的保存位置，保存的程序文件名为exp6_2_5.py。

（3）运行程序，结果如图10.35所示。

```
1到10的平方和为： 385
1到10的立方和为： 3025
```

图10.35　程序运行结果-默认值参数2

【说明】

自定义函数power()中的参数n为默认值参数，该函数默认求参数的平方。调用函数时可以传递给n一个新值，从而改变函数的默认值，例如传递3给n，则求的是参数的立方。

6）可变参数

（1）新建程序。打开IDLE，选择File→New File，在打开的窗口输入如下程序语句。

```
def test(a,b, * args):
    print(a+b,a-b,args)

test(11,22)
test(11,22,33)
test(11,22,33,44,55)
```

（2）保存程序。选择File→Save或者按快捷键Ctrl＋S打开“另存为”对话框，选择合适的保存位置，保存的程序文件名为exp6_2_5.py。

（3）运行程序，结果如图10.36所示。

【说明】

自定义函数test()中的参数 * args为可变参数，可以接收任意多个实际参数并将其组装成一个元组。

```
33 -11 ()
33 -11 (33,)
33 -11 (33, 44, 55)
```

图 10.36　程序运行结果-可变参数

10.6.3　变量的作用域

1. 实验目的

（1）掌握局部变量的含义和用法。
（2）掌握全局变量的含义和用法。

2. 实验内容及步骤

1）局部变量
（1）新建程序。打开 IDLE,选择 File→New File,在打开的窗口输入如下程序语句。

```
def demo():
    name = "Python 语言程序设计"
    print("函数内部 name = ",name)
demo()
print("函数外部 name = ",name)
```

（2）保存程序。选择 File→Save 或者按快捷键 Ctrl+S 打开“另存为”对话框,选择合适的保存位置,保存的程序文件名为 exp6_3_1.py。

（3）运行程序。选择程序编辑窗口的 Run→Run Module,或者直接按 F5 键,运行结果如图 10.37 所示。

```
函数内部name = Python语言程序设计
Traceback (most recent call last):
  File "C:/Users/admin/AppData/Local/Programs
5, in <module>
    print("函数外部name =",name)
NameError: name 'name' is not defined
```

图 10.37　程序运行结果-局部变量

【说明】

name 变量定义域函数 demo()内部,属于局部变量,在函数体外的主程序中不能引用。

2）全局变量1

（1）新建程序。打开IDLE，选择File→New File，在打开的窗口输入如下程序语句。

```
name = "Python语言程序设计"
def demo():
    print("函数内部 name = ",name)
demo()
print("函数外部 name = ",name)
```

（2）保存程序。选择File→Save或者按快捷键Ctrl+S打开"另存为"对话框，选择合适的保存位置，保存的程序文件名为exp6_4_2.py。

（3）运行程序。选择程序编辑窗口的Run→Run Module，或者直接按F5键，运行结果如图10.38所示。

```
函数内部name = Python语言程序设计
函数外部name = Python语言程序设计
```

图10.38 程序运行结果-全局变量1

【说明】

在函数体外(主程序)定义的变量，一定是全局变量。name变量定于与函数体外，因此是全局变量，作用域是整个程序。

3）全局变量2

（1）新建程序。打开IDLE，选择File→New File，在打开的窗口输入如下程序语句。

```
def demo():
    global name
    name = "Python语言程序设计"
    print("函数内部 name = ",name)
demo()
print("函数外部 name = ",name)
```

（2）保存程序。选择File→Save或者按快捷键Ctrl+S打开"另存为"对话框，选择合适的保存位置，保存的程序文件名为exp6_4_2.py。

（3）运行程序。选择程序编辑窗口的Run→Run Module，或者直接按F5键，运行结果如图10.39所示。

【说明】

在函数体内使用global关键字定义的变量是全局变量。

```
函数内部name = Python语言程序设计
函数外部name = Python语言程序设计
```

图 10.39　程序运行结果-全局变量 2

10.6.4　函数的递归

1. 实验目的

(1) 掌握函数递归的基本原理。
(2) 具备分析和编写递归程序的能力。
(3) 理解递归程序的执行过程。

2. 实验内容及步骤

1) 用递归实现加法

(1)新建程序。打开 IDLE,选择 File→New File,在打开的窗口输入如下程序语句。

```
def add(a):
    if len(a) ==1:
        return(a[0])
    return(add(a[1:]) +a[0])
b =input("请输入多个整数,以逗号分隔: ").split(",")
c =[int(b[i]) for i in range(len(b))]  #将列表字符串转换为数值
print(add(c))
```

(2) 保存程序。选择 File→Save 或者按快捷键 Ctrl+S 打开“另存为”对话框,选择合适的保存位置,保存的程序文件名为 exp6_4_1.py。

(3) 运行程序。选择程序编辑窗口的 Run→Run Module,或者直接按 F5 键。

【说明】

① len(a) == 1 为递归的终止条件,即最简单情况。

② input()函数获得的输入数据是字符串,用 split()函数转换为列表形式,但列表元素仍然为字符串,再利用列表生成式将每个元素转换为数值。

2) 汉诺塔问题

汉诺塔问题来源于印度的一个古老传说。在世界中心贝拿勒斯(在印度北部)的圣庙里,一块黄铜板上插着三根宝石针。印度教的主神大梵天在创造世界的时候,在其中一根柱子上从下到上地穿好了由大到小的 64 片金片(或盘子),如图 10.40 所示,这就是所谓的汉诺塔。不论白天黑夜，总有一个僧侣在按照下面的法则移动这些金片：一次只移动一片，不管在哪根柱子上，小片必须在大片上面。僧侣们预言，当所有的金片都从梵天穿好的那根柱子上移到另外一根柱子上时，世界就将在一声霹雳中消灭，而梵塔、庙宇和众生也都将同归于尽。那么，移动金片的顺序是怎样的？移动这 64 片金片到底需要多少时间呢？下面用递归思想解决这一问题。

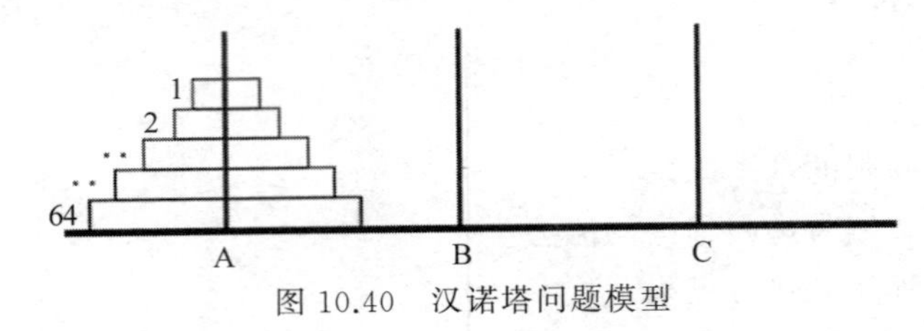

图 10.40　汉诺塔问题模型

（1）新建程序。打开 IDLE，选择 File→New File，在打开的窗口输入如下程序语句。

```
count = 1                                        #至少一个盘子
def Hanoi(n, A, C, B):                           #利用 B 将 n 个盘子由 A 移动到 C
    global count
    if n < 1:
        print('盘子个数错误!')
    elif n == 1:                                 #只有一个盘子
        print("%d:%s 移动到%s" %(count, A, C))   #将 1 个盘子由 A 移动到 C
        count += 1
    elif n > 1:
        Hanoi(n - 1, A, B, C)                    #利用 C 将 n-1 个盘子由 A 移动到 B
        Hanoi(1, A, C, B)                        #将 1 个盘子由 A 移动到 C
        Hanoi(n - 1, B, C, A)                    #利用 A 将 n-1 个盘子由 B 移动到 C
n = int(input('请输入盘子个数：'))
Hanoi(n,'A','C','B')
```

（2）保存程序。选择 File→Save 或者按快捷键 Ctrl＋S 打开“另存为”对话框，选择合适的保存位置，保存的程序文件名为 exp6_4_2.py。

（3）运行程序。选择程序编辑窗口的 Run→Run Module，或者直接按 F5 键，输入盘子的个数，程序运行结果如图 10.41 所示。

```
请输入盘子个数：3
1:A移动到C
2:A移动到B
3:C移动到B
4:A移动到C
5:B移动到A
6:B移动到C
7:A移动到C
```

图 10.41　程序运行结果-汉诺塔问题

【说明】

① 当只有 1 个盘子时，只需将其由 A 移动到 C 即可，这是递归的终止条件。

② 欲将 n 个盘子从 A 移动到 C，只需按照如下步骤解决规模更小的原问题，直到最简单情况(只剩 1 个盘子时)。

a. 将 A 柱上的 n－1 个盘子从 A 移动到 B，中间利用 C 过渡。

b. 将 A 柱上的最后一个盘子从 A 移动到 C。

c. 将 B 柱上的 n－1 个盘子从 B 移动到 C，中间利用 A 过渡。

【提示】

可以得到汉诺塔问题移动次数的递归式如下：

$$\mathrm{Hanoi}(n)=\begin{cases}1, & n=1\\ 2\mathrm{Hanoi}(n-1)+1, & n>1\end{cases}$$

经转换，$\mathrm{Hanoi}(n)=2^{n-1}$，因此，将 64 个盘子从 A 柱移到 C 柱需要移动 $2^{64}-1$ 次，假设移动一次需要 1s，移动完 64 个盘子大约需要 5845 亿年，“大爆炸宇宙论”认为宇宙形成于 137 亿年前的一次大爆炸，可以想象，移动完 64 个盘子是一项多么耗费时间的工程。

10.6.5 常用第三方模块的使用

1. 实验目的

(1) 掌握第三方模块的安装方法。

(2) 掌握 jieba、wordcloud、pyinstaller 的使用方法。

2. 实验内容及步骤

1) 安装第三方模块

(1) 在 Windows 10 操作系统下，在“开始”菜单上右击，选择“运行”，在打开的“运行”窗口输入 cmd，打开 Windows 命令行窗口，执行 pip list 命令查看系统中已经安装的所有第三方模块。

```
:\>piplist
```

如果 pip 版本过低，可以根据提示对 pip 进行升级。

```
python -m pip install --upgrade pip
```

(2) 安装第三方模块 jieba，直接安装或通过国内镜像安装，安装过程如图 10.42

所示。

图 10.42　安装 jieba 库的过程

① 直接安装：

```
pip installjieba
```

② 镜像安装：

```
pip install -i https://pypi.tuna.tsinghua.edu.cn/simplejieba
```

（3）安装成功后，可以在 IDLE 中导入 jieba 库，在 Python 安装目录的 Lib\site-packages 中生成模块文件夹，如图 10.43 所示。

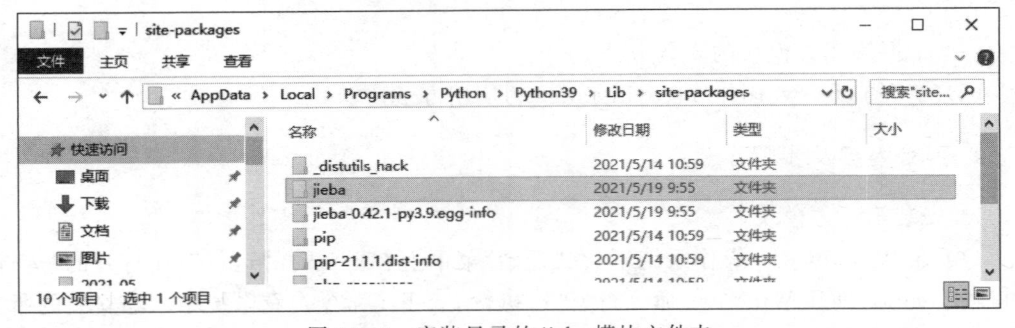

图 10.43　安装目录的 jieba 模块文件夹

2）jieba 模块的使用

（1）新建程序，统计《再别康桥》中出现次数最多的 6 个词，代码如下。

```
import jieba
word = '''
轻轻的我走了，
```

```
正如我轻轻的来；
我轻轻的招手，
作别西天的云彩。

那河畔的金柳
是夕阳中的新娘
波光里的艳影，
在我的心头荡漾。

软泥上的青荇，
油油的在水底招摇；
在康河的柔波里，
我甘心做一条水草

那树荫下的一潭，
不是清泉，是天上虹
揉碎在浮藻间，
沉淀着彩虹似的梦。

寻梦？撑一支长篙，
向青草更青处漫溯，
满载一船星辉，
在星辉斑斓里放歌
但我不能放歌，
悄悄是别离的笙箫；
夏虫也为我沉默，
沉默是今晚的康桥！

悄悄的我走了，
正如我悄悄的来；
我挥一挥衣袖，
不带走一片云彩。'''
words = jieba.lcut(word)
counts = {}
for w in words:
    if len(w) != 1:
        counts[w] = counts.get(w,0) + 1
```

```
keyWord = list(counts.items())
keyWord.sort(key = lambda x:x[1], reverse = True)
for i in range(6):
    print (keyWord[i],"次")
```

（2）保存程序。选择 File→Save 或者按快捷键 Ctrl+S 打开“另存为”对话框，选择合适的保存位置，保存的程序文件名为 exp6_5_1.py。

（3）运行程序。选择程序编辑窗口的 Run→Run Module，或者直接按 F5 键，程序运行结果如图 10.44 所示。

```
('轻轻', 3) 次
('正如', 2) 次
('云彩', 2) 次
('星辉', 2) 次
('放歌', 2) 次
('沉默', 2) 次
```

图 10.44 程序运行结果-jieba 模块的使用

【说明】

《再别康桥》这首诗以多行字符串的形式赋值给变量 word，由于字符串较长，为了使程序的易读性更好，可以将这首诗的文本存储在一个文件中，然后打开文件，从中读取数据，再进行词频统计，例如改为下面的语句：

```
word = open("再别康桥.txt", "r", encoding = 'utf-8').read()
```

3）wordcloud 模块的使用

（1）新建程序，统计党的十九大报告中的词频信息，并以词云显示，代码如下。

```
import jieba
import matplotlib.pyplot as plt
from wordcloud import WordCloud,STOPWORDS
import numpy as np
from PIL import Image
word = open("党的十九大.txt", "r", encoding = 'utf-8').read()
words  = jieba.lcut(word)
word_split = " ".join(words)                #以空格为分隔符,连接分词后的所有词汇
mask = np.array(Image.open("mask.jpg"))  #打开图片文件,作为词云遮罩
my_wordclud = WordCloud(max_words = 100,width = 2600,height = 1600,\
                background_color = 'white',\
                mask = mask,\
                stopwords = "会主",\
                font_path = 'msyhbd.ttf').generate(word_split)  #微软雅黑字体
plt.imshow(my_wordclud)                      #在坐标区域显示绘制的词云图像
plt.axis("off")                              #不显示坐标轴标签
```

```
plt.show()                                  #显示创建的绘图对象
```

（2）保存程序。选择 File→Save 或者按快捷键 Ctrl+S 打开“另存为”对话框，选择合适的保存位置，保存的程序文件名为 exp6_5_2.py。

（3）运行程序。选择程序编辑窗口的 Run→Run Module，或者直接按 F5 键，程序运行结果如图 10.45 所示。

图 10.45　程序运行结果-wordcloud 模块的使用

图书资源支持

感谢您一直以来对清华版图书的支持和爱护。为了配合本书的使用，本书提供配套的资源，有需求的读者请扫描下方的“书圈”微信公众号二维码，在图书专区下载，也可以拨打电话或发送电子邮件咨询。

如果您在使用本书的过程中遇到了什么问题，或者有相关图书出版计划，也请您发邮件告诉我们，以便我们更好地为您服务。

我们的联系方式：

地　　址：北京市海淀区双清路学研大厦 A 座 714

邮　　编：100084

电　　话：010-83470236　010-83470237

客服邮箱：2301891038@qq.com

QQ：2301891038（请写明您的单位和姓名）

资源下载：关注公众号“书圈”下载配套资源。

资源下载、样书申请

书圈

获取最新书目

观看课程直播